몰디브 연안의 바닷속 © Pierre Bouras

아름다운 색채를 뽐내는 비늘돔 무리 © Frauke Bagusche

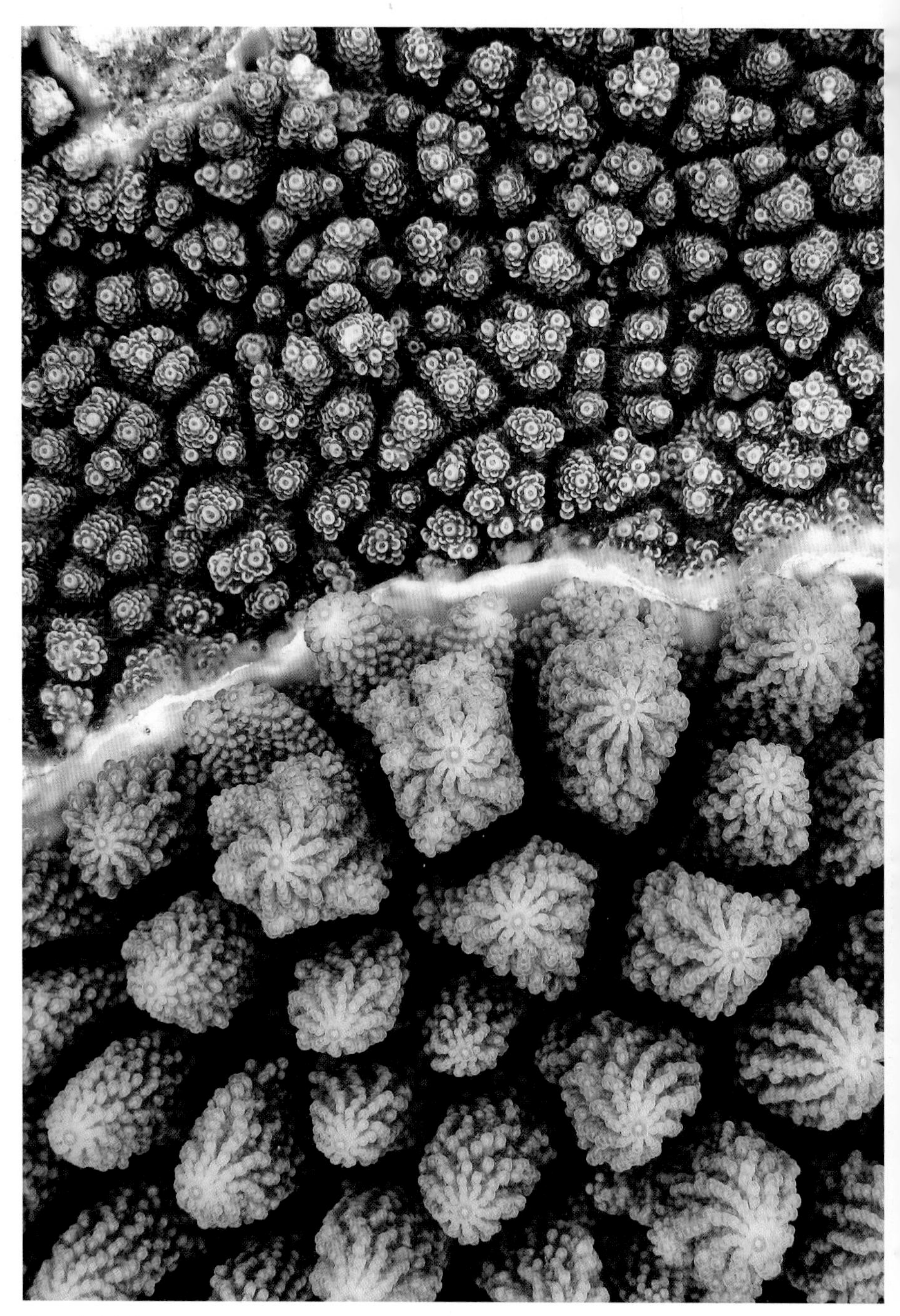

산호들의 자리 다툼 © Frauke Bagusche

흰동가리류 © Frauke Bagusche

오돈토닥틸루스 실라루스 © Frauke Bagusche

대모거북 © Frauke Bagusche

백화현상이 진행되고 있는 산호 © Frauke Bagusche

산호초 © Laura Riavitz

폴립 © Laura Riavitz

입을 크게 벌리고 있는 쥐가오리 © Tam Sawers

초록신뱅이의 위장술 © Angela Jensen

돌산호 군락 © Laura Riavitz

화려한 색감을 자랑하는 갯민숭달팽이 © David Molina Ferrer

로빙 코랄 그루터 © David Molina Ferrer

흉상어류의 검은 지느러미 © Frauke Bagusche

흉상어류 © Frauke Bagusche

수중 탐사 중인 저자 © Pierre Bouras

산호 사이에 숨어 있는 갈색 해삼 © Pierre Bouras

청소물새우 © Frauke Bagusche

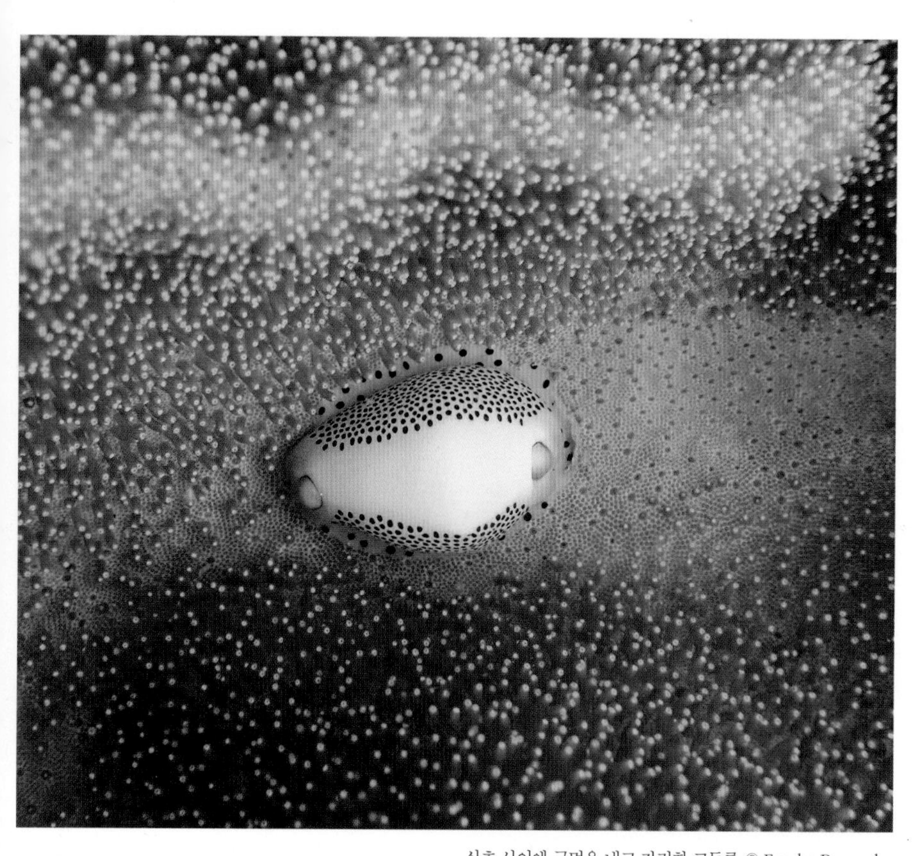

산호 사이에 구멍을 내고 자리한 고둥류 © Frauke Bagusche

거대한 산호초의 모습 © Frauke Bagusche

길쭉한 파이프 모양의 해면 © Pierre Bouras

바다거북을 박제하는 모습 © Frauke Bagusche

쥐가오리 © Frauke Bagusche

문어 © Frauke Bagusche

탐사를 위해 바다로 향하는 모습 © Pierre Bouras

플랑크톤과 함께 네트에 걸린 플라스틱 쓰레기 © Pierre Bouras

네트 속에 담긴 플랑크톤 표본 © Pierre Bouras

메콩강 주변의 플라스틱 쓰레기들 © Frauke Bagusche

제비활치 © Frauke Bagusche

바다 생물 콘서트

바다 생물 콘서트

바다 깊은 곳에서 펄떡이는
생명의 노래를 듣다

프라우케 바구쉐 지음 · 김종성 감수 · 배진아 옮김

흐름출판

Original title: Das blaue Wunder
Warum das Meer leudhtet, Fische singen und unsere Beziehung zum Meer so besonders ist—Erstaunliche Einblicke in eine gehemnisvolle Welt
by Frauke Bagusche

바다, 탁 트인 바다는 생각만 해도 가슴이 뻥 뚫린다. 내게 바다는 친구, 연인과 같은 느낌을 준다. 그래서 궁금하고 보고 싶고 더 많이 알고 싶은 연민과 동경의 대상이기도 하다. 흥미롭게도 바다는 늘 새롭고 끊임없는 호기심을 안겨주는 알쏭달쏭한 얄미운 친구다. 바다생물을 공부하고 있는 나도 전 세계의 바다를 돌아다녀 봤지만, 바다는 늘 달랐고 하나를 알게 되면 또 다른 궁금증을 던져주곤 했다. 그래서일까? 바다와 바다생물은 정말 '기적'을 만들어내는 경이로움 그 자체인 것 같다. 바다와 그 안에서 살아가는 수많은 생물들이 어우러져 만들어내는 해양생태계는 그 어떤 하모니보다도 조화롭고 아름답다.

저자 프라우케 바구쉐는 평생 바다를 공부한 해양생물학자답게 이 책에서 자신이 경험하고 터득한 바다의 진실과 바다생물의 은밀한 비밀을 친절하고 상세하게 설명한다. 특히 바다의 숨겨진 다양한 기작, 특징, 규칙까지 명쾌하게 설명하는 부분에서는 감탄을 금할 수 없었다. 아울러 생물뿐만 아니라 물리, 화학, 지질 등 해양학 전 분야에 걸쳐 이어지는 저자의 해박한 지식은 해양학을 공부하는 전문가에게도 도움이 될 만큼 알차다.

누구에게나 바다와의 인연, 경험, 그리고 추억이 하나쯤은 있을 것이다. 저자처럼 우연히 마신 바닷물 한 모금에 수많은 미소생물이 담겨 몸속으로 들어왔을 수도 있고, 어느 달 밝은 밤 바다에 던진 돌멩이 하나가 잔잔한 바다를 형광빛으로 물들이는 환상적인 장면을 목격했을지도 모르겠다. 이는 모두 바다에서 일어나는 생명현상이다. 저자는 이 같은 다양하고도 신비로운 생명현상의 이면에 존재하는 비밀을 모두가 이해하기 쉽게 설명해준다.

이 책에서 가장 먼저 등장하는 주인공은 플랑크톤이다. 개인적으로, 저자가 플랑크톤을 향기와 빛으로 설명한 부분에서 따뜻함과 감동을 느꼈다. 저자는 작디작은 식물플랑크톤이 바다와 지구에 어떤 역할을 하는지를 설명하면서 플랑크톤과 관련한 다양한 바다현상을 과학적으로 설명해준다. 또한 바다의 독특한 향기는 어디서 시작된 것인지, 동물플랑크톤은 왜 수직운동을 매일 반복하는지, 심해와 극한환경에서는 어떠한 생명현상이 나타나는지 등 일반인들도 지적 호기심을 느낄 만한 내용을 알차게 소개하고 있다.

이 책의 가장 큰 매력은 주인공도 많고 조연도 많다는 점이다. 대왕고래, 상어, 홍게, 크릴과 요각류 같은 소형갑각류, 해파리, 산호 등 수많은 해양생물이 등장한다. 다소 놀라운 지점은 그 수많은 해양생물의 학명까지 정확하게 기재돼 있어 학술 참고자료로서도 손색이 없다는 점이다. 물고기가 노래하고, 고둥과 산호가 춤을 추고, 고래는 휘파람을 불며 바다를 누빈다는 저자의 해석은 감미롭다 못해 따뜻하기까지 하다. 바다의 가치와 위기, 그리고 공생을 위해 앞으로 인간이 해야 할 일 또한 놓치지 않고 담았다.

꽤 오랜 세월 건강했던 바다가 위태롭다. 바다의 규칙이 깨졌기 때문이다. 문어 다리는 8개인데, 20개가 넘는 문어가 최근 우리 앞바다에서도 나타났다고 한다. 각종 폐어구, 플라스틱과 쓰레기가 바다에 넘쳐나고, 크고 작은 유류오염 사고도 끊이지 않고 있다. 기후위기가 일상이 된 지금, 바다도 바다생물도 이제 숨쉬기가 힘들다. 저자가 가장 염려하는 위태로운 바다의 미래는 우리 모두의 책임이자 숙제이다. 이 책에는 바다를 잘 모르는 사람도 쉽게 이해하고 공감할 수 있는 값진 이야기가 담겨 있다. 바다를 사랑하는 모든 이에게 추천한다.

2021년 7월

김종성(서울대학교 지구환경과학부 교수)

일러두기

- 본문 중 *는 각주를 가리키며, 각주는 모두 지은이 주다.
- 옮긴이 주는 괄호로 묶고 '-옮긴이'로 표시하였다.
- 학명은 이탤릭으로 병기하였다.
- 한국어 명칭이 정해지지 않은 생물에 대해서는 학명을 국어 발음으로 표기하고 원어를 병기하였다.
- 기타 외래어 표기는 국립국어원 외래어 표기법에 따라 표기하였다.
- 본문 중 도서는 『 』, 잡지나 논문은 「 」, 영화 등은 〈 〉로 묶어 표시하였다.

만약 이 행성에 마법이 존재한다면, 그것은 물속에 담겨 있다.

로런 에이슬리 Loren Eiseley

바다 표면을 바라보면서 즐거움을 얻는 일, 그 자체는 전혀 잘못된 일이 아니다. 물속에서 무슨 일이 일어나고 있는지 마침내 알게 되는 때를 제외한다면 말이다. 그때 당신은 지금껏 바다의 핵심을 놓치고 있었음을 깨닫게 될 것이다. 항상 표면에 머물러 있는 것은 마치 서커스를 보러 가서 텐트 바깥쪽만 바라보고 있는 것과도 같다.

데이브 배리 Dave Barry

서문

나 자신을 한 단어로 표현하자면 아마도 '탈라소필thalassophile(바다를 사랑하는 사람)'이라는 단어가 가장 적합할 것이다. '탈라소필'이란 바다를 사랑하고 해안가나 바다에서 사는 것을 선호하지만, 전적으로 거기에만 매달리지 않는 사람을 지칭하는 말이다. 해초 냄새를 머금은 짭조름한 향기, 파도의 속삭임, 그리고 바다가 지닌 광활함은 내게 도저히 저항할 수 없는 강렬한 유혹의 손길을 뻗친다. 바다를 바라보면서 파도 소리에 귀 기울이고 있노라면 믿을 수 없을 만큼 마음이 가벼워진다. 하지만 바닷속으로 들어갈 때면, 그곳에서 나는 나만의 푸른 기적을 오롯이 경험한다. 바로 거기에서 생명이 요동치고 있기 때문이다. 물 아래에 존재하는 생명의 세계는 그만의 고유한 속도와 특유의 규칙에 순응한다. 이 세계의 생물들은 형형색색의 다채로움을 자랑하면서 늘 쉬지 않고 움직인다. 이따금 약간 단조로울 때도 있지만, 그럴 때조차도 매번 숨이 멎을 만큼 매혹적이다.

바다가 간직한 비밀과 다양한 관계들은 어릴 적부터 나를 열광시켰다. 때문에 내가 이런 열정을 고스란히 직업으로 이어간 것은 전혀 놀라운 일이 아니다. 뼛속부터 해양생물학자인 내 머릿속에는 소금물 말고는 (거의) 아무것도 없다. 내가 활동하는 분야는 매우 다채롭다. 비록 내가 해양학자이기는 하지만 그렇다고 해서 전적으로 물에서만 머무르는 것은 아니다. 물론 가능한 한 자주 그렇게 하려고 하지만 말이다. 연구 작업의 종류에 따라 몇 달씩 바다를 보지 못할 때도 있다. 예컨대 실험실에 앉아 표본을 분석하거나, 컴퓨터 앞에서 데이터 분석을 할 때, 강연을 하거나 바다에 대한 책을 집필할 때가 그렇다. 그러다가 마침내 다시 바닷속으로 잠수를 하거나 스노클링을 할 때면 마치 집에 온 것 같은 편안한 느낌이 든다.

몰디브에 머무르던 시절에 나는 지금껏 수중에서 내가 한 체험들 가운데 가장 아름다운 체험을 했다. 당시 스노클링 사파리를 관리했던 나는 관광객들을 이끌고 바다로 나가 상태가 양호하게 보존된 난파선을 보여주곤 했다. 그러던 어느 날 스노클링을 마치고 다시 보트로 돌아오던 길에 선장이 한껏 흥분한 몸짓으로 몸을 돌려 뒤를 보라는 신호를 보냈다. 내 뒤로 불과 몇 미터 떨어진 수면 위로 떠오른 등지느러미가 보였다. 지느러미의 주인이 상어인지 아니면 돌고래인지 정확하게 식별할 수 없었기 때문에, 나는 조금 더 가까이 헤엄쳐 다가갔다. 하지만 아무것도 보이지 않았다. 이어서 곤장 선장이 또다시 거친 몸짓으로 신호를 보냈고, 그 순간 내 뒤에서 한 무리의 돌고래 떼가 수면 위로 모습을 드러냈다. 하지만 그것으로 끝이 아니었다. 순식간에 우리 주변의 물이 부글부글 끓어오르기 시작했다.

바다 사방에서 크고 작은 공기방울들이 표면으로 올라왔고 우리는 마치 소용돌이 속에 있는 것 같았다. 물 아래에서 들리던 소음이 점점 커져 거친 지저귐이 되었다. 흡사 육지에 사는 새의 지저귐과 비슷했다. 어느 순간 우리는 미치광이 돌고래 떼에게 둘러싸여 있었다. 돌고래들은 휘파람을 불면서, 그리고 지저귀는 것 같은 소리를 내면서 서로 의사소통을 했고, 물속에 있다가 바로 우리 옆에서 쑥 튀어나와 공중에서 몸을 회전했다. 작은 무리의 돌고래 떼가 우리의 바로 옆 그리고 발아래에서 천천히 지나갔다.

그들은 호기심 어린 눈초리로 우리를 관찰하면서 수영 시합을 벌였다. 전체 무리를 통틀어서 대략 300마리 정도 되어 보였다. 그들은 광활한 바다에서 사냥을 마친 후 산호초(고리모양으로 배열된 산호초)로 돌아가는 길에 우리 옆을 스쳐 헤엄쳐간 것이다. 이런 종류의 경험들은 내 말문을 막아버린다(물론 이런 일이 그리 자주 일어나지는 않는다). 그럴 때면 나는 이 모든 경이로운 순간들을 체험할 수 있도록 허락받았다는 사실에 절로 감사한 마음이 든다.

하지만 안타깝게도 나를 슬프게 하고 분노하게 하는 순간들도 적지 않다. 언젠가 멸종 위기에 처해 있는 바다거북이 내 손에서 숨을 거뒀을 때 나는 너무나도 슬펐다. 폐그물에 걸린 바다거북을 제때 풀어주지 못했기 때문에 생긴 일이었다. 또 해변을 따라 산책을 하다가 해안가로 떠밀려온 플라스틱 쓰레기 더미를 보면서 등이 뻐근해지는 통증을 느낄 때, 물 아래에서 죽어가거나 이미 죽어버린 산호초를 보게 될 때 내 마음속에는 분노가 치밀어 오른다. 산호초의 죽음이 우리 인간들 탓인 경우가 다반사이기 때문이다. 하지만 다른 한편으로 사람들이 바다와의 교류를 더욱더 민감하게 받아들이고 경각심을 갖도록 만들어야 한다는 생각에 마음이 급해지는 것도 바로 이런 순간들이다.

지구의 3분의 2가 바다로 덮여 있고 바다가 지구에서 가장 거대한 생태계를 이루고 있음에도 불구하고, 바닷속에서 일어나는 일에 대해 지금까지 우리가 알고 있는 것은 극히 일부분에 불과하다. 심지어는 심해보다 달 표면에 대한 연구가 더 왕성하게 이루어지고 있는 실정이다. 그런데 달과 바다는 한 가지 공통점을 가지고 있다. 우리가 생각하는 것보다 우리에게 훨씬 더 많은 영향력을 행사한다는 것이다. 다른 것도 아니고 바로 우리의 존재 자체가 바다 덕분이다. 왜냐하면 숨을 쉴 때 두 번의 호흡 중 한 번에 필요한 산소가 바닷속 미세조류에 의해 생산되기 때문이다. 이때 당신이 들이마시는 공기가 뮌헨의 공기인지, 쾰른의 공기인지 아니면 우제돔섬의 공기인지는 조금도 중요하지 않다.

우리의 기후 또한 바다, 그러니까 난류와 한류, 구름을 만들어내는 해초, 수분 증발 사이클에 의해 특징지어진다. 그리고 무엇보다도 바다는 수천 년 전부터 먹을 음식과 은신처뿐만 아니라 중요한 약제들과 일터 그리고 회복의 공간을 제공해왔다. 파도의 속삭임, 또렷하게 존재를 알려오는 바다의 산들바람, 그리고 감히 헤아리기도 어려운 바다의 광활함은 말로 다 할 수 없는 매력을 발산하는 동시에 우리의 마음을 진정시키고 영감을 불어넣어준다.

나는 이 책을 통해 나를 매료시킨 바다의 매력을 여러분들과 함께 나누고 미지의 세계를 가로지르는 여행에 여러분들을 데려가고 싶다. 우리는 그 세계에 대해 아는 것이 너무나도 빈약하다. 하지만 매일 같이 우리가 하는 행동들로 인해 그곳은 점점 더 망가지고 있다. 세네갈 출신의 환경운동가 바바 디오움Baba Dioum 박사는 1968년 세계자연보전연맹IUCN 총회 연설에서 다음과 같이 핵심을 지적했다. "우리 인간들은 오직 우리가 사랑하는 것만을 보호합니다. 우리는 오직 우리 자신이 이해하는 것만을 사랑하며, 우리가 배운 것만을 이해합니다." 나는 이 책을 통해 내가 느낀 바다에 대한 사랑을—그리고 그와 더불어 이 유일무이한 세계를 보호하려는 소망을—여러분들의 마음속에서도 일깨울 수 있기를 희망한다. 모두가 함께할 때 우리는 바다의 재생을 도울 수 있고, 다음 세대들에게 살 만한 가치가 있는 세상을 남겨줄 수 있다.

이제 우리 함께 바다라는 매혹적인 세계 속으로 뛰어들어보자!

차례

제1장

플랑크톤의
은밀한 세계 지배

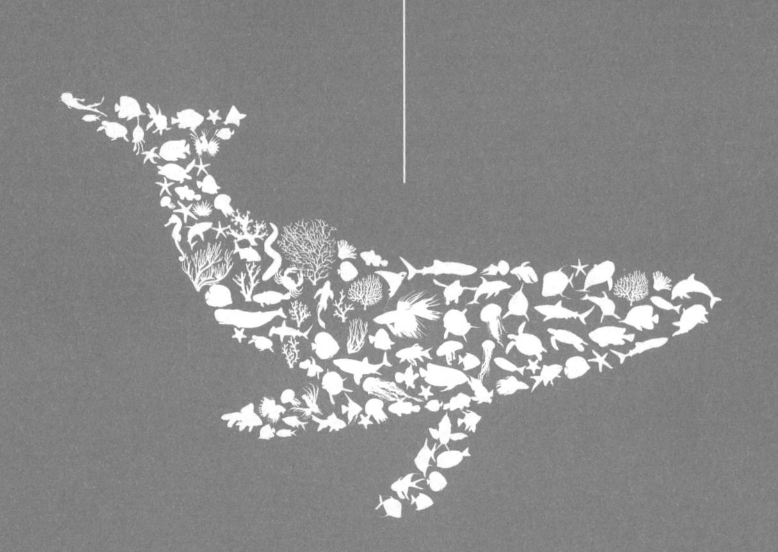

다가올 휴가를 해수욕장에서 보내며 즐거워할 당신의 기분을 망치고 싶은 생각은 추호도 없다. 다만 다음번에 바다로 휴가를 떠나 수영을 하다가 바닷물을 삼키게 되었을 때, 당신이 들이키는 것이 단순히 물과 소금만이 아니라는 것을, 그보다 훨씬 더 많은 것을 함께 들이키게 된다는 사실을 말해주고 싶을 뿐이다. 그러니까 입 안 가득 머금은 바닷물과 함께—그 물이 얼마나 맑고 투명한지는 상관없다—당신이 먹게 되는 것은 단지 물과 소금만이 아니라는 말이다. 이때 당신은 각종 바이러스와 박테리아, 해초, 물고기 유생, 바다고둥, 갑각류, 해파리, 화살벌레들을 삼키게 된다. 당신이 섭취하는 작은 양의 단백질 스낵에는 플랑크톤이라는 명칭이 붙어 있는데, 이 단어는 '이리저리 떠다니는 것'이라는 의미를 가진 고대 그리스어 '플랑크토스planktos'에서 유래했다. 플랑크톤은 물속에 살면서 자유롭게 떠다니는 식물성 혹은 동물성 유기체 전체를 지칭한다. 스스로 움직일 수 있는 능력이 아예 없거나 그 능력이 매우 미미한 플랑크톤은 물의 흐름에 몸을 맡기고 물이 움직이는 방향으로 흘러간다.

이와는 대조적으로 물고기, 오징어, 고래, 거북처럼 물속에서 능동적으로 몸을 움직일 수 있을 뿐만 아니라 때로는 물살을 거슬러 헤엄칠 수 있는 능력을 갖춘 생물들은 넥톤nekton(유영동물을 가리키는 그리스어)이라는 이름으로 불린다. 많은 종류의 동물들이 두 가지 모두에 해당한다. 그것들은 플랑크톤의 형태로 생명을 시작하지만 성체가 되면 넥톤으로 간주된다. 사람들은 이처럼 생애주기 가운데 일부분만을, 대부분의 경우 유생 시기만을 플랑크톤 형태로 살다가 발달 과정을 거치면서 다양한 생활권을 오가게 되는 유기체들을 일시성플랑크톤meroplankton으로 분류한다. 이는 생애주기 전체를 플랑크톤 형태로 살아가는 종생플랑크톤holoplankton과 구분하기 위한 것이다.

플랑크톤 형태의 유기체들은 대부분 크기가 아주 작다. 그럼에도 그것들은 양적인 측면에서 다른 모든 유기체들을 압도한다. 넥톤이 차지하는 비율은 기껏해야 해양 유기물질 총량의 5퍼센트 이하에 불과하다. 해양 유기물질 총량의 95퍼센트 이상이—바다 세계의 은밀한 지배자들인—플랑크톤 형태의 작은 유기체들로 구성되어 있다. 그런데 플랑크톤은 단지 해양 생활권에만 존재하는 것이 아니라 실개천과 강, 그리고 호수 등 어디에나 존재한다. 플랑크톤 형태의 유기체는 두 가지 주요 그룹으로 나뉜다. 식물성 플랑크톤phytoplankton과 동물성 플랑크톤zooplankton이 그것이다. 예컨대 황색 공생조류*zooxanthellae*, 규조류*diatom*, 홍갈조류*codium tomentosum* 같은 것들이 식물성 플랑크톤에 속하고, 동물성 플랑크톤으로는 물고기 유생, 생식세포, 극도로 크기가 작은 갑각류(예컨대 그 유명한 '크릴' 같은 것), 해파리 등이 있다. 그 밖에도 크기에 따라 초극미소 플랑크톤femtoplankton*에서부터 거대 플랑크톤megaplankton에 이르는 다양한 그룹으로 분류하는 방법도 있다. 이때 초극미소 플랑크톤에는 바이러스 같은 것들이 포함되어 있고, 거대 플랑크톤에는 몇 미터나 되는 긴 촉수를 가진 해파리 같은 것들이 포함되어 있다.

이처럼 숨겨진 물의 세계가 지닌 형태의 다채로움과 아름다움에 흥미가 동하지만 당장 물 샘플과 현미경을 손에 넣을 수 없는 처지라면, 풍성한 정보가 담겨 있는 크리스티앙 사르데Christian Sardet의 사진집 『플랑크톤:놀라운 해양 미생물의 세계Plankton:Der erstaunliche Mikrokosmos der Ozeane』와 생물학자 에른스트 헤켈Ernst Haeckel의 저서 『자연의 예술적 형태Kunstformen der Natur』에 실린 놀랍도록 아름다운 삽화들을 살펴보기를 적극 추천한다. 왜냐하면 당신이 이미 무수히 많은 유기체들을 무심하게 꿀꺽 삼켜버렸다고 한다면, 적어도 이 불

* 펨토는 스칸디나비아어에서 유래한 개념으로 femto=10^{-15}를 의미한다. 1펨토미터=10^{-15}미터(즉, 1000조 분의 1미터).

운한 피조물들에게 '얼굴'이라도 만들어주려는 노력을 기울여야 할 것이기 때문이다. 여기서 '무수히 많은' 유기체들이라고 말을 했는데, 사실 이 말은 어딘지 지나치게 부정확한 감이 있다. 좀 더 정확하게 열거를 하자면, 바닷물 1리터 안에는 최대 100억 개에 이르는 바이러스와 10억 개의 박테리아 세포, 1000만 개의 식물성 플랑크톤과 1000개의 동물성 플랑크톤이 들어 있을 수 있다. 따라서 당신이 삼킨 바닷물 한 모금 속에는 문자 그대로 생명이 우글거리고 있는 것이다! 맛있게 드시길!

이렇게 많은 생물을 삼켜왔다고? 역겨움에 얼굴을 찌푸리면서 이제 다시는 바다에 수영을 하러 가지 않겠노라고, 특히 결단코 단 한 방울의 바닷물도 삼키지 않겠노라고 맹세하기에 앞서서 집에 있는 음식물 저장고나 약품 보관장을 한번 들여다보도록 하라. 왜냐하면 우리들 중에서도 특히 의식적으로 음식물을 섭취하는 사람들은 바다에서 수영을 하다가 어쩌다 우연히 플랑크톤 형태의 유기체를 섭취하게 되는 것만이 아니라, 곧잘 의도적으로, 그것도 알약 형태로 그런 것들을 섭취하기 때문이다. 비타민, 항산화물질, 그리고 모든 종류의 필수 아미노산을 함유하고 있는 저 유명한 영양보조제 스피룰리나는 아르트로스피라속Genus Arthrospira에 속하는 가느다란 실 형태의 시아노박테리아에서 추출한 것으로, 농축 과정을 거쳐 초록색 알갱이 형태로 판매된다.

조류와 미세조류microalgae는 근대 이후에야 비로소 식료품 산업과 미용 산업에 사용되기 시작한 것이 아니다. 그것들은 신체 내부 및 외부 건강에 미치는 긍정적인 작용으로 말미암아 이미 수백 년 전부터 그 가치를 인정받아 왔다. 오늘날 사람들은 다당류, 엽록소, 비타민E, 엑토인ectoin 같은 생리활성 성분들을 피부미용 분야에 도입하고 있다. 이런 성분들은 피부가 수분을 저장하는 데 도움을 주고, 활성산소와 UV-광선으로부터 피부를 보호할 뿐만 아니라 면역체계를 강화하고, 악취를 제거하고, 염증을 완화하는 작용을 한다. 미세조류가 생리활성 작용을 하는 이 모든 물질들을 생산해내는 이유는 명백하다. 크기가 극도로 작은 이 유기체들이 살아남기 위해서는 반드시 UV-광선 같은 환경의 영향에 맞서서 스스로를 지켜내야 하는 동시에 효과적인 복구기제들을 발전시켜야만 한다. 이런 이유로 몇몇 화장품 제조업체들은 독자적으로 미세조류를 생산하여 그 생리활성 물질들을 제품에 활용하기도 한다.

마찬가지로 신체 및 정신건강과 관련된 의학적인 부가가치 또한 이미 오래전부터 잘 알려져 있다. 특히 수십 년 전부터는 산호초 속에 살고 있는 박테리아를 기초로 하여 암을 비롯한 각종 질병을 치료할 의약품 개발 프로젝트가 집중적으로 추진되고 있다(이와 관련해서는 제2장의 '수중 약국' 부분에서 더 상세하게 살펴보도록 하겠다). '바다를 통한 치유'라고도 불리는 해양치료요법thalassotherapy 분야에서는 수백 년 전부터 신선한 바닷바람 및 태양과 함께 바닷물과 조류, 진흙을 혼합하여 만든 작용물질들이 함께 사용되고 있다. 노르더나이섬Norderney(독일 북쪽에 위치한 작은 섬-옮긴이) 해안을 산책하다 보면 곳곳에서 산소가 풍부하고, 꽃가루가 적은 깨끗한 바다 공기의 건강증진 효과를 찬미하는 안내판들이 눈에 들어온다. 바다에서 육지로 바람이 불어오면, 에어로졸(연무질)과 요오드가 육지 공기에 첨가되는데, 이것은 기관지를 이완시키고 가래를 해소하여 천식환자들과 알레르기 환자들이 편안하게 숨을 쉴 수 있도록 만들어준다. 동시에 바다 공기가 유발하는 큰 폭의 기온변화 효과는 피부 건강에도 긍정적인 영향을 미친다. 혈액순환이 더욱 원활해지고, 이를 통해서 각종 부담 요인에 대한 신체 저항력도 높아진다. 염증이 가라앉고, 상처 치유 속도가 빨라진다. 해안가 산책을 하면 신진대사가 활성화되고 수면-기상 리듬이 안정된다. 한마디로 한층 더 활력 넘치는 생활을 할 수 있게 된다.

18세기 후반 독일에서는 동해에 위치한 하일리겐담Heiligendamm에 최초의 해수욕장이 생겨났다. 이후 다수의 다른 해수욕장들이 그 뒤를 이었다. 하지만 해양치료요법은 20세기에 접어들어 지나치게 높은 비용과 새로운 약품들의 등장으로 말미암아 그 중요성을 상실하게 되었다. 그럼에도 기관지 질환과 피부 질환, 그리고 류머티즘 질환을 대상으로 한 치료는 오늘날에도 여전히 해양치료 관행에 따라 시행되고 있다.

그러므로 만약 다음번에 물 밖으로 나올 때 기침을 하면서 물을 내뿜게 되는 일이 생긴다면, 그것을 긍정적으로 바라보려고 노력해보라. 왜냐하면 그 순간 당신은 미용적인 측면의 장점과 더불어 영양가 풍부한 간식, 즉 슈퍼 푸드를 그것도 공짜로 즐길 수 있기 때문이다. 이뿐만 아니라 당신이 숨을 쉴 수 있는 것도—이런 사실을 아는 사람은 정말로 극소수에 불과한데—모두 플랑크톤, 좀 더 정확하게 말하자면 식물성 플랑크톤 덕분이다.

초록색 폐

지금 당신이 있는 곳이 어디건 간에, 그곳이 쾰른이건 에어푸르트건 아니면 알프스 산맥을 걷고 있건, 노르트제 해변에 가만히 누워있건 간에, 숨을 내쉬고 들이쉴 때마다 당신은 바다와 긴밀하게 연결된다. 왜냐하면 지구 전체 산소의 절반 이상을 식물성플랑크톤—크기가 0.0001밀리미터에서 1밀리미터에 이르는 극도로 작은 식물성 유기체—이 생산하기 때문이다. 이런 이유로 식물성 플랑크톤은 '바다의 초록색 폐'로 불리기도 한다. 크기가 극도로 작은 이 유기체들은 육지에 있는 나무와 매우 흡사하게 광합성 작용을 하는데, 그 과정에서 물, 이산화탄소, 빛 에너지로부터 당분과 일종의 '부산물' 격인 산소가 생성된다. 활발하게 광합성 작용을 하는 이런 해초들을 가리켜 1차 생산자primary producer라고 부른다. 영국 레스터 대학 응용수학과의 세르게이 페트로프스키Sergei Petrovskii 교수는 기후변화의 영향에 대해 설명하면서 해수온도가 6℃ 상승할 경우 식물성 플랑크톤이 크게 감소하여 바닷속은 물론이고 전 세계 대기 중 산소의 감소로 이어질 것이라고 추정했다. 그리고 그 결과로서 전 세계에 걸쳐 인간과 동물의 떼죽음 사태가 발생할 것이라고 말했다.

미세조류의 역할과 그 존재의 필수불가결함을 이해하기 위해서는 바닷속 탄소순환 과정을 조금 더 상세하게 관찰해볼 필요가 있다. 화학기호 C로 대표되는 탄소는 자연에서는 주로 다이아몬드나 흑연 같은 순수한 형태로 나타난다. 아울러 합성된 형태의 탄소는 거의 모든 곳에 존재한다. 인간 역시 몸속에 탄소를 가지고 다닌다. 조금 더 알기 쉽게 설명하자면, 탄소는 말 그대로 우리 자신을 구성한다고 할 수 있다. 인간의 몸을 구성하는 성분을 살펴보면 56.1퍼센트의 중량을 차지하는 산소에 이어 탄소가 28퍼센트로 그 뒤를 잇고 있고, 나머지 14.8퍼센트는 수소, 질소, 칼슘, 염소, 인이 차지한다. 그 밖에 칼륨, 황, 나트륨, 마그네슘, 미량원소가 1퍼센트 조금 넘는 비중을 차지한다. 그런데 탄소를 체내에 포함하고 있는 존재는 단지 인간만이 아니다. 모든 동물성 및 식물성 바이오매스biomass(유기물질 총량) 또한 탄소와 탄소 혹은 탄소와 다른 원소와의 안정적인 다중결합으로 구성되어 있다. 요컨대 탄소는 생명의 초석인 셈이다.

탄소는 물과 유사하게 지구에서 끊임없이 순환하는데, 이 과정은 수면 위에서뿐만 아니라 수면 아래에서도 마찬가지로 이루어진다. 대기, 육상 생물권, 그리고 바다는 서로 지속적으로 탄소를 교환한다. 대기와 해양 사이에 이루어지는 이산화탄소 교환 작용은 심해 100미터에 이르는 지점, 그러니까 소위 말하는 해양최상층ocean top layer까지 이루어진다. 이 과정은 대기와 해양 사이의 압력차를 통해서 진행되는데, 이론적으로 양 방향으로 이루어진다. 대기 중 이산화탄소의 압력, 즉 부분압력partial pressure이 낮으면 바닷속 이산화탄소가 대기로 흡수된다. 반면 대기 중 이산화탄소의 압력이 높으면 대기 중에 있던 이산화탄소가 해양 표층수에서 용해되어 바닷속으로 이동한다. 그런데 실제로 오늘날에는 인간에 의해 유발된 이산화탄소 방출로 말미암아 대기 중 부분압력이 해양보다 높은 상태가 계속 유지되고 있다. 요컨대 이산화탄소가 지속적으로 바닷물에 용해되고 있는 것이다.

바닷물에 용해된 이산화탄소 총량은 대기 중 이산화탄소 양보다 50배 이상 많고, 육지 식물과 토양에 고정되어 있는 이산화탄소 양의 20배가 넘는다. 따라서 바다는 다른 모든 시스템을 압도하는 최대의 이산화탄소 수용 시스템이다. 이처럼 바다가 다량의 이산화탄소를 수용할 수 있는 이유는 바로 이산화탄소가 쉽게 물에 용해되기 때문이다. 정말 다행이 아닐 수 없다! 이산화탄소는 공기 중에 머무르는 동안에는 다른 물질과 반응하지 않고 가스 형태로 자유롭게 이곳저곳을 떠돌아다니면서 땅에서 올라오는 열을 반사하여 온실효과를 유발, 지속적인 기후온난화에 기여한다.

하지만 이산화탄소가 물을 만나면 그것은 화학반응을 일으켜 거의 완전히 다른 화합물이 되는데, 이 형태로는 더 이상 지구를 덥히지 못한다. 바닷물에 용해된 이산화탄소의 대부분이 수소원자나 산소원자와 결합하여 탄화수소와 탄산염 같은 무기 화합물로 변하기 때문이다. 극히 일부분만이 용해 상태의 이산화탄소로 남는다. 추정에 따르면, 200년 전 산업혁명이 시작되고 인간들이 화석연료를 대량으로 연소하기 시작하면서부터 대기 중 이산화탄소량이 급속도로 상승하였고, 그때부터 바다는 인간이 만들어낸 이산화탄소 중 대략 4분의 1을 수용해왔다. 그러나 안타깝게도 이산화탄소를 받아들이는 바다의 수용력(완충능력)과 그것을 변화시키는 능력은 무한하지 않다. 결국 대기 중 이산화탄소 농도가 지속적으로 상승하면서 현재 심각한 환경 문제들이 나타나고 있다. 예컨대 해양의 산성화 같은 문제가 이에 해당한다.

무기 탄소화합물 외에 유기 탄소화합물도 존재한다. 미세조류 바이오매스 및 1차 생산자 바이오매스가 바로 입자성 유기탄소particulate organic carbon에 해당한다. 앞서 말한 것처럼 미세조류는 광합성 작용을 통해 이산화탄소를 당분과 산소로 바꾼다. 이 과정에서 미세조류는 성장, 증식하여 더 많은 이산화탄소를 흡수한다. 이런 미세조류가 사멸하거나 동물성 플랑크톤에게 잡아먹혀 배설물로 배출되면, 그것은 결합된 탄소와 함께 유기 미립자의 형태로 심해로 가라 앉아 원래 그것을 구성하고 있던 성분들로 분해된다. 대기에서 떨어져 나와 바닷물에 용해된 이산화탄소는 이런 과정을 거쳐 더욱더 깊은 해양층으로 옮겨진다. 우리는 이 과정을 가리켜 '생물학적 펌프biological pump'라고 부른다. 이 유기미립자들이 바닷속으로 스며든 빛을 받으면서 아래로 가라앉는 모습이 꼭 하늘에서 떨어지는 눈과 비슷해, 이 미립자들을 가리켜 '바다눈marine snow'이라고 부르기도 한다.

탄소가 이동하는 또 다른 경로는 이른바 '물리적 펌프physical pump'를 통한 것인데, 이것은 무엇보다도 '열염분순환thermohaline circulation'에 의해 좌우된다. 열염분순환에 대해서는 제3장에서 좀 더 상세하게 살펴볼 것이다. 탄소순환 과정에서 물리적 펌프가 하는 역할을 짧게 요약하자면 다음과 같다. 차가운 물이 따뜻한 물보다 이산화탄소를 더 많이 수용한다. 그런데 차가운 물이 더 무겁기 때문에, 그것은 흡수된 이산화탄소와 함께 아래로 가라앉으면서 이산화탄소를 심해 해양층으로 운반한다. 아래쪽에 도달한 이산화탄소는 느린 속도로 흐르는 심해 조류를 따라 여러 갈래로 나뉘어졌다가 수백 년이 흐른 후에 영양소가 풍부한 따뜻한 물과 함께 다시 표면으로 올라온다. 물 표면에서는 미세조류들이 신진대사를 위해 물속 영양소를 소비하는데, 이때 발생한 이산화탄소가 부분적으로 다시 대기에 전달된다.

대기 중 이산화탄소 농도는 피피엠ppm, parts per million(백만분율) 단위로 측정된다. 1피피엠은 건조한 공기 분자 100만 개당 이산화탄소 분자 1개에 해당하는 양이다. 2016년 전 세계 이산화탄소 농도는 400피피엠이었다. 반면 산업시대 이전의 이산화탄소 농도는 약 280피피엠에 머물러 있었다. 만약 위에서 설명한 바다의 도움이 없었더라면, 아마도 우리는 현재 우리가 맞닥뜨린 것보다 훨씬 더 심각한 온실가스 문제를 겪고 있을 것이다. 왜냐하면 생물학적 펌프 하나만 하더라도 그 성능이 너무나도 뛰어나기 때문에, 만약 그것이 없다면 대기 중 이산화탄소 농도가 당장 150~200피피엠 정도 더 높아질 것이기 때문이다!

빛이 두루 통과하는 가장 상층부에 서식하는 식물성 플랑크톤은 연간 약 108기가 톤(1기가 톤=10억 톤)의 이산화탄소를 고착하여 광합성에 사용한다. 이것은 놀라울 정도로 어마어마한 양으로, 육지 식물을 통한 이산화탄소 고착과 비교해도 전혀 뒤지지 않는 수준이다. 크기가 육지 식물보다 몇 배나 작은 해양 조류가 이처럼 뛰어난 광합성 능력을 발휘할 수 있는 까닭은 더딘 속도로 성장하는 육지 식물에 비해 훨씬 더 빠른 성장 속도 때문이다. 요컨대 식물성 플랑크톤은 폭발적 증식이 가능하다. 환경조건이 성장에 유리할 경우, 그러니까 빛과 이산화탄소, 영양소 및 질소와 철분이 충분히 존재할 경우에는 녹조가 형성되기도 하는데, 심지어는 우주에서도 이것을 볼 수 있을 정도다.

이런 어마어마한 능력 외에도 미세조류는 기후와 관련된 또 다른 기작機作(생물의 생리적인 작용을 일으키는 기본 원리-옮긴이)을 장악하고 있다. 미세조류는 날씨에 반응을 할 뿐만 아니라 심지어는 날씨에 적극적으로 영향력을 행사할 수도 있다. 그리고 이를 통해서 기후에도 영향을 미친다.

바다의 향기

해변 산책은 흔히 우리가 바다와 결부시키는 한 가지 특정한 냄새에 의해 뇌 속에 각인된다. 소금과 해조류marine algae 냄새가 바로 그것이다. 그 냄새는 때로는 희미하게, 또 때로는 매우 강렬하게 풍겨온다. 간략하게 설명하자면, 매우 전형적인 특징을 지닌 이런 바다 향기는 사멸한 해조류가 박테리아에 의해 분해되는 과정에서 가스, 즉 DMSDimethyl sulfide가 방출되면서 생성된다. 이 냄새는 그저 해변 산책 중에 느끼는 즐거움을 더해주는 것만이 아니라, 또 다른 목적을 가지고 있을 수도 있다. 연구자들은 해조류가 고온 스트레스를 받을 때 이 가스가 한층 더 증가되어 대기로 방출된다는 사실을 발견했다. 바닷속에 떠다니는 해조류의 주변 환경이 지나치게 따뜻해지거나 자외선 광선이 지나치게 강해지면 해조류들은 '땀을 흘리거나' 사멸하게 되고, 이 과정에서 DMSPDimethlysulfoniopropionate(유기 황화화합물)가 생산된다. DMSP는 박테리아에 의해 DMS로 바뀌게 된다. DMS는 공기 중으로 상승하여 그곳에서 햇빛을 받아 황산염으로 분해되고, 황산염은 다시 작은 물방울들을 끌어들임으로써 구름 씨앗으로 작용한다. 쉽게 설명하자면 다음과 같다. 식물성 플랑크톤은 구름을 만들어 해조류에 유해한 자외선 광선의 일부분을 차단하는 방식으로 그것만의 고유한 햇빛 가리개를 만들어낸다. 따라서 식물성 플랑크톤은 기후에 일정 부분 영향을 미친다고 할 수 있다. 왜냐하면 태양에서 방출된 광선이 식물성 플랑크톤이 만들어낸 구름에 부딪혀 우주로 다시 반사되기 때문이다.

이른바 '클로 가설CLAW hypothesis'에 따르면, 식물성 플랑크톤은 지구의 온도조절 장치 역할을 하는 것으로 알려져 있다. 식물성 플랑크톤이 구름을 만들어냄으로써 공기 온도와 바닷물 온도가 효과적으로 떨어진다는 것이다. 기온이 떨어지면 해초들은 다시 안정을 되찾고, 황화합물 생산을 줄인다. 그 결과 만들어지는 구름의 양도 줄어든다. 이런 식으로 해조류들은 자신들이 편안하게 지낼 수 있는 기후를 스스로 만들어낸다. 이 가설은 2011년 바르셀로나 해양학연구소CSIC가 남태평양을 대상으로 실시한 연구에서 사실로 입증되었다. 아란사수 란다Aránzazu Landa를 주축으로 한 연구팀이 전 세계에서 가져온 5만 건의 측정수치를 평가한 결과 남태평양에서는 대부분의 구름씨앗이 개별 해초들로부터 비롯된다는 사실을 발견하였다. 그럼에도 불구하고 해조류가 만들어낸 구름만으로는 전 세계적인 기후 온난화를 조절하지 못한다는 것이 이 연구의 결론이다. 인간이 만들어내는 온실가스 양에 비해 구름을 통한 태양광선 차단 효과는 턱없이 부족하기 때문이다. 그런데 DMS는 단지 기온이 높을 때만 방출량이 증가하는 것이 아니다. DMS는 식물성 플랑크톤이 크릴 같은 작은 갑각류나 다른 동물성 플랑크톤의 공격으로부터 스스로를 지킬 때 사용하는 보호기제이기도 하다. 크릴이 해조류에게 덤벼들면 해조류는 크릴을 먹이로 삼는 새들을 유인하기 위해 DMS를 발산한다. 바다오리, 알바트로스, 바다제비 같은 바다 새들은 황화합물 냄새를 이용하여 먹잇감을 찾는다. 몇 킬로미터 거리에서도 냄새의 흔적을 추적할 수 있는 이 새들은 이런 식으로 먹잇감의 위치를 파악하고, 비록 간접적이기는 하지만, 식물성 플랑크톤을 구하기 위해 다급하게 달려간다.

그런데 캘리포니아 대학 연구팀이 밝혀낸 바에 따르면, 새들의 뛰어난 후각은 안타깝게도 종종 치명적인 덫이 되기도 한다. 아마 당신도 크리스 조던Chris Jordan의 유명한 사진을 잘 알고 있을 것이다. 뱃속이 플라스틱으로 가득 찬 새끼 라이산 알바트로스Laysan albatross의 사체 사진 말이다. 사진만으로도 우리는 노란색 라이터 한 개와 여러 개의 플라스틱 병 뚜껑을 또렷하게 알아볼 수 있다. 플라스틱이 죽어가는 어린 새의 위와 장을 막아버렸고, 그 결과 어린 새는 더 이상 음식물을 섭취할 공간이 없어져 굶어 죽기에 이른 것이다. 유감스럽게도 새들에게는 플라스틱과 먹잇감을 구분할 능력이 없다. 이 사진은 인간의 플라스틱 소비가 낳은 결과로 인해 해마다 죽어가는 수십만 마리의 새들을 대표하는 하나의 비극적인 예에 불과하다. 그렇다면 새들이 천연 먹잇감과 플라스틱을 혼동하게 하는 요인은 무엇일까? 도대체 무엇이 플라스틱을 그토록 매력적인 대상으로 만드는 것일까? 연구팀은 플라스틱에 자리를 잡고 살아가는 해조류들이 고농도의 DMS를 공기와 물로 방출한다는 사실을 밝혀냈다. 이에 바다 새들은 가스 냄새에 매료되어 이리저리 떠다니는 플라스틱과 그들의 천연 먹잇감을 혼동하게 된다. 그런데 플라스틱 냄새에 매료되는 것은 새들만이 아니다. 물고기와 산호 같은 다른 동물들도 그 냄새에 저항하지 못하고 플라스틱의 희생양으로 전락하고 만다. 이런 현상은 각각의 먹이사슬에서 다음 단계에 연쇄적으로 영향을 미치게 된다.

대식가들을 위한 작은 한입

식물성 플랑크톤은 바다에 사는 모든 생명의 기초이자 동물성 플랑크톤의 기본 먹이가 된다. 동물성 플랑크톤에는 단세포 생물, 갑각류, 해파리, 연체동물, 벌레, 알, 그리고 바다에 서식하는 유기체의 유생 단계 등이 포함된다. 식물성 플랑크톤과 동물성 플랑크톤을 아우르는 전체 플랑크톤은 다시금 크고 작은 물고기와 갑각류, 조개, 산호뿐만 아니라 심지어는 지구에서 크기가 가장 큰 동물인 대왕고래까지도 먹여 살린다.

수염고래과*Balaenopteridae*에 속하는 흰긴수염고래*Balaenoptera musculus*(대왕고래라고도 불린다)는 최대 33미터에 이르는 크기를 자랑하며 몸무게는 최대 180톤까지 나간다. 대왕고래는 아마도 지금까지 지구에 살았던, 그리고 살고 있는 동물들 가운데 가장 무거울 뿐만 아니라 가장 몸집이 큰 동물일 것이다. 성장을 마친 대왕고래의 경우, 혀 무게만 하더라도 약 4톤에 달한다. 다시 말하자면, 혀 무게가 대략 코끼리 한 마리의 무게와 같고, 그 크기는 축구팀 전체가 들어가고도 남을 정도로 크다. 이 거대한 동물은 작디작은 바다 동물을 먹잇감으로 삼는데, 수염(위턱에 위치한 뿔 성분의 판)을 이용하여 바다에서 크기가 가장 작은 동물인 크릴(새우 모양의 작은 갑각류. 큰 무리를 지어 나타난다)과 그 밖에 다른 플랑크톤들을 물에서 걸러내 섭취한다. 대왕고래가 포만감을 느끼기 위해서는 매일 7000킬로그램의 크릴이 필요하다!

단지 대왕고래뿐만 아니라 다수의 다른 동물들 역시 이 작은 해양 거주자들을 먹잇감으로 삼는다. 그 가운데는 세 종류의 상어가 있다. 고래상어*Rhincodon typus*, 돌묵상어*Cetorhinus maximus*, 그리고 거의 연구가 이루어지지 않은 넓은주둥이상어*Megachasma pelagios*가 바로 그들이다. 언젠가 한번쯤 한 마리 혹은 여러 마리의 고래상어와 함께 헤엄치는 즐거움을 경험해본 적이 있는 사람이라면 분명히 밝은 색깔의 수평 줄과 수직 줄 사이에 밝은 색 점들이 찍힌 회색조나 갈색 혹은 푸르스름한 등과 하얀 아래쪽 몸통, 그리고 뭉툭한 입이 자리 잡고 있는 넓은 머리 부분을 또렷하게 기억할 것이다. 등과 머리를 덮고 있는 점 문양은 인간의 지문처럼 각 개체별로 매우 독특하기 때문에 연구를 할 때 개체 식별에 사용된다. 최대 18미터의 몸길이를 자랑하는 거대하고 친절한 이 바다 거인은 상어 중에서 가장 크기가 클 뿐만 아니라, 전 세계를 통틀어 가장 크기가 큰 어류이기도 하다! 고래상어의 크기를 대략적으로 상상해보고 싶다면, 노선버스 옆에 한번 서보자. 모르긴 해도 바닷속에서 고래상어가 바로 당신 옆에서 플랑크톤을 후루룩 들이마신다면, 아마 그 정도의 크기 차이를 예상해볼 수 있을 것이다. 이렇게 당당한 크기와 최대 20톤에 이르는 몸무게를 갖추기 위해서 고래상어는 입을 활짝 벌리고 앞으로 헤엄을 치면서 수많은 플랑크톤은 물론이고 때로는 유영동물들을 물에서 걸러낸다. 그러다 이따금씩 물속에서 수직 혹은 수평으로 멈추어 서서 걸러둔 먹잇감을 한 번에 꿀꺽 흡입한다. 고래상어의 먹잇감은 크릴, 요각류*Copepoda*, 물고기 유생에서부터 정어리, 멸치, 오징어 같은 작은 물고기에 이르기까지 매우 다양하다. 또한 산호와 다양한 종류의 물고기, 그리고 크리스마스섬 홍게Gecarcoidea natalis 등이 생식세포, 그러니까 난자와 정자를 수중에 방류할 때도 방류된 난자와 정자를 느긋하게 물에서 걸러내는 고래상어의 모습을 정확하게 관측할 수 있다. 고래상어는 지구 전체에 걸쳐 거의 모든 열대바다와 아열대바다에서 출몰한다. 몇 가지 예를 들어보자면, 몰디브, 멕시코, 호주, 그리고 아조레스제도 등지에서 사람들은 고래상어의 등장에 경탄을 금치 못한다.

플랑크톤은 물속에 들어갔을 때 우리의 시야를 가리는 거추장스런 작은 부유물에 불과한 것이 아니라 그 이상의 의미를 가지고 있다. 만약 크기가 극도로 작은 이 유기체가 없다면 아마도 우리가 숨 쉴 공기는 사라져버릴 것이다. 또한 우리의 먹이 사슬도 마치 도미노처럼 줄줄이 쓰러져 붕괴되어버릴 것이다. 그 결과 아마도 지구에서 인간의 존재는 더 빨리 종말을 고하게 될 것이다.

중요한 것은 크기가 아니다

나는 일찍이 바닷물 바깥에서 작은 동물성 플랑크톤을 접한 경험이 있다. 그것은 내 사촌 마르셀의 〈Yps〉 잡지(어린이들을 위한 만화잡지-옮긴이) 덕분이었다. 〈Yps〉는 1980년대에 독일 어린아이들 사이에서 그야말로 최고 인기 아이템이었다. 오늘날 아이폰 최신 버전이 그런 것처럼, 아이들은 그 잡지의 최신호 발간을 목이 빠지게 기다렸다. 그러던 어느 날 잡지와 함께 자그마한 봉지 하나가 딸려왔다. 봉지 안에는 바싹 건조된 작은 알이 담겨 있었는데, 그 알로 1억 년 전부터 지구에 서식했다고 하는 갑각류를 길러낼 수 있다고 했다. 나는 태곳적 갑각류의 일종인 아르테미아*Artemia salina*를 키우면서 그것이 알에서부터 번식이 가능한 성숙한 개체로 발전하는 과정을 체험할 생각에 한껏 들떠 있었다. 그 동물들은 매우 강인하고 그리 까다롭지 않았다. 그럼에도 불구하고 나는 늘 그들에게 아마겟돈을 선사했고, 그 결과 모두를 절멸시키고 말았다.

다행스럽게도 이 작은 갑각류에게 행복하고 긴 삶을 선사하려고 애쓰는 사람들이 있는데, 그들은 과거의 나와 달리 성공적인 길을 걷고 있다. 캘리포니아 스탠퍼드 대학의 존 다비리John Dabiri 교수를 주축으로 한 연구팀은 이 작은 바다동물을 연구하던 중 놀라운 사실을 발견했다. 오랫동안 사람들은 동물성 플랑크톤이 보잘 것 없는 크기와 매우 저조한 독자적인 운동능력 때문에 바닷속에서 이루어지는 물의 순환에 거의 또는 아예 영향을 미치지 못할 것이라고 생각했다. 그러나 다비리 교수팀은 2018년 연구실 실험을 통해서 이 작은 동물들이 서로 결합하여 큰 무리를 이룰 때면 바닷물을 뒤섞는 데 전적으로 큰 영향을 미친다는 사실을 사상 최초로 보여주었다. 연구팀은 매일 진행되는 동물성 플랑크톤의 이동을 시뮬레이션하고 조류 매커니즘을 연구하기 위해 브라인슈림프brine shrimp라고도 불리는 아르테미아를 동물성 플랑크톤을 대표하는 모델로 삼았다. 광원을 이용하여 빛을 따라다니는 성질을 지닌 (주광성) 그 동물들이 수직으로 이동하도록 유도했다. 이 실험의 구조는 해양에서 형성되는 자연스런 빛의 조건들을 그대로 모방하였다. 아르테미아는 해가 지면 해수면으로 헤엄쳐 올라와 먹이를 먹고, 해가 뜨면 다시 차갑고 깊은 바닷물 속으로 잠수한다. 이때 그들은 최대 수백 미터까지 이동하는데, 그들의 몸 크기에 비하자면 상당히 먼 거리다. 주야이동diurnal migration으로도 불리는 동물성 플랑크톤의 24시간 주기 이동은 어떻게 보면 매일 같이 벌어지는 출퇴근길의 교통 혼잡과도 같다. 그리고 적어도 바이오매스에 관한 한, 그것은 지구에서 가장 규모가 큰 집단 이동이다!

동물성 플랑크톤이 이처럼 날마다, 아니 밤마다 수면으로 올라가는 이유는 먹잇감이 위쪽에 있기 때문이다. 식물성 플랑크톤은 광합성을 위해서 반드시 햇빛에 의지해야만 한다. 그러나 햇빛이 가득 넘쳐나는 지대에서 체류한다는 것은 종종 치명적인 위험과 결부되어 있기도 하다. 왜냐하면 포식자들에게 더 빨리 발각되어 잡아먹힐 수 있기 때문이다. 추측컨대 이런 위험성을 최소화하기 위해 동물성 플랑크톤은 밤에만 먹잇감 포획에 나서고 낮에는 어두운 심해에 '몸을 숨기고' 있는 것으로 짐작된다.

연구팀은 실험을 통해서 이 작은 동물들이 위쪽을 향해 헤엄치는 사이에 실제로 몇 미터가 넘는 깊이의 물을 서로 뒤섞어 놓을 수 있는 강력한 하강조류가 생성된다는 사실을 처음으로 발견했다. 물기둥 속에는 물의 밀도 차이로 인해서 생성된 다양한 층이 존재하기 때문에 이런 물의 뒤섞임은 매우 유익한 작용을 한다. 이렇게 물이 서로 뒤섞이면서 아래쪽 층에 있던 영양분들이 위로 올라가 상대적으로 영양분이 빈약한 층으로 옮겨가게 된다. 동물성 플랑크톤이 마치 바다의 믹서 같은 기능을 수행하는 것이다.

그런데 겨울에 햇빛이 비치지 않아 동물성 플랑크톤들이 지침으로 삼을 만한 낮과 밤의 리듬이 존재하지 않는 지역에서는 사정이 어떨까? 그런 지역에 사는 동물성 플랑크톤들은 과연 어떻게 행동할까? 북극해에서는 겨울 동안 어둠이 극지방을 지배한다. 그럼에도 동물성 플랑크톤은 여전히 이동한다. 낮과 밤의 변화를 알려주는 사이클 알림 장치가 없는 데도 말이다. 얼마 전까지만 해도 사람들은 고위도 지역에서는 집단 이동이 존재하지 않는다고 생각했다. 그러나 오반Oban에 위치한 스코틀랜드 해양과학협회Scottish Associaton for Marine Science 소속의 킴 래스트Kim Last와 그녀의 연구팀이 다음과 같은 사실을 발견했다. 북극해에 서식하는 동물성 플랑크톤 역시 규칙적으로 상승 및 하강을 하는데, 이때 지침이 되는 것은 달빛이다! 하늘에 달이 뜨면 동물성 플랑크톤은 아래쪽을 향해 이동하고, 달이 지면 위로 올라온다. 심지어 보름달이 뜰 때면 더 깊은 층으로 이동하여 달빛 및 그로 인한 발각의 위험을 모면한다.

미끈미끈한 거인

이미 언급한 것처럼, 동물성 플랑크톤은 극도로 크기가 작은 유기체들로만 구성되어 있는 것이 아니라 비교적 크기가 큰 동물들도 포함되어 있다. 그중 몇몇은 척추와 뇌가 없는 상태로 이미 5억 년 이상 해양을 가로질러 돌아다니고 있다. (여기서 내가 말하는 대상은 인간이 아니다. 왜냐하면 인간 종족이 출현한 것은 그렇게 오래된 일이 아니기 때문이다.) 내가 말하는 대상은 메두사 Medusa, 즉 일반적으로 해파리라고도 불리는 동물이다. 자포동물문 Phylum Cnidaria 에 속하는 해파리는 산호, 말미잘과 친족 관계에 있다. 산호, 말미잘과 꼭 마찬가지로 해파리 또한 촉수 안에 자리 잡은 자포 캡슐을 이용하여 먹잇감을 포획한다. 먹잇감(이따금 운 나쁜 사람들이 포함된다)이 캡슐을 건드리면 독을 주입하여 마비시켜 죽인다. 어떤 해파리는 둥둥 떠다니는 라일락색, 붉은색, 흰색 유령처럼 생겼고, 또 어떤 종류는 줄모양의 부속물을 달고 날아다니는 커다란 찻잔받침처럼 보인다.

그들 모두에게는 한 가지 공통점이 있다. 비록 미끈미끈하기는 하지만 부서질 듯 연약한 아름다움이 바로 그것이다. 완벽한 대칭 구조와 더불어 독을 갖춘 해파리는 그 아름다운 모습에 매료된 관찰자들뿐만 아니라 작은 물고기와 갑각류를 비롯한 작은 동물들을 촉수로 말아 올려 마취시킨 다음 소화시킨다. 몇몇 해파리들은 속이 훤히 들여다보이기 때문에 내부에서 무슨 일이 일어나고 있는지 확인이 가능한 반면, 다른 종류의 해파리들은 얼마간 은폐된 상태를 유지하면서 그들의 내면생활을 갓 뒤로 감추어둔다. 해파리는 전 세계에 걸쳐 서식하고, 물 표면에서부터 심해에 이르기까지 다양한 장소에서 발견된다.

해파리의 생애주기는 자유롭게 유영하는 유성 메두사 시기, 고착생활을 하는 무성 폴립 시기로 나뉜다. 기본적으로 집락을 형성하여 고착생활을 하는 폴립들은 출아법budding을 통해 자유롭게 유영하는 메두사들을 생산해낸다. 이렇게 만들어진 메두사들은 다시금 유성 생식을 한다. 암수 메두사가 각각 정자와 난자를 물속으로 방출하면 수정란이 만들어져 플라눌라 유생Planula larvae으로 발전한다. 이것들이 바닥으로 가라앉아 그곳에서 고착생활을 시작하여 무성 메두사가 된다. 이로써 해파리의 생애주기가 마무리된다.

해파리는 크게 두 그룹으로 분류된다. 우산해파리 혹은 원반해파리 같은 해파리류Scyphozoa와 입방해파리Cubozoa가 바로 그것이다. 이 두 그룹은 명칭 자체가 이미 기본적인 정보를 제공해준다. 해파리류가 그 구조상 우산을 연상시킨다면, 입방해파리는 상자 모양으로 생겼다. 예컨대 인간에게 위협이 되는 바다말벌*Chironex fleckeri* 같은 것이 입방해파리에 속하는데, 가장 맹독성 동물 가운데 하나인 이 해파리는 주로 호주 북부에 서식한다. 그 밖에 외형상 진짜 해파리와 유사한 또 하나의 그룹이 있지만, 이 그룹은 자포 캡슐이 없기 때문에 분류학적으로 자포동물로 분류되지 않는다. 따라서 잎맥해파리 혹은 빗해파리Ctenophora(유즐동물)는 또 다른 독자적인 문門, Phylum을 형성한다.

'진짜 해파리', 즉 우산해파리 혹은 원반해파리류는 구조적으로 방사대칭을 이룬다. 다시 말하자면 신체를 구성하는 부분들이 하나의 축을 중심으로 동심원 모양으로 배열되어 있다. 해파리를 회전시켜 보면 어느 쪽에서 보아도 같은 모양이다. 앞뒤가 따로 없다. 활짝 핀 꽃송이와 유사하게 다양한 평면들이 중심축을 따라 해파리의 몸통을 절반으로 나눈다. 방사대칭을 이루며 똑같은 크기의 조각들로 나누어진 둥근 모양의 케이크를 위에서 바라보는 상황을 상상해보아도 좋을 것이다. 이와는 대조적으로 인간의 신체 구조는 좌우대칭을 이룬다. 앞과 뒤가 있다는 말이다. 인간의 몸을 길이대로 위에서 아래로 자르면 외형상 좌우가 뒤바뀐 반쪽으로 나누어진다.

해파리의 몸은 98~99퍼센트가 물로 이루어져 있다. 따라서 해파리의 밀도는 그것을 둘러싸고 있는 물과 대략 동일하다. 해파리 몸통은 위쪽이 편평한 종 모양의 갓mesoglea(중교)으로 세분화되는데, 다수의 종류는 그 가장자리에 눈ocellus(홑눈)과 평형포기관statocyst organ으로도 불리는 평형기관이 자리 잡고 있다. 젤라틴 성분의 갓이 해파리의 위나 생식선 같은 내부 장기를 가리고 있다. 갓 안쪽 중심부에는 위에서 시작되어 입 모양의 구멍으로 이어지는 막대 모양의 관manubrium(구병)이 달려 있다. 간단하게 설명하자면, 갓에 막대 모양의 관이 매달려 있는 모양이 흡사 자루가 달린 버섯처럼 보인다. 대부분의 해파리 종류는 갓 가장자리에 촉수가 솟아 있고, 거기에 자포 캡슐이 자리 잡고 있다.

해파리는 머리 부근에 거대한 뉴런 집합체를 갖춘 좌우대칭 구조의 신경체계가 없다. 이 같은 신경체계의 부재는 해파리에게 뇌가 없다는 인상을 전달한다. 그리고 이런 사실은 해파리가 뇌가 없는 상태로, 아무런 계획 없이 바다를 유령처럼 떠돌아다닌다는 추측을 가능하게 한다. 하지만 다른 견해를 지닌 과학자가 한 사람 있다. 그는 무렴해파리*Aurelia* sp.의 경우, 움직임을 조절할 수 있는 능력을 지니고 있다고 확신한다. 변화된 환경조건에 적응하거나, 낭떠러지나 적을 피할 목적에서 그렇게 한다는 것이다. 밴쿠버 로스코만 해양생물연구소Roscoe Bay Marine Biological Laboratory의 데이비드 앨버트David Albert에 따르면, 무렴해파리는 기능적인 측면에서 효과적인 뇌처럼 작동하는 중앙 신경체계를 갖추고 있으며, 이것이 각종 정보를 처리하여 해당 정보에 대응한 반응(수영 방향 변경)을 유발한다고 한다. 이때 해파리의 움직임은 갓으로 물을 흡수했다가 이어서 갓을 수축하여 물을 다시 분출하는 반동 원칙에 입각하여 수행된다고 한다.

해파리는 외형뿐만 아니라 그 크기에 따라서도 다양한 종류로 분류된다. 언젠가 일본으로 여행을 떠나서 그곳 바닷물 속으로 잠수할 일이 생긴다면, 어쩌면 수중 UFO와 마주치게 될지도 모를 일이다. 노무라입깃해파리*Nemopilema nomurai*는 전 세계에서 가장 거대한 해파리 종 가운데 하나다. 노무라입깃해파리 갓은 최대 2미터에 이르고, 무게는 젖은 상태에서 약 200킬로그램이나 나간다! 노무라입깃해파리는 헤드라인을 장식하는 단골손님이기도 하다. 이것은 단지 어마어마한 크기 때문만이 아니다. 일본과 중국 사이의 바다에 서식하는 이 미끈미끈한 거인은 폭발적인 증식으로 악명이 높다. 2000년대 초부터 거의 해마다 노무라입깃해파리가 대량으로 증식하면서 일본 어업에 큰 위협을 가하고 있다. 과거에는 대략 40년에 한 번 꼴로 해파리 대량 증식jellyfish bloom 현상이 나타났다.

2000년 여름에 출몰한 노무라입깃해파리의 양은 젖은 상태로 9만 4000톤에 육박할 것으로 추정되었다. 그것도 일본 전체 해안 중에서 고작 100킬로미터에 불과한 부분에서 출몰한 것만 말이다!

이런 대규모 증식의 원인으로는 예컨대 바다거북과 같은 천적의 부재를 꼽을 수 있다. 바다거북은 의도치 않은 부수적인 어획과 해양 플라스틱 쓰레기 증가로 말미암아 개체수가 급감하고 있다. 또 다른 천적들은 추측건대 무분별한 남획에 시달리고 있는 것으로 보인다. 해파리와 먹잇감을 두고 다투는 경쟁자들도 마찬가지다. 경쟁자들이 사라지면 노무라입깃해파리 몫의 동물성 플랑크톤 양이 더 늘어난다. 이렇게 되면 노무라입깃해파리는 아무런 방해도 받지 않고 증식을 거듭할 수 있다. 게다가 노무라입깃해파리는 다른 해양 유기체들과는 완전히 대조적으로 해수 온난화와 해양오염 등 점점 더 악화하는 환경 여건들을 더 잘 견뎌낼 수 있을 뿐만 아니라, 심지어는 그로부터 이익을 보고 있는 것으로 추정된다. 그런 대량 증식 현상이 일어나는 동안 어업 분야가 떠안는 경제적인 손실은 실로 어마어마하다. 왜냐하면 그물에 물고기 대신 해파리가 걸려들기 때문이다. 해파리는 어마어마한 크기와 무게 때문에 그물을 찢어버릴 수도 있고, 이미 잡힌 물고기들을 으깨어 죽처럼 만들어버릴 수도 있다. 또 어부들이 해파리 독과 접촉하기라도 하면 타는 듯한 극심한 통증에 시달리게 된다. 이 때문에 어부들은 안전을 위해서 반드시 보호용 작업복을 입어야 한다.

하지만 이런 해파리에게도 장점은 있다. 심지어 그중 몇 가지는 매우 매혹적이어서 사람들로부터 큰 관심을 끌기도 한다. 불멸을 향한 욕구는 인류 자체만큼이나 오래되었다. 수천 년 전부터 사람들은 불멸에 이르는 길을 모색해왔다. 그런데 어쩌면 불멸의 원천이, 아니 불멸의 해파리가 바닷속에 숨겨져 있을지도 모를 일이다. 학문의 세계에서는 종종 위대한 발견이 우연한 경로로 이루어지기도 한다(예컨대 페니실린의 발견이 그랬던 것처럼 말이다). 1988년 해양생물학을 전공하던 독일 대학생 크리스티안 좀머Christian Sommer가 이탈리아 리비에라 지역에서 어렵사리 불멸성에 접근하게 된 것도 순전히 우연 덕분이었다. 당시 그는 플랑크톤 그물로 해저에서 자포동물인 히드라충류Hydrozoa를 수집하여 실험실에서 번식방법을 연구하던 중이었다. 수집한 동물들 가운데는 현재 '불멸의 해파리'라는 이름으로 알려져 있는 해파리류인 투리톱시스 도르니*Turritopsis dohrnii*도 있었다. 이 해파리를 배양접시에서 기르면서 관찰하던 좀머는 이 작은 자포동물이 죽지 않는다는 사실을 발견했다. 오히려 그 반대였다. 노화된 세포들이 죽기는커녕 다시 젊어져 최초의 발달단계, 즉 폴립으로 되돌아갔던 것이다. 좀머가 관찰한 사실에 완전히 매료당한 이탈리아 과학자들은 이전에는 단 한 번도 기술된 바 없었던 이 현상을 더욱더 세심하게 들여다보았다. 그들은 논문 「수명주기의 전환Reversing the Life Cycle」에서 투리톱시스 도르니가 메두사 형태를 하고 있는 모든 발달단계에서 집락을 형성하는 폴립단계로 거꾸로 발전할 수 있고reverse development, 그 결과 이론적으로 불멸의 존재라는 결론에 도달했다. 단, 여기에는 메두사 단계에서 잡아먹히지 않아야 한다는 전제가 붙는다.

앞서서 나는 많은 자포동물들이 메두사 상태로 성공적인 증식을 마친 후에 사멸한다고 설명하였다. 그런 동물들의 생애주기와는 대조적으로 투리톱시스 도르니는 전환분화transdifferentiation라고도 불리는 재생프로그램을 가동시킨다. 늙거나 중상을 입은 투리톱시스 도르니는 해저로 가라앉아 갓을 접는다. 그 후 몸통이 점점 퇴화하여 작은 점액 방울에 비할 정도로 작아진다. 그 상태로 며칠이 지나면 거기에서 폴립이 생성된다. 그것은 출아법을 통해 다시 메두사를 생산한다. 그리고 메두사는 마치 재에서 부활한 불사조처럼 더 젊어진 몸으로 바다를 가로질러 헤엄쳐 다닌다. 생애주기가 처음부터 다시 시작되는 셈이다. 따라서 이론적으로 보자면, 실제로 천적이 끼어들어 방해를 하지 않는 한 그들의 생애주기는 끝없이 계속될 수 있다.

실로 획기적인 이런 학문적인 인식에 따라 사람들은 어쩌면 불멸성을 손에 넣으려는 인류의 소망이 머지않아 실현될 것이라고 생각할지도 모르겠다. 하지만 안타깝게도 이것은 그저 소망에 불과하고, 또 그렇게 남겨져 있다. 왜냐하면 메두사를 수족관에서 키우고 배양하는 것은 믿을 수 없을 정도로 어려운 일이기 때문이다. 게다가 이 미끈미끈한 녀석들을 연구하는 전문가들도 극소수에 불과하다. 연구비를 마련하기도 어렵다. 따끔따끔 쏘아대는 미끈미끈한 생물체보다는 좀 더 흥미진진하고 다루기 쉬운 동물을 대상으로 했을 때 연구비 승인이 더 쉽게 이루어지기 때문이다. 그럼에도 소수이기는 하지만 해파리 연구에 몰두하는 연구자들이 존재한다는 것은 다행스러운 일이다. 일본 해양생물학자 신 쿠보타Shin Kubota도 그중 한 사람인데, 그는 회춘의 비밀이 이 작은 메두사에게 숨겨져 있다고 확신한다. 신 교수의 노력이 성공적으로 끝나기를, 그리고 이어서 투리톱시스 도르니로부터 불멸성의 비밀을 밝혀낼 수 있기를 진심으로 바란다!

그런데 바다를 미끄러지듯 가로질러 다니는 것은 해파리뿐만이 아니다. 원반해파리와 매우 흡사한 외관을 지닌 다른 동물들 역시 대양을 가로질러 돌아다닌다. 갓해파리류 혹은 관해파리목 Siphonophora 동물들이 바로 그 장본인인데, 이들은 세계에서 가장 길이가 긴 동물에 속한다. 왜냐하면 촉수 길이가 수십 미터에 이를 수도 있기 때문이다. 엄밀하게 말하자면, 관해파리목 동물은 단일 동물이 아니라 군체성 동물이다. 그러니까 각자 독립적인 기능을 수행하는 다수의 개별 유기체들이 모여서 이루어진 결합체인 것이다. 도관을 통해서 서로 결합되어 있는 이 개별 유기체들은 폴립으로 불리기도 한다. 이들은 군락 속에서 각기 다양한 기능을 수행한다. 모든 폴립은 동일한 맹아에서 발달한다. 그럼에도 그 모양은 완전히 다를 수 있다. 이때 군락 내에서 업무는 완벽하게 분할되어 있다. 일부 폴립은 먹이 사냥과 영양섭취 및 소화를 담당하고(영양개충gastrozooid), 또 다른 폴립들은 부양력(기포체pneumatophore)과 번식nectophore, 증식(생식개충gonozooid)을 각각 담당한다. 혹시 관해파리목이 포식자에게 잡아먹힌다고 하더라도 전혀 걱정할 것이 없다. 왜냐하면 아생생식budding을 통해 폴립들이 새롭게 생성되어 부족한 부분을 메꾸어주기 때문이다.

지금까지 발견된 175종의 관해파리목 가운데 가장 유명한 동물은 일명 '포르투갈 군함'으로 불리는 작은부레관해파리*Physalia physalis*

로, 그것의 촉수에는 1센티미터당 자세포nematocyst(자포) 1000개가 자리 잡고 있다. 작은부레관해파리가 먹잇감과 접촉하게 되면 해파리와 마찬가지로 자포캡슐 속의 자포가 독을 품고서 불운한 상대방을 향해 발사된다. 이어서 그것은 촉수를 오그려서 마비되거나 죽은 먹잇감을 음식섭취 담당 폴립의 입으로 가져가 소화시킨다. 작은부레관해파리는 아랫부분은 밝은 파란색이고 윗부분은 불그스름한 색깔을 띤 투명한 고깔 혹은 돛을 이용하여 바다를 항해한다. 이 돛은 산소와 질소, 그리고 다양한 비율의 이산화탄소로 가득 채워져 있다. 최대 길이 30센티미터에 이르는 자루 모양의 이 가스주머니Pneumatophore는 메젤루네나 남부 티롤 지방의 유명한 음식인 슐루츠크라펜(반달 모양을 한 파스타)을 연상시키는데, 그 아래에는 최대 50미터 길이의 푸른색, 흰색, 자홍색 촉수들이 수도 없이 달려 있다. 가스주머니는 오직 바람이 불 때만 똑바로 서서 좌우로 흔들리면서 습도를 유지한다. 그리고 위험이 닥칠 때면 단 몇 초 안에 가스를 모두 빼내고 물 아래로 잠수가 가능하다.

엄밀하게 말하자면, 물 표면에서 항해하거나 움직이는 작은부레관해파리 같은 동물들은 플랑크톤이 아니라 플루스톤pleuston(부표생물)으로 분류된다. 물 표면에 붙어서 혹은 그 위에서 움직이는 비교적 크기가 큰 모든 생물체가 부표생물에 속한다.

2015년 캐리비언Caribbean 지역에서 탐사 활동을 수행하던 도중에 우리는 물 표면을 항해하는 이런 관해파리목 동물들과 수백 번이나 마주쳤다. 그런데 유감스럽게도 그 수가 너무 많아서 우리는 한동안 플랑크톤 그물을 바다에 던지지 못했다. 왜냐하면 그물을 쳤다가는 발사 준비를 마친 자포 캡슐로 꽉 채워진 미끈미끈한 덩어리들이 그물 속에 가득했을 것이기 때문이다. 캡슐에서 발사된 독이 피부에 닿으면 심각하고 고통스런 피부 화상을 입게 된다. 또 드문 경우이기는 하지만, 자칫 알레르기성 쇼크를 일으켜 사망에 이르기도 한다. 그러므로 매혹적일만큼 아름다운 이 동물을 물속이나 해변에서 보게 된다면 안전을 위하여 거리를 유지하고 멀리서 그 아름다움을 감상해야 할 것이다.

바다가 내뿜는 빛

어쩌면 당신은 밤에 해변을 산책하거나 요트를 타고 밤바다를 항해하다가 바다가 빛을 내뿜는 광경을 목격하는 행운을 한 번쯤 누려보았을지도 모르겠다. 나는 2014년 몰디브에 머물던 무렵 저녁 늦게 해변을 산책하다가 마법과도 같은 순간을 경험했다. 해안선 전체, 그러니까 물건들이 바닷물에 떠밀려왔다가 쌓이는 물가 부분이 푸른색과 흰색의 빛을 내뿜고 있었던 것이다. 마치 바닷물에 떠밀려 내려온 은하계 별들이 내가 남긴 발자국 하나하나를 비추는 것 같았다.

생체발광현상bioluminescence 혹은 바다발광현상으로 불리는 이런 현상은 화학반응의 일종으로, 살아 있는 유기체에 의해서 빛이 만들어진다. 내가 해변 산책 중에 경험했던 마법과 같은 순간은 와편모충류Dinoflagellata, 그러니까 야광충*Noctiluca scintillans*이라는 근사한 이름을 가진 식물성 플랑크톤 덕분에 일어났다. 야광충을 가리키는 단어인 녹티루카Noctiluca는 라틴어에서 유래한 단어로 '밤의 빛, 밤의 발광체' 등으로 옮겨 쓸 수 있다. 파도의 움직임과 미세조류를 흠뻑 머금은 모래에 내 발이 닿으면서 유발된 마찰자극에 의해 빛이 만들어졌다. 바다발광현상은 규칙적으로 일어나는 것이 아니다. 생체발광현상을 일으키는 조류의 농도가 특히 높을 때, 그 결과 적조가 발생하는 경우에 한해서만 그 같은 장관을 경험할 수 있다. 하지만 바다가 빛을 내뿜는 광경을 보기 위해서 반드시 몰디브까지 날아갈 필요는 없다. 바로 당신 집 앞에서도 이런 장관을 체험할 수 있다. 독일을 예로 들자면, 북해 같은 곳으로 가면 된다.

플랑크톤의 성장은 규칙적인 연간 주기에 따라 진행된다. 그 주기는 식물성 플랑크톤의 봄 증식기와 함께 시작된다. 봄이 되어 다시 낮이 길어지고 빛 공급이 증가하면 미세조류 개체수가 폭발적으로 늘어난다. 영양분 공급이 늘어나기 때문에 식물성 플랑크톤을 먹고 사는 동물성 플랑크톤도 마찬가지로 늘어나 물속은 작디작은 생물들로 우글거리게 된다. 만약 누군가가 근사한 광경을 볼 수 있으리라는 기대를 품고 설레는 마음으로 잠수나 스노클링에 나섰다가 신나게 증식하고 있는 플랑크톤 때문에 바로 눈앞에 있는 자신의 손조차도 볼 수 없는 지경이 되어버린다면 극도로 실망을 할 수밖에 없을 것이다. 충분히 이해한다.

1년 내내 최소 가시거리 50미터에 이르는 수정처럼 맑은 물을 기대했던 고객들의 불만 섞인 좌절감을 미연에 방지하기 위해서 나는 몰디브에 머물던 기간 동안 손님들에게 규칙적으로 플랑크톤의 매혹적인 세계에 대한 강의를 하곤 했다. 강의 준비를 위해서 나는 시료채집에 사용할 플랑크톤 네트를 가지고 팀원들과 함께 아침 일찍 몰디브의 전통 보트인 도니Dhoni를 타고 바다로 나갔다. 플랑크톤 네트는 거즈로 만들어진 매우 촘촘한 깔때기 모양의 그물로 끝부분에 통이 달려 있다. 우리가 가지고 다녔던 네트의 그물망 간격은 0.33밀리미터였다. 저녁 강연에 사용할 플랑크톤을 잡기 위해서 우리는 30분~45분에 걸쳐 보트 후미에 그물을 매달고 매우 느린 속도로 끌고 왔다. 플랑크톤 대부분이 물 상층부에 모여 있기 때문에 표본을 채집할 때는 그물이 물에 완전히 잠기지 않도록 주의해야 한다. 이를 미연에 방지하기 위해서는 그물 입구에 부양 물체를 고정하여 그물이 물속에서 안정적인 위치를 유지하도록 한다. 우리의 활동은 대부분 눈에 띄지 않게 조용히 이루어졌다. 그럼에도 곧잘 호기심 많은 상어와 시건방진 돌고래의 방문을 받곤 했다. 플랑크톤을 채집할 때에는 무조건 천천히 움직여야 한다는 점에 주의를 기울여야 한다. 이것은 그물 때문에 물결이 너무 거세게 일어 플랑크톤 표본이 으스러져 뒤범벅이 되는 사태를 막기 위해서다.

표본 채집이 성공적으로 끝나면 강연에 사용할 시청각 교재를 충분히 확보하기 위해서 그물 끝에 달린 통 속의 플랑크톤을 양동이로 옮겨 담고 물을 가득 채워 넣는다. 육안으로는 우글거리는 이 무리를 알아보기 힘들기 때문에 우리는 카메라와 연결된 광학현미경을 이용하여 이 작은 생명체를 대형 스크린에 띄워 관찰하였다. 날마다 바다에서 수영이나 잠수 혹은 스노클링을 즐겼던 내 관객들은 그 광경을 보고 처음에는 역겨움을 느꼈지만, 머지않아 그 감정은 매혹으로 바뀌었다. 그리고 그런 식으로 나는 바다에 서식하는 가장 작은 생명체를 사랑하는 다수의 플랑크톤 애호가들을 새롭게 발견해낼 수 있었다. 과연 그 누가 머리 좌우에 갈고리처럼 생긴 악모가 나 있는 어뢰 모양의 화살벌레가 다른 동물성 플랑크톤을 사냥하는 광경을 생생하게 지켜본 적이 있다고 말할 수 있겠는가? 또 연약한 바다고둥이 물을 가로질러 춤추는 모습이나 푸른색과 흰색 빛을 내뿜고 있는 조류를 바로 가까이에서 본 적이 있노라고 주장할 수 있겠는가?

생체발광현상은 단지 식물성 플랑크톤에게만 국한되어 있는 현상이 아니라, 바다에 서식하는 생물들 사이에 널리 보급되어 있는 현상이다. 진화 과정에서 그 현상은 다층적이고 독립적으로 발전되어 물고기, 극피동물, 갑각류, 오징어, 해파리, 갯지렁이류 Chaetopoda에게도 적용되기에 이르렀다. 생체발광 능력을 지닌 유기체들은 대부분 심해에 서식하거나 플랑크톤 형태로 바다 표면에 서식한다. 연안수나 해저 지대에서는 그런 유기체들이 발견되는 경우가 다소 드물다. 빛은 종에 따라 다양한 형태의 반응을 통해서 유발되고, 각기 다른 기능을 갖는다. 야광충의 경우에는 접촉을 통해서 빛이 만들어지는데, 이때 빛은 방어기제 역할을 한다. 즉, 방출된 빛이 공격자를 위협하는 것이다. 사실 내 경우에는 그 방법이 그렇게 효과적으로 먹혀들지는 않았다. 빛을 내뿜어 나를 위협하려 했던 굶주린 물고기 유생들은 어쩌면 완전히 겁에 질려 진로를 바꾸고는, 어딘가 다른 곳에서 먹을거리를 찾았을 수도 있다. 빛을 만들어내는 또 다른 이유는 먹잇감을 유혹하기 위해서다. 특히 심해에서 빛은 먹잇감을 얻기 위해 널리 사용되는 방법이다. 볼품없는 몸통, 거대한 머리, 돌출된 앞니에 길쭉한 엄니, 종류에 따라 가시투성이 몸통을 지닌 심해 아귀들은 설령 가장 아름다운 물고기에는 끼지 못할지언정 누구나 인정할 수밖에 없는 아주 매혹적인 사냥 전략을 발전시켜왔다. 심해 아귀 암컷은 머리에 있는 작은 발광기관을 이용하여 아무것도 모르고 나방처럼 빛에 이끌려서 가까이 다가온 희생자를 유혹하여 잡아먹어버린다. 하지만 단순히 적을 물리치고 먹잇감을 찾기 위한 용도로만 빛이 만들어지는 것은 아니다. 빛은 심해의 어둠 속에서 적절한 짝을 찾고 포식자로부터 스스로를 숨기기 위한 목적으로도 사용된다. 이 매혹적인 현상에 대해서는 나중에 '비밀에 둘러싸인 심해'로 잠수하는 과정에서 좀 더 상세하게 설명하도록 하겠다.

제2장

산호초, 바다의 요람

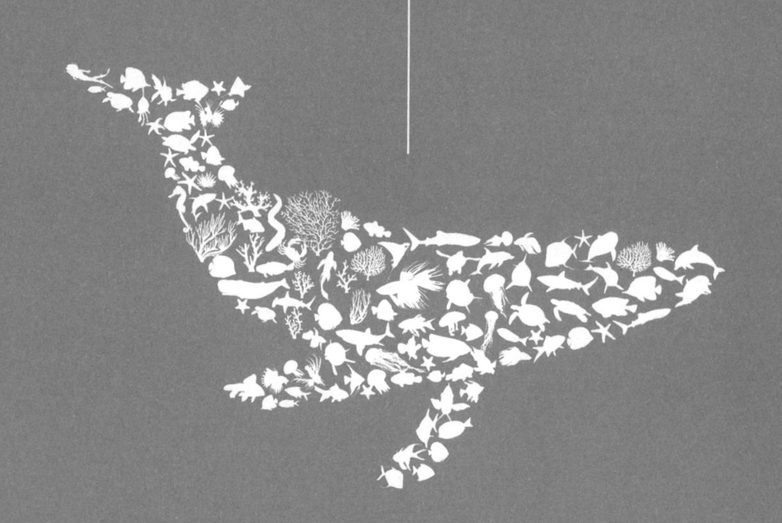

살아 있는 유기체들이 만들어낸 거대하고 웅장한 구조물을 생각할 때면 아마도 많은 사람들이 두바이에 있는 세계 최고층 빌딩 버즈 칼리파나 만리장성 혹은 피라미드를 떠올릴 것이다. 하지만 극도로 작은 동물들, 즉 산호-폴립들에 의해서 만들어진, 그리고 지금도 여전히 만들어지고 있는 가장 거대한 살아 있는 구조물에 생각이 미치는 사람은 극소수에 불과할 것이다. 호주 퀸즈랜드 해안에 2300킬로미터 길이로 펼쳐진 그레이트 베리어 리프Great Barrier Reef는 거의 3000개에 이르는 개별 암초들로 구성되어 있는데, 우주 공간에서도 보일 정도로 그 규모가 엄청나다.

열대 산호초는 전체 해저 면적 가운데 약 28만 4300평방킬로미터를 덮고 있다. 비록 전체 평면의 1퍼센트도 되지 않는 규모지만, 이 1퍼센트가 전 세계 바닷물고기 4분의 1에게 생활공간을 제공한다. 산호초는 그 다양성과 생산성으로 인해 흔히 '바다의 요람' 혹은 '바다의 열대우림'으로 불린다. 산호초는 종 밀집도가 가장 높은 생태계 중 하나로 인간들은 이미 수백 년 전부터 산호초를 이용해왔다. 산호초는 해변의 모래를 만들어낼 뿐만 아니라 섬(환상산호도 Atoll)을 만들어내기도 한다. 또한 그것은 해일을 막아주고, 해안 침식을 방지하며, 해안 지역에 사는 사람들을 먹여 살리기도 한다. 그리고 지난 50년간 밝혀진 바와 같이, 그것은 신약의 중요한 원천이기도 하다. 산호초는 지구에 존재하는 가장 다채롭고 복잡한 생태계 중 하나로 꼽힌다. 매혹적인 다양성을 자랑하는 산호초는 다채롭고, 생동감이 넘친다. 한마디로 그것은 비밀에 둘러싸인 자연의 불가사의다.

그렇다면 산호는 과연 무엇일까? 산호는 고착동물, 즉 한곳에 고정되어 군락을 형성하는 작은 동물이다. 폴립이라고 불리는 이 동물은 말미잘, 해파리, 히드라충류와 더불어 자포동물Cnidaria에 속한다. 산호초가 형성되는 과정에서(사진 22~23쪽을 참조하라) 중요한 부분을 담당하는 폴립은 돌산호Scleratinia다. 그러나 석회를 침전시키는 무절석회조류Crustose coralline algae와 해면류 역시 산호초 형성에 일정한 역할을 수행한다. 돌산호는 그 이름에서 유추할 수 있는 것처럼 흔히 돌로 간주되곤 한다. 왜냐하면 이동을 할 수가 없는 데다, 온종일 돌로 만들어진 것처럼 보이는 딱딱한 골격 속으로 작은 폴립을 잡아당기고 있기 때문이다(각각 사진 8쪽과 13쪽을 참조하라). 돌산호는 밤이 되면 겉 덮개에서 빠져나와 주변을 부유하는 플랑크톤을 촉수로 포획한다. 산호충을 자세히 들여다보면 찻잔 모양의 몸통을 찾아볼 수 있는데, 그 중앙에는 구멍이 있고 촉수가 그 구멍 주변을 감싸고 있다.

산호초를 형성하는 조초생물hermatype인 산호는 거의 전적으로 따뜻하고 빛이 가득한 열대 연안수에서 출몰한다. 왜냐하면 산호와 공생관계에 있는 특수한 조류들이 광합성을 하려면 빛이 필요하기 때문이다. 산호의 분포지역은 북위 30도와 남위 30도 사이에 걸쳐져 있는데, 그 모양이 마치 어머니 지구가 엉덩이에 걸쳐 놓은 폭이 넓고 군데군데 구멍이 난 허리띠처럼 보인다. 산호초 대부분은 인도태평양 지역—홍해에서 태평양 중부에 이르는 지역—에 자리 잡고 있다. 전체 산호초의 고작 8퍼센트 정도만이 카리브 해와 대서양에 분포한다. 그러나 돌산호를 비롯한 다른 대표 산호들은 온대와 한대 지역의 바다에서도—심지어는 심해에서도—찾아볼 수 있다. 외골격이 탄산칼슘으로 이루어진 돌산호는 육방산호아강Subclass Hexacorallia에 속한다. 돌산호의 어린 폴립은 위 공간이 장간막mesentery이라고 불리는 여섯 개의 격벽을 통해 좌우대칭으로 나뉘어 있고, 여섯 개의 촉수를 지니고 있다. 폴립이 성장하면서 더 많은 격벽과 촉수가 여기에 덧붙여진다. 자포 캡슐로 무장한 돌산호의 촉수는 입이자 항문으로 사용되는 구멍 주위에 여러 줄로 배열되어 있다. 산호초 속에는 육방산호류 외에 또 다른 우세한 자포동물 군인 팔방산호류Octocorallia도 살고 있다. 팔방산호류 폴립은 여덟 개의 촉수를 가지고 있는데, 특히 바다맨드라미목Order Alcyonacea인 연산호, 해양목Order Gorgonacea, 바다조름목Order Pennatulacea이 여기에 속한다. 육방산호류와 팔방산호류, 이 두 가지는 모두 산호충강Class Anthozoa에 속한다. 종류가 약 7500종에 이르는 산호충강은 자포동물 내부에서 가장 큰 그룹을 이룬다. 그런데 같은 자포동물인 해파리와는 대조적으로 산호충강은 메두사 생활사 단계가 없다. 산호충강은 오직 폴립 형태로만 나타난다. 모든 폴립이 군락 형성에 기여하고, 경우에 따라서는 수천 개의 개별 폴립들로 이루어진 군락도 있다.

만약 돌산호가 페이스북 계정을 가지고 있었더라면, 아마도 '연애 중'으로 상태가 표시될 것이다. 왜냐하면 돌산호 대부분이 개별 조류, 즉 황색공생조류zooxanthellae와 공생관계를 이루며 살아가기 때문이다. 독일에서 공생이라 함은 대체로 당사자 모두가 이익을 얻는 관계를 말한다. 그러나 국제적인 맥락에서 (특히 영어권에서) 공생이라는 개념은 일반적으로 다른 종류의 유기체들이 서로 연합체를 형성하여 살아가는 것을 의미한다. 이때 득과 실은 따지지 않는다. 따라서 여기에서는 반드시 다음과 같은 사실을 분명히 해두고 넘어가야 한다. 산호와 황색공생조류의 관계는 상리 공생관계다. 왜냐하면 양쪽 모두 이익을 취하면서 완벽하게 상호보완적인 작용을 수행하기 때문이다. 그런데 황색공생조류는 단지 돌산호와만 공생관계를 형성하는 것이 아니라, 다수의 팔방산호류와 대왕조개류Family Tridacnidae, 심지어는 다수의 해면동물이나 갯민숭달팽이목Order Nudibranchia 등과도 공생한다. 수심이 얕은 열대 바다에 서식하는 돌산호의 경우에는 황색공생조류가 내생공생생물endosymbiont이 되어 폴립 신체조직 내부에 매우 높은 밀도로 살고 있다(폴립조직 1평방센티미터 안에 최소 백만 개의 조류 세포가 자리 잡고 있다). 이 조류 세입자들은 산호 폴립조직의 보호 속에 안전하게 광합성 활동을 하고, 그 대가로 노동의 결실을 폴립들에게 제공한다. 당분과 녹말을 비롯하여 집주인의 성장에 도움이 되는 다른 유기물들을 제공하는 것이다. 만약 이 작은 동거인들이 없었더라면 산호는 아마도 난관에 봉착했을 것이다. 왜냐하면 수심이 얕은 열대 바다와 아열대 바다에는 보통 영양소가 매우 부족하기 때문이다. 때문에 산호는 광합성 활동을 하는 황색공생조류의 도움에 의존할 수밖에 없다. 반대로 조류는 산호로부터 보호만 받는 것이 아니라, 질산염과 인산염 같은 산호의 부산물도 함께 제공받는데, 이것들은 조류의 신진대사에 꼭 필요한 물질들이다. 심바이오디니움속Genus *Symbiodinium* 황색공생조류와 공생하는 산호들은 대부분 그런 동거인이 없는 비광합성 산호azooxanthellate coral(돌산호)보다 석회형성 비율이 훨씬 더 높다.

석회형성은 생광물화biomineralization 혹은 석회화로 불리기도 한다. 생광물화 과정에서 한 가지 광물이 생산되는데, 이 경우에는 아라고나이트aragonite가 생산된다. 아라고나이트는 탄산칼슘의 동질이상polymorph* 으로서 살아 있는 유기체, 여기서는 산호폴립에 의해서 생산된다. 바이오광물질biomineral은 광물 성분뿐만 아니라 유기 성분으로도 구성되어 있다. 이것은 유기체에 의해 우연히 생성되는 것

* 한 가지 물질이지만 다양한 형태로 나타날 수 있는 것을 일컬어 동질이상이라 명명한다.

이 아니라, 철저한 통제하에 만들어진다. 바이오광물질의 놀라운 점은 전자 현미경으로 몇 배나 확대했을 때에야 비로소 그 진정한 아름다움을 드러낸다는 점이다. 박사학위 논문을 작성하던 동안 나는 굴 패각을 나노미터 영역까지 확대하면서 개개의 굴 패각 구조가 지닌 기하학적인 아름다움에 경탄을 금치 못했다. 그 정교함과 형태의 다양성에 있어서 지질 광물에 조금도 뒤지지 않는 이 기하학적인 형태가 살아 있는 동물에 의해서 능동적으로 창조되었다니, 좀처럼 믿기가 힘들다. 생광물화는 그야말로 순수한 예술과 다름없다! 산호가 외골격을 형성하는 과정은 오늘날까지도 완전히 밝혀지지 않았다. 간단하게 설명하자면, 암초를 형성하는 돌산호가 폴립 바닥에 주로 아라고나이트로 이루어진 석회골격을 침착시킨다. 폴립은 아라고나이트를 만드는 데 필요한 성분인 탄산칼슘과 탄산수소염-이온을 바닷물에서 받아들여 복잡한 과정을 거쳐 아라고나이트 결정으로 바꾸어놓는다. 하지만 이 과정은 결코 쉽고 간단한 것이 아니다. 일반적으로 산호는 고작해야 1년에 몇 밀리미터밖에 자라지 못한다.

생광물화 현상은 단지 산호에만 국한되어 있는 것이 아니라 동물 제국 전체에 걸쳐서 나타난다. 자체적으로 석회 골격을 만들어내는 유기체 가운데 숫자상 규모가 가장 큰 그룹은 작은 단세포 조류인 콕콜리토포리드cocolithophorid(석회조류)이다. 에밀리아 훅슬레이Emiliania Huxleyi를 대표로 하는 둥근 모양의 이 미세조류는 콕콜리트Coccolith라는 탄산칼슘 판을 침착시켜 보호용 껍질로 사용한다. 모나코 해양박물관에 가면 수족관 영역 천장에 이 미세조류 모델이 하나 걸려 있는데, 그 모습이 달을 연상시킨다(아마도 거실 램프로 사용하면 안성맞춤일 것이다). 에밀리아 훅슬레이는 중요한 1차 생산자이자 우주 공간에서도 볼 수 있을 정도로 거대한 면적의 녹조 현상을 불러일으키기로도 유명하다. 사멸한 조류는 심해로 가라앉으면서 껍질에 결합된 탄소를 아래쪽으로 운반하기 때문에 해양 탄소순환 과정에서 중요한 역할을 수행한다(제1장의 '초록색 폐' 부분을 참조하라).

이 외에 다른 유기체들도 생광물화를 통해서 골격을 형성한다. 혹시 당신의 발이 한 번쯤 성게를 가까이에서 접하는 호사를 누린 적이 있다면, 그 발은 분명 성게가 아주 가시 돋친 이웃이라는 사실을 똑똑히 기억하고 있을 것이다. 이 동물은 침략자로부터, 혹은 부주의한 인간의 발로부터 스스로를 보호하기 위해 가시를 방어수단으로 사용한다. 성게의 내골격, 그러니까 내부의 골격과 가시는 생광물화의 결과물이다. 그것들 또한 마찬가지로 탄산칼슘으로 이루어져 있다. 이따금씩 우리는 해변에서 어떤 유기체가 사멸하고 난 후에 그것이 남긴 알록달록한 골격을 보게 된다. 성게는 극피동물문Phylum Echinodermata에 속하는데, 예컨대 불가사리와 해삼 같은 것들도 여기에 속한다.

우리 인간들도 이런 동물들과 마찬가지로 바이오광물질을 생산한다. 사실 이것은 그리 놀라운 일이 아니다. 다만 인간이 만들어 내는 광물질은 수산화인회석hydroxylapatite, 즉 수산화 인산칼슘염으로 구성되어 있다. 수산화인회석은 우리의 치아와 뼈를 구성하는 무기물질의 주요 구성성분이다. 수산화인회석 비율이 95퍼센트인 치아 법랑질은 우리 몸에서 가장 단단한 물질이다. 인간에 관해서는 이쯤 해두고 다시 바다로 돌아가도록 하자. 돌산호, 조개, 고둥rhend, 콕콜리토포리드 또는 성게처럼 석회를 형성하는 해양 유기체들은 전 세계에 걸친 기후변화가 바다에 미치는 영향을 연구하는 데 있어서 특별한 의미를 가지고 있다. 환경의 산성화가 석회형성에 부정적인 영향을 미치고 석회 구조물들을 부식시킬 수 있다는 사실이 수많은 연구를 통해 입증되었다.

몰디브의 산호초와 홍해의 산호초, 그리고 호주의 대보초Great Barrier Reef 사진을 서로 비교해본 사람이라면 아마도 산호초의 구조가 서로 다르다는 점을 알아차렸을 것이다. 실제로 암초의 유형은 매우 다양한데, 그 원인은 생성된 방식이 각기 다르기 때문이다. 구글 어스Google Earth에서도 서로 모양이 다른 암초들을 잘 관찰할 수 있다. 예를 들어 이집트 홍해 해안에서는 거초fringing reef를 찾아볼 수 있다. 이것은 가장 광범위하게 확산되어 있는 암초 유형인 동시에 가장 어린 암초 유형이기도 하다. 거초는 그 이름에서 유추할 수 있는 것처럼 육지 해안이나 섬 해안 가장자리를 빙 둘러싸고 있으며, 해안에서 바다 쪽으로 성장해나간다. 이때 거초의 너비는 경사진 해안의 수심에 따라 좌우된다. 수심이 너무 깊으면 돌산호와 공생하는 조류가 충분한 빛을 받지 못하게 되고, 그 결과 산호가 자랄 수 없게 된다. 수심이 얕은 곳의 수면 아래에 촘촘하게 뻗어 있는 평평한 암초 지붕이 거초의 전형적인 특징이다.

세계에서 가장 유명한 암초는 호주에 있다. 앞에서 언급한 대보초가 바로 그것이다. 비교적 오래된 암초인 보초는 전형적으로 해안과 약간의 거리가 있는 곳에서 발견된다. 보초는 깊은 해저에서부터 수면을 향해 자라난다. 몇몇 보초는 거초를 그 기원으로 삼는다. 과거에 거초였던 보초는 해수면이 상승하고 해안지대가 수면 아래로 가라앉을 때 만들어진다. 이때 땅이 수면 아래로 가라앉으면서 보초를 해안으로부터 분리시키는 해안호[Laguna]가 형성된다. 하지만 보초는 비교적 평평한 해양지대에서 만들어지기도 하는데, 이때에도 마찬가지로 해안호를 통해서 해안과 서로 분리된다.

환상 산호초[atoll]라는 단어는 몰디브어 아톨루[atholu]에서 유래한 것으로, 이것은 몰디브의 디베히어[Dhivehi] 가운데 유일하게 국제어로 사용되는 단어다. 몰디브의 섬들은 환상 산호도, 즉 산호초로 둘러싸인 원형의 작은 섬들이다. 찰스 다윈은 1842년에 이미 오늘날까지도 (광범위하게) 받아들여지고 있는 이론을 수립하였다. 그의 이론에 따르면, 환상 산호초는 고립된 섬, 그중에서도 특히 화산섬을 에워싸고 자라난 거초로부터 생성된다. 해수면이 상승하면서 화산섬은 물 아래로 가라앉지만, 그것을 둘러싸고 있던 산호초는 해수면을 향해 계속 위로 뻗어 올라 보초를 형성한다. 섬이 물 아래로 완전히 사라져버린 후에는 산호로 이루어진 둥근 고리만 남겨진다. 그리고 고리 한 가운데에는 해안호가 형성되어 있는데, 그것은 적어도 하나의 수로를 통해 바다와 연결되어 있다. 환상 산호초가 탄생한 것이다. 오세아니아 중간 지점에 자리 잡은 섬나라 마셜제도에서 굴착공사를 해보았더니 산호초 퇴적물이 1.4킬로미터나 쌓여 있는 것으로 밝혀졌다. 그리고 그 퇴적물의 기원은 자그마치 5000만 년 전으로 거슬러 올라간다.

마지막 유형으로 탁초[Platform reef]가 있다. 이 암초 유형은 땅덩어리와 무관하게 생성되며, 거초, 보초가 오직 바다 쪽으로만 자라나는 것과는 달리 사방으로 자라난다. 탁초는 최적의 환경에서 산호가 정착하여 성장할 수 있을 정도로 해저 바닥면이 해수면까지 솟아오른 곳이면 어디에서나 생겨날 수 있다. 탁초의 경우, 암초 지붕이 부식되면 유사 환상 산호초가 만들어진다.

이미 언급한 바와 같이 산호초는 수면에서 가까운 따뜻한 부분에만 존재하는 것이 아니라, 차가운 물이나 심해에도 존재한다. 조금 과장하자면, 우리들이 살고 있는 집 바로 앞에서도 다수의 산호초를 찾아볼 수 있다! 바닷물로 뒤덮인 대륙붕 가장자리 부근에 가면 한대성 산호Cold water coral를 발견할 수 있다. 이 심해의 보석들은 오랜 세월 동안 인간의 눈에 띄지 않게 잘 감추어져 있었다. 지난 30년 동안에야 비로소 바다는 그것이 간직한 가장 은밀한 비밀 가운데 하나를 털어놓았다. 지속적인 기술 발전에 힘입어 탐사 팀은 잠수정과 잠수 탐침을 비롯한 각종 과학 기구의 도움을 받아 어둠 속으로 약간의 빛을 가져가는 데 성공했다. 비록 온대성 산호초에 비하면 데이터양이 적기는 하지만, 사람들은 한대성 산호초가 지구 전체의 모든 바다에 존재할 것으로 추정한다. 온대성 산호초가 고작해야 수심 100미터 정도까지만 발견되는 것과는 대조적으로 한대성 산호초의 분포 범위는 수심 40미터 정도에서부터 수온이 4℃에서 12℃에 이르는 수심 1000미터 이상의 심해에까지 걸쳐져 있다.

상당수의 한대성 산호초가 온대성 산호초만큼이나 복잡한 구조를 지니고 있다. 학자들은 현대적인 연대 확인 기법을 이용하여 이런 암초들 중 몇몇의 연령이 최대 8000년에 이른다는 사실을 밝혀냈다. 지질학 데이터 또한 한대성 산호초가 이미 수백만 년 전부터 존재해왔음을 증명한다. 한대성 산호초에는 돌산호와 해양목, 부채산호 같은 연산호(팔방산호류), 각산호류Order Antipatharia, 의산호류Family Stylasteridae 등이 있다. 빛이 없는 상태로 비교적 영양소가 풍부한 바닷물 속에서 살아가는 한대성 산호초의 생태계는 연안수 생태계와는 완전히 다른 방식으로 작동한다. 심해의 어둠 속에서 살아가는 한대성 산호는 빛을 이용하여 광합성을 하는 공생조류가 없기 때문에 영양분과 유기물질, 그리고 동물성 플랑크톤의 지속적인 유입에 의존할 수밖에 없다. 이런 이유로 한대성 산호초 군집은 예컨대 해산Seamount처럼 특히 물살이 강한 장소에서 자주 발견된다. 심해에 자리 잡은 이 오아시스들은 물고기, 불가사리, 해면동물, 갑각류 등 수많은 다양한 동물들에게 영양분과 피난처를 제공한다. 만약 이런 오아시스가 없었더라면, 그들의 생활공간은 황량하고 삶에 적대적인 공간으로 남아 있었을 것이다. 지금까지 발견된 것 가운데 가장 규모가 큰 한대성 산호초는 노르웨이 로포텐 해안에서 발견된 뢰스트 산호초Røst Reef로, 수심 300미터~400미터 지점에 자리 잡고 있는 이 산호초는 길이가 약 40킬로미터, 폭이 3킬로미터에 달한다.

한대성 산호초가 대부분 깊은 심해에서 발견되고 있기는 하지만, 안타깝게도 이런 사실만으로는 인간의 파괴행위로부터 산호초를 지킬 수가 없다. 점점 더 효율적이고 새로운 포획 방법이 개발되면서 오늘날에는 깊은 심해에서도 어획을 하는 것이 가능해졌다.

수많은 어종의 피난처이자 요람으로 간주되는 바로 그곳, 암초가 자리 잡고 있는 그곳에서도 어획이 가능해진 것이다. 트롤어망이 휩쓸고 지나간 자리에는 황량한 황무지가 덩그러니 남겨지고, 한때 암초가 번성했던 곳에는 죽은 암석 파편 더미만 남아 있다. 이런 상태에서 산호초가 다시 회복을 하기까지는 수십 년의 세월이 걸린다. 왜냐하면 이미 말한 것처럼 산호는 성장 속도가 매우 느리기 때문이다. 그리고 그렇게 산호가 다시 자라나기 위해서는 부모 세대에게 얼마간의 행운과 적절한 타이밍이 필요하다.

산호의 합동결혼식

산호의 교미는 매우 까다로운 사안이다. 왜냐하면 고착동물인 산호는 능동적으로 배우자를 찾아 나설 수가 없기 때문이다. 이때 본인에게 딱 맞는 파트너를 찾으려면 이런 기동성 상실 문제에 어떻게 대응해야 할까? 그렇다, 세심한 계획을 세워야 한다! 그 철저함에 있어서 문자 그대로 독일 공무원들을 꼭 빼닮은 산호는 산란방정spawning 행위를 극도로 꼼꼼하고 정확하게 계획한다. 산호들 사이에서 '재빠른 교미 행위'는 금기다. 열대 산호의 짝짓기는 대부분 1년에 한 번에서 여러 번에 걸쳐 암초에서 거행되는 합동결혼식 때 동시에 이루어진다. 이런 이유로 해마다 수백 명의 섹스 관광객들이 호주 대보초로 모여든다. 그들은 잠수를 하거나 스노클링을 하면서 마치 수면 아래에서 부는 눈보라 같은 이 유일무이한 장관에 동참한다. 밤이 되면 흡사 명령에 따르듯 산호 폴립들이 그들의 생식 세포gamete, 즉 정자와 난자를 물속으로 방출한다. 수백의 다양한 산호들이 참여하는 이런 대량 산란현상coral spawning은 수온 변화, 밀물과 썰물의 변화, 태양의 위치 변화 그리고 달빛의 강도 변화에 의해 유발된다. 정확한 시점을 예측하기란 예나 지금이나 어려운 일이지만, 이 현상이 밤에만 나타난다는 것과 수온이 오르면서 폴립 내부에 있는 생식세포의 성숙을 자극한 이후에 나타난다는 사실만큼은 잘 알려져 있다. 대량 산란 현상은 대부분 보름달이 뜬 직후 며칠에 걸쳐 나타난다. 비록 계절은 장소에 따라서 달라진다고 하더라도, 사람들은 산호가 원시적인 광수용체를 통해 변화하는 빛의 여건을 인식할 수 있는 것으로 추정한다. 대보초에서는 호주 계절로 늦은 봄이나 초여름에만 대량 산란 현상이 나타난다.

암초 내에 있는 수천 개의 산호들이 동시에 난자와 정자를 방출하면 수정에 성공할 확률이 높아지고, 이와 함께 종의 지속가능성도 확대된다. 이때 몇몇 산호 종은 생식세포 방출을 시간적으로 차등화할 수 있다. 즉, 어떤 종은 오후 6시 30분에 방출을 시작하고, 다른 종은 오후 7시, 또 다른 종은 밤 9시에 방출을 시작하는 것이다. 사람들은 서로 다른 종의 산호들이 이런 식으로 잡종 교배를 방지하려 한다고 추정한다. 그러니까 종이 혼합되는 사태를 방지하기 위한 목적에서 시차를 둔다는 것이다.

방출된 생식세포들은 높은 지질(지방) 함량으로 말미암아 수면으로 움직이게 된다. 그곳은 수정 가능성이 더 큰 장소다. 모든 것이 순조롭게 흘러가면 플라눌라 유생Planula larvae으로 불리기도 하는 작은 산호 유생이 발달하여 정착하기에 적절한 장소를 물색한다.

이 작은 몽상가 산호는 정착 장소를 선정할 때 매우 까다롭게 군다. 입맛에 맞는 장소를 찾을 때까지 이들은 며칠 혹은 몇 주 동안 동물성 플랑크톤의 한 부분으로서 대양을 가로질러 표류하기도 한다. 왜냐하면 성장을 하고 성공적으로 군락을 형성하기 위해서는 다양한 기준들이 충족되어야만 하기 때문이다. 무엇보다도 정착할 장소의 바닥이 움직여서는 안 된다. 따라서 돌이나 다른 산호가 가장 적절하다.

열대 산호와 아열대 산호에게 가장 적합한 수온은 21℃에서 28℃ 사이다. 이것은 산호가 편안함을 느끼는 온도다. 그 밖에도 충분한 양의 산소와 동물성 플랑크톤, 다른 영양소를 얻기 위해서는 끊임없이 물이 흘러야 한다. 또 맑은 물도 매우 중요한 요소다. 그 까닭은 첫째, 광합성 활동을 하는 황색공생조류를 위해 충분한 햇빛이 물속으로 들어와야 하기 때문이고, 둘째, 소용돌이쳐 떠오른 모래나 진흙 같은 침전물들이 물속을 떠돌아다니다가 산호 위에 침전되어 산호를 질식시킬 수 있기 때문이다. 모든 요소들이 잘 맞아떨어지는 적절한 장소를 발견하면 산호 유생은 그곳을 정착지로 결정하고 자신의 몸을 바닥에 단단히 고착시킨다. 이때 플라눌라 유생은 몇 시간 안에 자신의 몸 기저 부분에 아라고나이트를 침전시킨다. 흡사 스스로 자기 몸통을 바닥에 붙이는 형국이다. 이어서 그것은 변태, 그러니까 1차 폴립 단계로의 변형을 시작한다.

산란을 하는 산호 종류 외에 후세를 부화하는 폴립들도 있다. 폴립보다는 오히려 닭에게 적합한 일일 것 같지만, 폴립도 그렇게 한다. 이른바 '사육자'로 불리는 이런 산호들은 대부분 수컷 혹은 암컷이며 폴립 속에서 난자나 정자를 생산한다. 흔히 자웅동체로, 정자와 난자 두 가지 모두를 생산하는 산란 산호와는 대조적이다. 번식 능력이 있는 수컷 산호가 자신을 둘러싸고 있는 물기둥에 정자를 방출하면, 정자들은 암컷 폴립의 난자에게 다가가는 길을 찾아 수정을 한다. 수정은 바깥에 있는 물에서 이루어지는 것이 아니라 폴립 내부에서 이루어진다. 수정된 난자는 암컷 폴립의 몸속에서 배아Embryo 단계를 거쳐 유생으로 발달하고, 폴립은 몇 주에 걸쳐 그것들을 품고 '부화'시킨다. 산란을 하는 산호는 흔히 1년에 단 한 번만 생식세포를 물속으로 방출한다. 이와는 대조적으로 부화를 하는 산호들은 1년에 여러 번 후세를 생산할 수 있다. 산호 유생들은 발달이 완전히 마무리되는 즉시 부모 폴립을 떠난다. 이 시기가 되면 그들은 이미 단세포 구조를 갖추게 되는데, 그 색깔은 전형적으로 갈색이다. 보통 이 작은 유생들은 비교적 신속하게 정착하여 그들만의 고유한 군락을 형성한다.

암초를 형성하는 대부분의 산호 종(전체 산호의 약 4분의 3)은 이미 설명한 것처럼, 산란을 하건 아니면 부화를 하건 간에 유성생식을 한다. 그런데 만약 이것이 전부라면 산호는 아마도 이렇듯 큰 성공을 거두지 못했을 것이다. 산호는 세상을 깜짝 놀라게 할 또 다른 무언가를 준비해두었다. 그것은 바로 다양한 형태의 무성생식이다. 출아법budding은 산호들 사이에 널리 보급되어 있는 무성생식의 한 가지 형태다. 출아법이 동원되는 경우에는 생식능력을 갖춘 부모 폴립으로부터 새로운 복제 폴립이 피어나와 기존에 존재하는 군락을 확장하거나 자신만의 고유한 군락을 건설한다. 이 상황을 조금 더 구체적으로 설명하자면 다음과 같다. 박테리아가 세포분열을 하는 것과 유사하게, 새로운 폴립이 끈으로 꽉 졸라매듯이 스스로를 부모 폴립으로부터 차단하여 떨어져 나온다.

어떤 산호 종은 꽃 산호*Pocillopora damicornis*(레이스 산호)처럼 유성생식을 하기도 하고 무성생식을 하기도 한다. 이 경우에는 분절증식fragmentation을 통해서 무성생식이 이루어진다. 산호가 여러 조각으로 부서져 마치 '파괴'된 것 같은 상태에 이른다. 하지만 이 조각난 파편들은 다시 성숙하고 완전한 개체로 발전할 수 있다. 요컨대 그것들은 근원이 되는 유기체의 복제품이다. 이런 분열은 의도치 않게 일어날 수도 있다. 그러니까 환경의 영향, 천적 혹은 인간을 통해서 유발될 수도 있다는 말이다. 하지만 산호가 의도적으로 분열을 할 때도 있다. 이때 산호는 일종의 계획단면을 만들어 여러 부분으로 해체를 했다가 다시금 새로운 군락을 건설한다. 분절증식은 군락을 형성하고 있다가 떨어져 나간 부분들이 계속 성장하고 증식할 수 있도록 보장해준다. 단, 이때에는 부서진 조각들이 조용한 장소에 안착하여 폴립들이 뿌리를 내리고 다시 안정적인 생활을 영위할 수 있어야 한다는 점이 전제되어야 한다.

몇 년 전부터 해양생물학자들은 산호초를 복구하거나 재생하기 위해서 이런 종류의 생식방법을 이용하고 있다. 이때 그들은 군락에서 떨어져 나온 파편들을, 원예에서 꺾꽂이를 하는 것처럼, 일종의 산호 배양장coral nursery에서 양육하다가 특정한 크기가 되면 다시 암초에 이식한다. 이렇게 하면 손상된 암초 부분들이 '복구'된다. 훼손된 숲에 어린 나무들을 심어 다시 숲을 무성하게 하는 것과 매우 유사한 과정이다.

2018년 8월 나는 베트남에서 한 프로젝트에 참여하였는데, 프로젝트 기간 동안 우리는 분절증식을 활용하여 폴립들이 아직 살아 있는 산호 파편들을 주워 모았다. 파편 속에 아직 살아 있는 폴립들이 있는지의 여부를 알아보는 것은 쉬운 일이다. 왜냐하면 살아 있는 폴립 조직들은 갈색으로 보이는 반면 죽은 폴립 조직은 흰색을 띠기 때문이다.

우리는 폴립이 살아 있는 산호 파편들을 배로 가지고 왔다. 이때 해초가 무성한 사멸한 파편들도 함께 가지고 와서 토대로 사용했다. 그럼 다음 갑판에서 바닷물이 가득 찬 양동이에 그것들을 집어넣었다. 크기가 큰 파편은 약 1센티미터 크기로 조심스럽게 나누었다. 그런 다음 파편들을 개별적으로 각각의 토대 위에 심고 시아노아크릴레이트cyanoacrylate와 특수 개발된 촉매제가 들어 있는 순간접착제를 이용하여 고정시켰다. 이 촉매제는 접착제를 더 빨리 굳히는 동시에 방부제 역할을 수행한다(사진 9쪽을 참조하라). 그래서 이 과정은 신속하게 진행되어야 하고, 산호와 토대는 반드시 습한 상태로 유지되어야 한다. 순간접착제를 이용한 고정방법은 성공적인 것으로 입증되었다. 산호가 조금도 손상되지 않았다. 놀랍게 들릴 수도 있겠지만, 시아노아크릴레이트는 베트남 전쟁 이후로 상처 봉합에도 사용되어 왔고, 인간의 신체와 잘 융화되는 성분이다. 아주 소량으로 사용된 순간접착제는 몇 주 안에 분해된다.

고정 작업이 성공리에 마무리되면 우리는 잠수를 하여 토대 위에 자리 잡은 작은 산호를 다시 암초에 가져다 놓았는데, 그곳은 사전에 세심하게 선별해 둔 안전한 장소였다. 그곳에 우리는 산호 배양장을 설치하여 정기적으로 산호의 성장을 점검하였다. 얼마 후 산호들은 기저부에 석회를 침전시켜 스스로 몸을 토대에 고정시키기 시작했다. 산호 묘목장의 성공 여부는 산호가 얼마나 잘 자라는지, 물고기 같은 다른 동물들이 그곳에 정착하는지 어떤지를 보면 알 수 있다. 어린 산호가 몇 센티미터 크기로 자라나 대략 인간의 10대 정도의 나이가 되면(순수하게 생물학적인 관점에서 보자면 그것들은 이미 오래전부터 번식 능력을 갖추고 있다), 그것들을 다시 암초로 옮겨놓았다. 그곳에서 계속 성장하여 큰 군락을 형성하도록 할 수 있도록 말이다. 이때 성장 속도는 산호 종류와 당시의 환경조건에 따라 달라진다.

이 방법은 오션퀘스트글로벌Ocean Quest Global이라는 조직이 개발하여 이미 다수의 아시아 국가에 적용한 방법이었는데, 베트남 프로젝트에서는 오스트리아의 해양생물학자 라우라 리아비츠Laura Riavitz가 전문가로 참여했다. 이 프로젝트에서 그녀는 해양보호 분야 협력자들을 참-섬Cù lao Chàm 주변으로 데리고 갔다. 이 방법은 상세한 교육을 받으면 이론적으로 누구나 활용할 수 있을 정도로 간단하다. 따라서 이것은 전 세계적으로 위협에 직면해 있는 산호초를 위한 작은 희망의 빛이라고 할 수 있다.

물고기의 노래

당연한 말이지만 산호초는 산호로만 이루어져 있는 것이 아니다. 그것은 무수한 유기체들의 생활 공동체다. 그중 다수가 비늘과

지느러미를 가지고 있다. 앞에서 언급한 것처럼 전체 물고기 종의 25퍼센트가 산호초를 집으로 삼아 살아간다. 그리고 만약 당신이 물속에 머리를 담근 적이 있다면—그곳이 바다이건, 호수이건, 아니면 야외 수영장이건 간에—분명 이런저런 소음이 귀에 들렸을 것이다. 그때 당신은 그 소리가 어디에서 온 것인지, 누가 그 소리를 낸 것인지 의아해했을 것이다. 예컨대 옆을 스쳐 지나가던 배의 모터 소리가 들렸을 수도 있다. 실제로 배는 100미터나 떨어진 곳에 있었지만, 그 소리는 마치 바로 머리 위로 배가 지나가는 것처럼 들렸을 것이다.

물속에서는 소리가 비롯된 방향과 거리를 가늠하기가 매우 힘들다. 그 까닭은 물이 탁월한 음파 전도체이기 때문이다. 물속에서 음파는 공기 중에서보다 다섯 배 빠르게 전달된다. 이것은 특히 베이스 톤 같은 저주파 소음에 해당하는 사실인데, 이런 톤은 전형적으로 물고기들이 의사소통을 위해 사용하는 톤이다. 20℃의 따뜻한 바닷물 속에서 음속은 평균 초당 1500미터인 반면, 동일한 온도의 공기 중에서는 초당 343미터에 그친다. 이뿐만 아니라 압력과 염도가 상승할수록, 또 온도가 높아질수록 수중에서 음속은 한층 더 빨라진다.

인간과 비교했을 때 수중 동물들은 소음의 출처를 더 쉽게 발견해낸다. 그들에게 있어서 이것은 필수적인 일이기도 하다. 왜냐하면 흔히 시계視界 상황이 그다지 좋지 못하기 때문이다. 주변이 흐릿하여 자기 지느러미조차도 보이지 않을 때가 다반사다. 비교하자면 육지에 짙은 안개가 낀 것과 같은 상태다. 그 밖에도 바다 깊숙이 헤엄쳐 내려갈수록 채광 상황이 점점 더 나빠진다. 이런 상황에서 자신의 동족이 어디에 있는지 알고 있거나 공격자에 대한 경고를 서로 주고받을 수 있으면 비늘이 촘촘하게 박힌 피부를 보호할 수 있다. 돌고래와 고래가 음성을 통해 서로를 이해하고 장애물을 식별하고 먹잇감을 찾는다는 사실은 모두가 잘 알고 있을 것이다. 그러나 물속에는 이들 외에도 음향을 만들어내어 서로 의사소통을 하는 또 다른 동물들이 존재한다. 이런 사실을 아는 사람은 아마도 극소수에 불과할 것이다. '물고기처럼 과묵한'이라는 관용어가 있는데, 이 말은 물고기가 아예 말이 없는 동물은 아니라고 하더라도 적어도 매우 과묵한 축에 속한다는 확신을 근거로 한다. 하지만 물속이, 특히 활력 넘치는 산호초 안이 얼마나 시끄러울 수 있는지 알게 된다면 모두 깜짝 놀랄 것이다. 혹시라도 물속에서 고요함을 찾는 사람이 있다면, 완전히 잘못 짚은 것이다.

널리 통용되는 생각과는 달리 물고기들은 과묵함과는 아주 거리가 멀다. 물론 과묵한 물고기들도 한둘 있기는 하지만, 암초를 가로질러 스노클링을 할 때면 물고기 합창단의 노랫소리가 귓전에 들려온다. 예컨대 점쏠배감펭*Pterois volitans*은 라이언피시lionfish로 불리기도 하는데, 명칭이 말해주듯 이 물고기는 마치 사자처럼 울부짖는다. 반면 제비활치*Platax pinnatu*는 (사진 32쪽을 참조하라) 단조롭게 바-바 하고 옹알이를 내뱉는다(이 물고기는 그 전형적인 생김새 때문에 이런 이름을 얻었다). 호주 퍼스에 있는 커틴 공대Curtin University of Technology 소속의 롭 매컬리Rob Macauley는 자신의 연구팀과 함께 수중마이크를 이용하여 다른 어떤 때보다도 특히 아침저녁으로—새들의 노랫소리와 비슷하게—물고기들의 불협화음을 들을 수 있다는 사실을 증명하였다. 새들은 소리를 표현하기 위해서 후두가 발달되었다. 반면 물고기에게서는 매우 다양한 기제들이 발견된다. 물고기들은 다수의 다양한 소리를 만들어낼 수 있다. 물고기들은 꿀꿀거릴 수도 있고, 꽥꽥 하는 소리를 낼 수도 있으며, 부르짖을 수도 있고, 킄 하는 소리를 낼 수도 있고, 푸우 하는 소리를 낼 수도 있다. 이런 소음들은 예컨대 배우자를 유혹하거나 침입자로부터 서식지를 방어하거나 천적의 공격을 막아내는 데 사용된다.

소리를 만들어내는 두 가지 주요 기제는 전문화된 다양한 소리 근육을 통해서 부레를 자극하는 방법과 마찰음을 만들어내는 방법이 있다. 후자는 뼈와 딱딱한 다른 신체부위를 서로 마찰하는 방법이다. 부레는 가스로 채워진 주머니로, 장 앞부분이 바깥쪽으로 뒤집혀 만들어졌다. 그것은 경골류 물고기의 복강에 위치하며 (비교를 하자면, 연골어류에 속하는 상어는 부레가 없다) 무엇보다도 상승과 하강을 조절하는 데 사용된다. 물고기가 부레에 가스를 추가하면 상승을 하고, 하강할 때는 가스가 방출되어 아래로 가라앉는다. 부레에 가스를 채우는 방법은 두 가지다. 어떤 물고기들은 수면에서 공기를 들이마신다. 이 공기가 식도에서부터 관을 타고 부레로 흘러 들어간다. 또 다른 물고기들은 몸속에 특수한 선이 있는데, 이 선이 혈액에서 산소, 질소, 이산화탄소 등의 가스를 빼앗아 부레로 가져간다. 그런데 어떤 물고기들의 경우에는 부레가 상승과 하강을 조절하는 기능 외에 또 다른 기능을 수행한다. 소리를 만들어내는 기능이 바로 그것이다. 부레에는 소리를 만드는 근육이 부착되어 있다. 이 근육은 빠른 속도로 수축과 이완을 연이어 반복하는 방식으로 깊고 북을 치는 것 같은 소음을 만들어낸다. 물고기들의 소리 근육은 척추동물의 수축 근육 중에서 가장 속도가 빠르다. 물고기들 가운데 타악기의 제왕은 아마도 토드피시*Opsanus tau*일 것이다. 이 물고기는 마음에 품은 숙녀를 차지하기 위해 소리 근육을 초당 최대 200번 수축하면서 그야말로 제대로 된 콘서트의 진면모를 보여준다. 토드피시의 소리 근육은 하트 모양의 부레 측면에 자리 잡고 있다. 그것이 수축할 때면 어딘지 포그혼Foghorn을 연상시키는 소리를 만들어낸다.

소리를 만들어내는 두 번째 주요 방법은 마찰음이다. 귀뚜라미가 찌르륵 소리를 낼 때와 비슷하게 치아, 뼈, 비늘처럼 딱딱한 신체 부위를 서로 마찰시키는 행위를 통해서 소리가 만들어진다. 몇몇 물고기들은 마찰음을 낼 때 부레를 공명체로 사용하기도 한다. 예를 들자면, 북부 해마 혹은 점박이해마*Hippocampus erectus*는 두개골 뼈 가장자리와 머리에 있는 왕관모양의 평평한 부분을 서로 마찰시켜 찰칵 하는 소리나 탁 하는 소리를 만들어낸다. 점박이해마는 물고기들 중에서도 매우 충실한 동반자로 일부일처제를 따른다. 한 쌍의 북부 해마가 한데 모이면 서로를 껴안으면서 찰칵하는 소리를 낸다. 호모 사피엔스*Homo sapiens* 종의 몇몇 보기들과는 대조적으로 북부 해마는 아침마다 새롭게 마음을 다잡고 춤을 추는 의식을 치르면서 그들의 파트너 관계를 공고히 한다. 일반적으로 해마는 매우 진보적인 동물이다. 왜냐하면 수컷이 임신을 하기 때문이다. 암컷이 수컷의 부란낭孵卵囊 속에 난자를 배출하면 수컷은 난자가 수정이 되어 미니 해마로 발달할 때까지 난자를 품는다. 후세를 출산할 때가 되면 수컷은 꼬리로 움직이지 않는 대상을 꽉 붙들고 선 채로 여러 번에 걸쳐 등을 눌러 짜면서 새끼들을 바닷물 속으로 내어놓는다.

흰점박이복어*Ostracion meleagris*는 내가 가장 사랑하는 물고기 중 하나다. 장성한 수컷은 암초에서 살아가는 다른 물고기들과 확연하게 구분이 된다. 그 까닭은 최대 25센티미터에 이르는 물고기의 몸이 유선형이 아니라 각진 직사각형이기 때문이다. 그 물고기를 보고 있으면—다른 모든 거북복과의 어류들Family Ostraciidae이 그런 것처럼—실제로 트렁크가 연상된다. 머리, 배, 그리고 측면의 기본 배색은 하늘색이고, 팝 아트 풍의 노란색 점이 양쪽 측면을 뒤덮고 있다. 끈 모양의 노란색 줄이 머리에서부터 꼬리지느러미까지 이어지면서 흰색 반점이 있는 검정색 등을 몸의 다른 부분들과 구분 짓는다. 흰점박이복어 수컷은 아주 작은 파란색 지느러미를 이용하여 암초 사이를 부지런히 헤엄쳐 다니면서 해초와 해면, 벌레를 비롯한 다른 작은 동물들을 찾아내어 먹어 치운다.

그런데 흰점박이복어 암컷이나 새끼 물고기를 바라보고 있노라면 이것들이 장성한 수컷과 동일한 종이라는 사실을 좀처럼 믿을 수가 없다. 왜냐하면 검정색 지느러미에다 어두운 갈색이나 검정색 몸통에 수많은 작은 흰점이 찍혀 있는 모습이 수컷과는 완전히 딴판이기 때문이다. 번식에 관한 한 흰점박이복어에게 관용이란 없다. 두 마리의 수컷이 암컷 한 마리를 두고 경쟁을 벌이는 상황이 되면, 상대를 힘껏 들이박거나 으르렁거리면서 서로를 향해 덤벼든다. 산란을 할 때에도 흰점박이복어는 소리를 내는데, 그 소리를 묘사하자면 고음의 맑은 울림 정도로 표현할 수 있을 것 같다. 나도 언젠가 복어에게 들이받힌 적이 있다. 잠자는 복어를 방해했을 때였다. 수중 램프로 그 녀석을 비추었을 때, 그 불쌍한 녀석이 죽을 만큼 놀랐던 것이다.

몇몇 물고기 종은 산란을 하는 순간 소리를 낸다. 파란비늘돔류Scarus도 그중 하나인데, 산란을 할 때 이들은 20~40마리의 개체가 무리를 이루어 생식세포를 물속으로 방출한다. 이 과정은 매우 우스꽝스러운 느낌을 자아낸다. 왜냐하면 물고기들이 독거미 타란텔라에게 쏘이기라도 한 것처럼 암초 지붕에서부터 수면으로 헤엄쳐 올라가 마치 춤을 추는 것처럼 몸을 회전하면서 생식세포를 방출하기 때문이다. 이어서 그들은 재빨리 안전한 암초 속으로 다시 돌아온다. 그들이 산란을 할 때 내는 소음은 몸을 움직이는 동작에서 비롯된 것으로, 묘사하자면 솨솨하는 물소리처럼 들린다. 추측컨대 그 소리는 서로 간에 산란 시간을 정하고, 이런 방식으로 수정률을 극대화하는 데 이용되는 것으로 보이지만, 여기에는 늘 위험이 수반된다. 소음과 생식세포에서 풍기는 냄새는 상어를 비롯한 수많은 사냥꾼들에게 있어서 도저히 거부할 수 없는 유혹이다. 온통 번식에 몰두하고 있는 줄비늘돔은 상어에게 너무나도 손쉬운 먹잇감이다.

산호초에 서식하는 물고기는 수천 종에 이르는 것으로 알려져 있지만, 지금까지 소리를 내는 것으로 밝혀진 종은 비교적 소수에 불과했다. 때문에 하와이 대학의 티모시 트리카스Timothy Tricas 교수와 켈리 보일Kelly Boyle은 수중카메라와 수중마이크, 그리고 물속에서 공기방울 및 다스베이다의 숨소리처럼 짜증나는 숨소리가 발생하지 않도록 해주는 순환장비를 이용하여 암초에 서식하는 물고기들의 소리를 담은 사운드 라이브러리를 설치할 계획을 세웠다. 이때 연구자들은 하와이 산호초에 서식하는 96종의 물고기 가운데 꼭 절반 정도가, 그러니까 45종의 물고기가 소음을 만들어낸다는 사실을 발견했다. 그들은 총 85가지의 서로 다른 소음을 식별해내었다. 이 말은 곧 몇몇 물고기들이 다양한 소음을 만들어낼 수 있다는 것을 의미한다. 기록된 소음 중 거의 절반(약 45퍼센트)이 이른바 '고통스러운 상호작용'이 이루어지는 동안 발생했다. 즉 먹이를 먹는 장소나 둥지를 방어하는 과정에서 혹은 도둑들을 몰아내기 위한 경합, 경쟁, 시합 등과 관련된 상황에서 소음이 발생했다. 시끄러운 소리를 내어 자신을 표현하는 물고기로는 깃대돔, 비늘돔, 닥터피시, 두동가리돔, 쥐치, 흰동가리 등이 있다.

그러나 의사소통을 위해서 소음을 만들어내는 것은 산호초에 서식하는 물고기들만이 아니다. 매년 봄이 되면 수백만 마리의 민어류*Cynoscion othonopterus*가 산란을 하기 위해 캘리포니아만 최북단 지대인 콜로라도강 삼각주로 모여든다. 달의 주기와 더불어 밀물과 썰물의 주기와 결부되어 3~4일 동안 펼쳐지는 이 무절제한 잔치 기간 동안 기억에 남을 만한 아주 시끄러운 장관이 펼쳐진다. 합창단을 결성한 민어류 수컷들이 산란을 하면서 부레를 이용하여 북을 치는 듯한 소음을 낸다. 그 소리가 얼마나 크던지 음파의 진동이 어부들의 유리섬유 보트를 통과하여 밀려드는 바람에 물 위에서도 고스란히 들을 수 있을 정도다. 텍사스 오스틴에 있는 해양과학 연구소Marine Science Institute의 브레드 에리스만Brad Erisman과 캘리포니아 샌디에이고에 있는 스크립스 해양학연구소Scripps Institution of Oceanography의 티머시 로웰Timothy Rowell의 말에 따르면, 그 소리는 지금까지 채집된 바닷물고기들의 소음 중에서도 가장 큰 것이라고 한다. 민어류가 내는 북치는 듯한 소리는 심지어 팡가스pangas라는 소형 고기잡이 어선의 엔진 소음을 능가한다. 때문에 그 소리는 다른 바다 동물들의 청각을 손상시킬 수도 있다. 그런데 교미를 할 때 내는 그 소음은 민어류 자신에게도 좋지 못한 결과를 초래한다. 왜냐하면 어부들에게 쉽게 발각당하기 때문이다. 그사이에 이 물고기들은 남획을 당해 멸종 위기종으로 간주되고 있다.

브리티시컬럼비아 대학(캐나다)의 해양생물학자 벤 윌슨Ben Wilson은 그의 팀과 함께 대서양청어*Clupea harengus*와 태평양청어*C. pallasii*가 내는 소리를 연구하였는데, 그 과정에서 매우 기묘한 의사소통 방식을 접하게 되었다. 이 두 종류의 청어는 부레에서 나온 공기를 항문 부근으로 짜듯이 밀어내어 소리를 만들어낸다. 우리 인간 사회에서 방귀는 알다시피 무례한 행동으로 간주되지만, 물고기 세계에서 방귀는 중요한 사회적 역할을 수행하는 것으로 보인다. 주파수 1.7~22킬로헤르츠에 3옥타브 이상을 아우르는 청어 방귀는 다른 어떤 때보다도 야간에 방어 무리를 구축하는 데 사용되는 것으로 추측된다. 연구팀은 그 현상을 '빠르게 반복되는 째깍거리는 소리Fast Repetitive Tick', 줄여서 'FRT'로 명명하였다. FRT를 소리 내어 발음하면 파트fart처럼 들리는데, 이것은 방귀를 의미하는 영어 단어다. 과학 출판물들이 무미건조하고 유머라고는 없다고 그 누가 말했던가! 연구자들은 사람들이 방귀소리를 흉내 내기 위해 혀를 두 입술 사이에 놓고 불 때 나는 소리와 청어 '방귀'를 비교하였다. 그러나 청어가 내는 소리는 항문에서만 나는 것이 아니라 부레에서도 동시에 새어나간다. 윌슨과 그의 팀은 항문에서 나오는 매끄러운 울림을 매개로 한 의사소통을 통해서 청어들이 야간에 천적에게 위치를 노출하지 않고 서로 의사소통을 할 수 있다고 생각한다. 하지만 고주파 영역의 음을 탁월하게 감지할 수 있는 천적들도 존재한다. 돌고래와 고래가 그런 천적에 해당하는데, 경우에 따라 그들은 FRT를 청어 사냥의 기반으로 삼을 수도 있다.

그런데 안타깝게도 물속에서 소음을 만들어내는 것은 단지 바다에 사는 동물들만이 아니다. 인간도 그런 소음을 만들어낸다. 그것도 곧잘 소음을 피해 도망갈 수 없는 동물들에게 잠재적으로 위해를 가할 수 있을 정도로 시끄러운 소리를 낸다. 대왕고래에서부터 아주 작은 물고기에 이르기까지 바다에서 서식하는 모든 동물들이 인간이 유발하는 소음으로 인해 피해를 당하고 있다. 소음을 유발하는 원인은 제트스키에서부터 대형 유조선을 거쳐 석유와 가스 탐사를 위한 지진학적 연구에 이르기까지 매우 다양하다. 특히 후자는 물속에서 그야말로 소리 폭발을 불러일으키는데, 수 킬로미터 떨어진 곳에서도 그 소리를 들을 수 있을 정도다. 이 모든 소음들은 일종의 청각적인 안개를 만들어낸다. 자연적인 소음을 뛰어넘는 인공 소음은 다양한 수중 동물들의 의사소통을 방해한다.

니모의 형제들

우리들 대부분은 학교에서 남성과 여성이 존재한다고 배웠다. 남성은 한 개의 X-염색체와 한 개의 Y-염색체를 가지고 있고, 여성은 두 개의 X-염색체를 가지고 있다. 구분 방법은 간단했다. 그러나 지난 수십 년 사이에 우리는 자세히 들여다보면 그 사안이 그리 명확하지 않다는 것을 알아차리게 되었다. 분명하게 남성 혹은 여성으로 분류할 수 없는 사람들도 존재하기 때문이다. 그런 사람들은 남녀양성intersexual이다. 동물의 세계와 식물의 세계에서도 상황은 마찬가지다. 아니 더 복잡할 수도 있다. 다수의 물고기 종, 특히 산호초에 서식하는 다수의 물고기들은 살아가는 동안 자신의 성별을 바꿀 수 있다. 시간차 성별 분리는 전문용어로 인접적 자웅동체 현상sequential hermaphroditism이라고 하는데, 이것은 주로 세 가지 형태로 나타난다.

먼저 자성선숙protogyne은 가장 빈번하게 나타나는 시간차 성별 분리 형태로, 이 경우에는 암컷으로 생을 시작했다가 나중에 수컷으로 성을 바꿀 수 있다. 예컨대 태평양 동부에 서식하는 놀래기과Labridae 물고기인 캘리포니아의 혹돔류*Semicossyphus pulcher*는 처음에 암컷으로 태어난다. 이후 다양한 환경요인으로 인해 물고기의 호르몬 조절 상태가 바뀌면서 수컷으로의 전환이 시작된다. 이때에는 내부 기관들만 변하는 것이 아니라, 몸 색깔과 체격도 함께 바뀐다. 비교적 크기가 작고 광택이 없는 담홍색 비늘에 몸통 아랫부분이 흰색이었던 암컷이 검정색 머리와 꼬리, 붉은 빛이 도는 오렌지색 몸통, 붉은 눈과 살이 두툼한 이마 혹을 가진 비교적 크기가 큰 수컷으로 변한다. 두 성별 모두 흰색 턱과 표피가 딱딱한 동물을 완벽하게 분쇄할 수 있는 크고 돌출된 송곳니를 가지고 있다. 청줄청소놀래기로도 불리는 청소부물고기*Labroides dimidiatus*는 자성선숙 물고기의 또 다른 예로서 인도태평양에 있는 산호초에서 발견된다. 이 작은 물고기는 몸집이 큰 수컷 한 마리와 몸집이 작은 암컷 여러 마리로 구성된 하렘에서 살아간다. 수컷이 죽으면 몸집이 가장 큰 암컷이 수컷으로의 전환을 시작하는데, 약 2주 안에 남성 성기가 발달하여 남아 있는 암컷들과 짝짓기를 할 수 있게 된다. 노란색 머리에 꼬리지느러미로 갈수록 점점 더 넓어지는 눈에 띄는 검정색 줄무늬가 있는 이 파란색 물고기들은 이런 특징을 제외하고도 매우 흥미로운 바다 주민의 면모를 갖추었다. 요컨대 그들은 바닷속 클리닝 스테이션Cleaning Station을 관리하는데, 여기에 대해서는 나중에 좀 더 자세히 알아보기로 하겠다.

인접적 자웅동체 현상의 두 번째 형태는 수컷으로 생을 시작하여 나중에 암컷으로 변하는 형태인데, 이것을 가리켜 웅성선숙Protandry이라고 한다. 광대물고기Clownfish로도 불리는 흰동가리류Amphiprioninae는 아마도 세간에 가장 널리 알려진 물고기이자 아이들 사이에서 가장 사랑받는 물고기들 중 하나일 것이다. 처음에 수컷으로 태어나는 이 물고기는 대부분 말미잘 안에서 다양한 개체들과 더불어 작은 사회 집단을 이루어 살아간다(사진 5쪽 위를 참조하라). 이때 하나의 집단은 성숙한 물고기 한 쌍과 한 마리에서 여러 마리의 새끼 물고기들로 이루어져 있다. 일반적으로 가장 큰 물고기는 암컷이고 그 다음으로 큰 물고기는 기능적인 수컷이다. 기능적인 수컷이란 암컷과 짝짓기를 하고 번식을 하는 수컷을 말한다. 암컷은 집단 위계질서 내부에서 가장 높은 위치를 차지한다. 말미잘 안에서 살아가는 동물들뿐만 아니라, 그곳까지 가까이 헤엄쳐 다가간 다이버들도 이런 사실을 분명하게 알아차릴 수 있다. 대부분 오렌지색, 흰색, 검정색 줄무늬를 가진 이 작은 물고기들은 겉보기에 귀여워 보이지만 아주 공격적으로 돌변할 수도 있다. 혹시라도 누군가가 잠수를 하면서 그 물고기들에게 손가락을 내미는 멍청하기 짝이 없는 짓을 할 때면 그들은 서슴지 않고 그 손가락을 깨물어버린다. 나 역시 언젠가 내게 시위를 하는 그들의 모습을 똑똑히 관찰한 적이 있다. 그들은 나의 잠수 마스크를 들이박고 으르렁거리면서 그들이 사는 말미잘 가까이로 접근하는 내 행동이 결코 환영받지 못하는 행위임을 분명하게 보여주었다. 만약 암컷이 죽으면, 집단 내에서 두 번째로 몸집이 큰 동물, 그러니까 예전에 (지금은 죽고 없는) 암컷과 짝짓기를 했던 수컷이 번식 능력을 갖춘 암컷으로 성을 전환하기 시작한다. 이와 함께 집단 내의 다른 동물들은 위계질서에서 한 단계 위로 올라가게 된다. 그리고 어린 물고기들 중에서 몸집이 가장 큰 물고기가 기능적인 수컷이 된다.

혹시 디즈니 애니메이션 〈니모를 찾아서〉를 떠올리는 사람이 있다면, 이 대목에서 분명 깜짝 놀라게 될 것이다. 왜냐하면 누가 봐도 영화제작자가 어류학자에게 조언을 구하지 않은 것이 분명하기 때문이다. 만약 어류학자에게 조언을 구했더라면, 영화의 스토리는 분명히 다르게 흘러갔을 것이다. 영화를 보지 않은 사람들을 위해서 줄거리를 대략적으로 설명하자면, 자그마한 흰동가리 니모는 한쪽 지느러미가 지나치게 작은 상태로 세상에 태어났다. 그의 작은 지느러미는 일명 행운의 지느러미로 불렸다. 엄마가 꼬치고기에게 잡아먹히는 바람에 홀아비가 된 아빠가 니모의 양육과 교육을 담당한다. 외동으로 성장한 니모가 수족관 물고기를 거래하는 잠수부들에게 납치당하자 아빠는 하나뿐인 아들을 찾기 위해 기나긴 모험을 시작한다. 당연히 이야기는 해피엔드로 끝난다. 아빠와 아들은 수많은 모험을 뒤로 하고 무사히 그들이 살던 말미잘 숲으로 돌아온다.

그런데 만약 이 이야기를 생물학적으로 정확하게 들려준다면, 분명 '18세 이상 관람가'라는 자체검열 마크를 부착해야 하거나 아니면 아예 대중들 앞에 공개할 수 없을 것이다. 이야기는 다음과 같이 전개될 것이다. 니모의 엄마가 잡아먹히면서 관계가 단절된 아빠와 아들은 쓸쓸하게 혼자 남겨질 것이다. 이어서 아빠는 암컷으로 성 전환을 시작하고, 이와 나란히 니모는 번식 능력을 갖춘 수컷으로 발달할 것이다. 이제는 니모가 성적으로 성숙한 유일한 수컷이기 때문에 둘은 짝짓기를 하고 근친상간을 통해 후세를 생산할 것이다. 과거에 아빠였던 니모의 배우자가 죽으면, 그가(니모) 암컷으로 변하여 새로운 수컷 파트너를 찾는다. 이는 디즈니가 어린이 이야기로 재단할 만한 소재는 분명히 아니다.

시간차 성별 분리의 세 번째 형태는 암컷과 수컷 사이를 오가는 형태다. 이 형태는 순차적 양방향 성전환으로 불린다. 특히 고비오돈속Genus Gobiodon과 파라고비오돈속Genus Paragobiodon 물고기인 망둑어에게서 이런 형태의 자웅동체 현상을 찾아볼 수 있다. 산호초에서 살아가는 이 물고기는 짝을 이루어 알을 부화시키면서 산호 가지 사이에서 살아가는데, 때로는 비교적 규모가 큰 무리를 형성하기도 한다. 그들은 위험이 닥칠 때면 스스로를 보호하기 위해 산호초 속으로 물러나 은둔한다. 규모가 큰 무리를 결성하여 함께 살아간다고 하더라도, 번식에 참여하는 것은 덩치가 가장 큰 두세 마리의 물고기들뿐이다. 망둑어처럼 작고 미약한 물고기가 섹스 파트너를 찾기 위해 안전한 은신처인 암초를 떠난다면, 그 결과는 치명적일 수도 있다. 일본과 호주 과학자들로 구성된 한 연구팀은 파트너가 죽거나 성별 분포가 한쪽으로 지나치게 치우쳐 있을 경우에는 필요에 따라 성별을 전환하는 것이 장점이 될 수 있다는 가설을 제시했다. 이런 사실은 망둑어에게 홈그라운드 이점을 제공한다. 성별을 전환함으로써 그들은 바깥으로 나가는 모험을 감행하지 않아도 되고, 이를 통해서 약탈자의 집요한 압박에 저항할 수 있다. 자연은 실로 현명하기 그지없다!

그리고 마지막으로 다양한 형태의 시간차 자웅동체 현상 외에 공시적인 자웅동체 현상도 있다. 공시적 자웅동체에 해당하는 동물들은 암컷의 성기와 수컷의 성기를 동시에 발달시킨다. 식물과 편충동물들 사이에서는 자웅동체가 다반사이지만, 물고기들 사이에서는 이 형태가 그다지 널리 퍼져있지 않다. 자웅동체 물고기들은 난자와 정자를 동시에 생산할 수 있는 능력을 갖추고 있다. 그럼에도 불구하고 그들은—맹그로브킬리피시*Kryptolebias marmoratus*를 제외하고—스스로 수정을 하는 대신 암컷 혹은 수컷이 되어 산란을 한다. 예를 들어 초크배스*Serranus tortugarum* 같은 물고기는 심지어 하루에 최대 스무 번 성별을 바꾸기도 한다. 이 과정에서 그들은 아주 사랑스러운 수정 전략을 발전시켰다. 난자 거래가 바로 그것이다. 서로에게 충실한 두 마리의 파트너가 각자 암컷이었던 시기 동안 낳은 '난자-꾸러미'를 서로 교환하고, 수컷인 시기 동안 그 난자들을 수정시킨다. 작은 초크배스는 암컷이 되는 기간 동안 호르몬 동요가 일어나지 않기를 소망한다. 왜냐하면 그렇지 않을 경우 파트너 사이가 불화로 인해 험악해질 것이기 때문이다.

지금까지 물고기들에게는 수많은 다양한 종류의 성이 있다는 것과 그것이 어떤 종류의 성이건 다른 종류와 꼭 마찬가지로 '정상'이라는 점을 알아보았다.

수중 병원

수중에서의 삶은 혹독하다. 특히 몸이 아프거나 치통이 있거나 활짝 열린 곪은 상처가 있을 때, 그리고 기생충이 비늘을 뚫고 바깥으로 튀어 나오려고 할 때면 더욱 그렇다. 이런 상황에서 길모퉁이에 있는 가정의학과 의사를 찾아가는 호사를 누릴 수 없다면 어떻게 해야 도움을 받을 수 있을까? 해양 의료시스템에서는 다양한 종류의 동물들이 이런 빈틈을 메워준다. 그 가운데는 청소부새우(줄무늬 작은 새우, 사진 20쪽을 참조하라)와 청소부물고기도 있다. 한편, 우리에게 잘 알려진 양쥐돔과Acanthuridae 물고기인 닥터피시는 이름만 그럴싸할 뿐 산호초 속 의료시스템에서 아무런 역할도 수행하지 않는다. 닥터피시라는 명칭은 방어용으로 사용하기 위해 꼬리가 시작되는 부위 앞쪽에 달고 다니는 '외과용 메스'에서 유래하였다. 그런데 산호초에 정착하여 살아가는 청소부물고기의 밀도가 육지에 있는 가정의학과 의사와 비슷하기 때문에(그러니까 다소 드물게 분포되어 있다는 말이다), 물고기들은 반드시 자신이 찾아가야 할 곳의 위치를 정확하게 알고 있어야 한다.

클리닝 스테이션은 예컨대 눈에 딱 들어오도록 산호군락 윗부분, 즉 코랄 헤드coral head라고 불리는 산호 머리 부분에 자리 잡고 있을 수도 있고, 헤엄치듯 움직이는 해초 다발 사이에 위치할 수도 있다. 클리닝 스테이션은 온천이나 병원에 비견할 만한 장소다. 왜냐하면 바닷속 동물들이 그곳으로 모여들어 다양하기 이를 데 없는 문제에 대한 도움을 구하기 때문이다. 마지막으로 먹은 식사가 이빨 사이에 끼어 있는 동물도 있고, 상처 가장자리가 곪아 반드시 응급조치를 받아야만 하는 동물도 있다. 어떤 동물은 비늘 때문에 고통을 받고 있고 또 다른 동물들은 기생충이 외피에 달라붙어 성가시게 군다.

도움을 구하는 의뢰인들은 크기가 몇 미터나 되는 쥐가오리부터(사진 26쪽과 10~11쪽을 참조하라) 바다거북을 거쳐(사진 6쪽을 참조하라) 작은 물고기에 이르기까지 매우 다양하다. 물고기 고객들은 흔히 자신의 차례가 다가올 때까지 오랫동안 기다려야 한다. 그리고 자기 순서가 되면 움직이지 않고 물속에 가만히 서서 그들의 열린 입과 아가미 속으로 클리닝 스테이션 직원들이 헤엄쳐 다니도록 내버려둔다. 이 작은 물고기들은 그들에게 잠재적인 위협이 될 수도 있는 큰 물고기들의 열린 주둥이 속으로 용감무쌍하게 헤엄쳐 들어가는데, 그들에게 그런 용기가 있다는 것은 실로 놀라운 일이다. 그런데 사실 그들은 이렇게 해도 털끝 하나 다치지 않는다는 사실을 아주 잘 알고 있다. 그 까닭은 바로 서로 간의 특별한 관계 때문이다. 이 특별한 관계는 양쪽 모두에게 큰 이익을 가져다준다. 환자들은 골치 아픈 문제를 해결하는 데 도움을 받을 수 있고, 청소부 물고기들은 다음 끼니를 챙길 수 있다. 전형적인 윈-윈 상황이다! 전문용어로는 이런 관계를 가리켜 상리공생이라고 부르는데, 이것은 앞서 황색공생조류와 산호를 다룰 때 이미 접한 적이 있는 공생 형태다. 그런데 청소부물고기는 여기서 멈추지 않고 또 다른 전략을 활용하여 서로 간의 갈등을 방지하고 잡아먹힐 위험성을 모면한다. 춤을 추면서 고객들을 매혹시키는 것이다. 청줄청소놀래기 Labroides dimidiatus는 굶주린 고객들을 진정시킬 목적에서 온몸을 진동하는 춤을 개발하였다. 다수의 연구가 보여주듯이 이 춤은 매우 성공적인 것으로 입증되었다.

춤추는 기술을 섭렵하고 있는 것은 청소부물고기만이 아니다. 락 슈림프 Urocaridella sp. 종에 속하는 줄무늬 작은 새우는 심지어 그 춤을 새로운 레벨로 업그레이드하여 몸을 앞뒤로 흔들어대는 로킹 댄스 rocking dance를 고안, 자신이 제공하는 서비스를 광고한다. 배가 고플 때면 그들은 더욱더 열심히 춤을 춘다. 그 결과는 명백하게 성공적이다. 배가 고픈 녀석과 그렇지 않은 녀석들 중 하나를 선택을 할 수 있는 권한이 주어지면 고객들은 거칠게 몸을 흔들어대는 줄무늬 작은 새우를 선택한다.

청소를 담당하는 물고기들이 수행하는 작업 가운데 기생충 제거 작업은 사실 마지못해서 떠맡는 일이다. 그들은 기생충을 제거하는 일보다는 비늘, 특히 고객들의 분비물을 먹어 치우는 일을 훨씬 더 좋아한다. 안타까운 일이지만, 이것은 고객들에게는 아주 고통스러운 일이다. 고객 응대의 효율성과 신속성에 관한 한 물고기 청소부들은 슈퍼마켓 점원들을 능가한다. 왜냐하면 실제로 그들은 하루에 2000명 이상의 고객들에게 서비스를 제공하기 때문이다! 그런데 의학적인 처치는 환자와 물고기 청소부 단 둘만 있는 곳에서 이루어지는 것이 아니다. 끈기 있게 자신의 차례를 기다리는 다른 고객들이 그 둘을 가만히 지켜보고 있다. 모르긴 해도 새로운 개인신상정보 보호 규정이 물속에서는 아직 통용되지 않는 것이 분명해 보인다. 아마도 청소부물고기들은 사업에 성공하기 위해서는 훌륭한 서비스가 필수적이라는 사실을 잘 알고 있는 듯하다. 그들은 고객들의 요구 사항에 신속하게 응대하면서 상황에 걸맞은 합당한 태도를 취하는 한편 언제나 협동적인 자세로 서비스를 제공한다. 또한 그들은 새로운 고객들을 확보하려면 맛있는 분비물과 바싹바싹하고 신선한 비늘 대신 고통받는 고객들을 괴롭히는 밉살스런 기생충들을 먹어 치워야 한다는 사실을 배웠다.

한 실험을 통해서 재미있는 사실이 입증되었다. 다른 고객들이 작업 과정을 지켜보지 않는 상황에서는 청줄청소놀래기가 기생충이 있는 고객보다 피부 기생충이 없는 고객들을 더 선호한다는 사실이 밝혀진 것이다. 그러나 작업 과정을 지켜보는 존재가 나타나는 즉시 대부분의 청소부물고기는 분비물을 뒤로하고 다시 기생충을 열심히 먹어 치우기 시작한다. 또한 연구팀은 잠재적인 신규 고객들이 기피하는 청소부물고기도 있다는 사실을 함께 관찰하였다. 고객들은 지나칠 정도로 자주 고객의 분비물과 비늘을 먹어 치우면서 고통을 가하는 청소부물고기들을 기피 대상으로 삼는다. 청소부물고기들에게 있어서 고객 서비스는 그 어떤 것보다도 중요한 사안이다. 규칙을 어긴 청줄청소놀래기 암컷들도 이런 사실을 분명하게 인지할 수 있다. 이미 언급한 것처럼, 청소부물고기는 몸집이 큰 수컷 한 마리와 몸집이 작은 여러 마리의 암컷으로 구성된 하렘에서 살아간다. 만약 어떤 암컷 하나가 고객을 깨물어 고객의 신뢰를 깨뜨리면, 수컷이 그에 상응하는 벌을 내린다. 그것도 범죄의 강도에 따라 처벌의 수위가 달라진다. 물린 고객의 중요도가 높으면 높을수록(이를테면 덩치가 크면 클수록), 배신의 대가로 수컷이 암컷에게 내리는 형벌과 추궁의 강도는 더욱더 혹독해진다. 만약 물고기들이 실제로 고통을 느끼고 의식적인 결정을 내릴 수 있다는 사실이 놀랍게 느껴진다면, 조너선 밸컴Jonathan Balcome의 저서 『물고기는 알고 있다Was Fische wissen』를 간곡하게 추천하고 싶다(단순히 달라이 라마가 이 책을 추천했기 때문만은 아니다). 이 책에서 밸컴은 물고기들도 감정을 가지고 있고, 즐거움과 고통을 느낄 수 있다는 것을 재미있는 방식으로 보여준다.

이집트에서 잠수 가이드로 일하던 시절에 나는 정기적으로 손님들과 함께 내가 가장 좋아하는 잠수 지점을 찾곤 했다. 캐년Canyon으로 불렸던 그곳으로 향하는 길에는 청줄청소놀래기의 클리닝 스테이션이 자리 잡고 있었다. 다이버들에게 익숙해져 있었던 그곳 청소부물고기들은 우리를 또 다른 고객으로 간주했다. 입에서 호흡조절기를 떼내는 즉시 그들은 내 입속으로 잽싸게 달려 들어와 작업에 착수하여 닳아버린 피부 조각을 뜯어내었다. 내가 좀 굼뜨게 움직인다 싶으면 그들은 조급하게 내 잠수 마스크 앞을 이리저리 오가면서 내가 교통정체를 불러일으키고 있으니 제발 좀 서두르라는 신호를 보내왔다. 그럴 때면 나는 왠지 그들의 서비스를 받고 싶어졌다. 언젠가 한번은 수영 모자를 쓰지 않고 스테이션에 멈추어 선 적이 있었는데, 돌이켜보면 너무나도 경솔한 행동이었다. 미처 생각도 하기 전에 청소부물고기들이 내 귓속을 휘젓고 다니면서 작업을 시작했던 것이다! 정말이지 불쾌한 느낌이었다. 왜냐하면 그들이 내 귓속에 있는 작은 솜털을 마구 잡아당겼기 때문이다.

클리닝 스테이션이 있는 암초에 이끌리는 것은 비단 다이버들만이 아니다. 다른 수많은 물고기들 또한 기능이 원활한 의료 서비스를 갖춘 암초를 의식적으로 선택한다. 그런데 다른 관상용 물고기들과 마찬가지로 청소부물고기들 또한 암초 밖으로 잡혀 나가 수족관용 물고기로 거래되고 있는 실정이다. 하지만 다수의 실험들이 보여준 바와 같이, 이런 중요한 물고기들이 사라지면 암초의 활력과 건강이 망가진다. 실험을 위해서 청소부물고기들을 미리 암초에서 제거하고 18개월이 흐른 후에 살펴보았더니 암초 내부에 형성된 종의 다양성이 최대 50퍼센트까지 줄어들었고 개체수도 4분의 1밖에 남지 않았다. 그나마 암초 속에 남아 있던 물고기들조차도 암초에 정착하여 살아가는 종들이 아니라 여러 암초 사이를 자유롭게 옮겨 다니는 종들이었다. 작은 청소부물고기의 존재는 단순히 암초 내부에 형성되는 종의 다양성을 보장해주는 데 그치는 것이 아니라, 암초 거주자들의 학습능력 향상에도 기여한다. 아픈 몸을 이끌고 정신적으로 까다로운 일을 하려고 시도해 본 적이 있는 사람이라면, 성공 확률이 대부분의 경우 매우 저조하다는 사실을 잘 알고 있을 것이다. 의사를 찾아가 적절한 약품을 처방받은 다음 그것을 복용하고 휴식을 취할 때에야 비로소 컨디션이 나아져 다시 일에 전적으로 집중할 수 있게 된다. 브리즈번 퀸즐랜드 대학 산호초 생태연구소Coral Reef Ecology Laboratory의 알렉산드라 그루터Alexandra Grutter와 데렉 선Derek Sun을 주축으로 한 연구팀이 발견한 것처럼 우리의 물고기 친구들도 마찬가지다. 10년이 넘는 기간 동안 대보초에 서식하는 청소부물고기의 행동을 연구한 이 팀은 그 과정에서 놀라운 사실을 발견했다. 실험 결과, 클리닝 스테이션에서 외부 기생충을 제거한 경험이 있는 물고기들의 학습능력이 향상되었던 것이다. 우리 인간들과 매우 유사하게 물고기들 역시 질병이 있거나 이 경우에서처럼 성가신 기생충들에게 시달리면 집중력과 새로운 것을 학습하는 능력이 저하된다.

청소부물고기의 생물학적인 특징은 실로 매혹적이고도 복잡하다. 만약 당신이 잠수하거나 스노클링을 하던 도중에 청소부물고기들이 작업하는 모습을 지켜본 적이 있다면 이것이 무슨 말인지 금세 알아차릴 수 있을 것이다. 그리고 어쩌면 그때 암초-병원에서 유명한 '환자', 즉 암초대왕쥐가오리를 만날 기회를 가졌을지도 모르겠다. 몰디브에서 우리는 바로 그런 이유 때문에 정기적으로 특정한 클리닝 스테이션으로 잠수 나들이를 떠나곤 했다. 그곳은 암초대왕쥐가오리가 즐겨 찾는 장소였다. 쥐가오리는 가오리속Genus *Mobula*에 속하는 동물로 지금까지 두 종류가 발견되었다. 연근해에서 발견되는 쥐가오리류*Mobula* alfredi와 대양에서 살아가는 또 다른 쥐가오리류*Mobula* biostris가 그것이다. 쥐가오리의 별칭인 '악마가오리'라는 명칭은 작은 뿔 모양으로 말려 있는 머리지느러미에서 비롯되었다. 검정색 몸통 윗부분과 뱀파이어의 것과 같은 날개, 즉 지느러미를 제외한다면, 쥐가오리 그 자체로는 악마적인 요소를 전혀 찾아볼 수 없다. 날개폭이 최대 7미터에 이를 수도 있는(이것은 대양에 서식하는 쥐가오리류에 해당되는 사항이다. 이와는 대조적으로 암초대왕쥐가오리는 날개폭이 최대 5.5미터다) 이 온순한 바다의 거인이 바다를 가로질러 우아하게 떠다니면서 춤을 출 때면 흡사 날아다니는 양탄자처럼 보인다. 스페인어로 라 만타la manta는 '(수면용) 담요'를 의미한다. 쥐가오리*Mantaray*라는 명칭은 원래의 학문적인 속명인 만타*Manta*에서 비롯되었다. 얼마 전까지만 해도 사람들은 만타속Genus *Manta*과 모불라속Genus *Mobula*이 서로 다른 속에 속한다고 생각했다. 그러나 연구자들은 유전자 검사를 통해, 두 속이 동일한 속에 속하는 동물이라는 사실과 만타속이 모불라속에 편입된다는 사실을 확인하였다. 이런 이유로 연근해의 쥐가오리류의 학명이 만타 알프레디*Manta* alfredi에서 지금은 모불라 알프레디*Mobula* alfredi로 바뀌었다. 이는 대양에 서식하는 쥐가오리류에게도 마찬가지로 적용된다.

클리닝 스테이션에서 관찰한 사실들로 되돌아가도록 하자. 쥐가오리들은 신체를 청결히 하는 일에 매우 신경을 쓴다. 종종 그들은 몸을 꼼꼼하고 깨끗하게 청소하느라 스테이션에서 몇 시간을 보내곤 한다. 혹시 쥐가오리가 당신에게로 다가온다면 그 동물의 새하얀 배 쪽을 한번 쳐다보도록 하라. 반점으로 이루어진 문양이 눈에 들어올 것이다. 다른 쥐가오리들에게서는 그것과 같은 문양을 찾아볼 수 없다(사진 26쪽을 참조하라). 이 반점 문양은 연구할 때—고래상어를 연구할 때 그런 것처럼—개별 개체를 식별하는 특징으로 사용된다. 왜냐하면 그것은 인간의 지문만큼이나 독특하기 때문이다. 사진과 특수한 컴퓨터 프로그램의 도움으로 문양을 식별한 후 해당 동물에게 ID를 부여하여 그 이동 루트를 추적할 수 있다. 열정적으로 물을 사랑하는 사람들 중에서도 어떤 사람은 크기가 몇 미터나 되는 쥐가오리를 마주했을 때 어쩌면 약간의 위협을 느낄지도 모르겠다. 하지만 안심해도 좋다. 쥐가오리는 평화로운 이웃이니까 말이다. 쥐가오리를 두려워해야 할 유일한 생물체가 있다면 그것은 작은 물고기들과 플랑크톤뿐이다. 쥐가오리는 말단에 자리 잡은 커다란 주둥이로 물에서 플랑크톤을 걸러낸다. 이때 그들은 '악마의 뿔'을 활짝 펼친다. 펼쳐진 머리지느러미는 일종의 깔때기를 만들어 플랑크톤을 함유한 물을 목구멍 쪽으로 유도한다. 쥐가오리도 꼬리를 가지고는 있지만, 친척인 매가오리sting ray와는 달리 꼬리에 독침이 없다. 쥐가오리는 상어와 마찬가지로 연골어류에 속하며 상어와 친족 관계에 있다.

수중에서 이처럼 위풍당당하게 날아다니는 양탄자를 우연히 만나게 되었을 때 이 거인과 함께 헤엄치는 즐거움을 조금이라도 더 오래 만끽하고 싶다면 반드시 명심해야 할 행동 규칙이 몇 가지 있다. 이 동물들에게 스트레스를 주지 않기 위해서는 어떤 경우든 최소한 2미터의 거리를 유지하고 측면으로만 접근해야 한다. 전방이나 후방에서 쥐가오리에게 접근하면 아마도 깜짝 놀라 두려움에 사로잡히게 될 것이기 때문이다. 아울러 다른 모든 야생 동물들과 마찬가지로 몸을 붙잡는 행동은 무슨 일이 있어도 해서는 안 된다. 그 밖에도 잠수 및 스노클링 사파리 업체에 대한 정보를 사전에 정확하게 조사하여 돈을 내는 고객의 환락이 아니라 동물의 안녕을 최우선으로 삼는 업체를 선택해야 할 것이다. 하지만 안타깝게도 수중 행동규칙을 깡그리 무시한 채 고객들이 원하는 모든 행동을 허용하는 잠수가이드나 투어가이드들이 너무 많다. 쥐가오리, 고래상어, 거북이 등은 이런 행동으로 인해 너무나도 큰 스트레스를 받은 나머지 물속 깊은 곳으로 가라앉아버린다. 의술에 정통한 청소부물고기와 청소부 새우조차도 그런 종류의 고통에 대해서는 그저 무력할 따름이다.

수중 약국

산호초는 단지 물고기들의 건강의료센터 소재지로서만 사랑받는 것이 아니다. 그것은 우리 인간들이 사용하는 각종 약품의 마르지 않는 원천이기도 하다. 그곳에서 사람들은 암, 인체면역결핍바이러스HIV, 관절염 같은 질병을 치료할 약리적 활성 물질들을 찾아낸다. 물론 그렇다고 해서 곧장 투입할 수 있는 의약품들이 암초 주변에 널려 있다는 말은 아니다. 하지만 해양 생물체들은 잠재적으로 신약에 활용할 수 있는 각종 생리활성 물질의 풍성한 보고다.

피낭류 동물, 모래 말미잘, 해면, 고둥류나 산호는 먹잇감을 마비시키거나 스스로를 방어하기 위해서 무수히 많은 독을 생산한다. 특히 해면은 의학적으로 중요한 작용물질을 제공하는 매우 유망한 재료 공급자로 간주된다. 이쯤에서 제기될 법한 질문들에 미리 답변을 하자면, 실제로 해면은 동물이다. 비록 포유류와는 달리 그 구조가 그리 복잡하지는 않지만 말이다. 해면은 해면동물문 Phylum Porifera(미세한 구멍 소유자)에 속하는 다세포 동물로, 제대로 형성된 조직이 없다. 본질적으로 그것은 두 개의 세포층으로 이루어져 있는데, 이것들은 젤라틴 형태의 두꺼운 막mesohyl(간충질)을 통해서 서로 분리되어 있다. 해면의 형태와 색깔, 그리고 크기는 매우 다양한데, 대부분 먹이와 생활공간에 따라 달라진다. 해면은 얇은 껍질 형태로 기층에 깔려 있을 수도 있고, 관이나 깔때기 혹은 길쭉한 호스 형태로 넓고 높게 자랄 수도 있으며, 나무나 덤불 같은 구조물을 형성할 수도 있다. 종종 매우 강렬한 색상으로 이목을 끌 때도 있다. 샛노란 빛을 내뿜기도 하고, 짙은 빨간색으로 반짝이기도 하고, 유령처럼 흰색으로 나타나거나 암초에 화려한 오렌지색 얼룩을 마련해주기도 한다. 해면의 특징은 일체의 장기와 신경 시스템이 없다는 것이다. 해면은 수많은 구멍을 지니고 있는데, 물이 소용돌이치며 들어갔다가 빠져나오기를 반복하는 그 구멍들은 음식물을 섭취하는 데 사용된다. 대부분의 해면은 여과섭식자filter feeder로 분류된다. 구멍 속으로 흘러 들어온 음식물 조각을 식포세포를 통해서 섭취하고 소화한다. 다수의 해면 종은 광물성 골격성분을 만들어 내는데, 이것은 지지대인 동시에 방어 용도로 사용된다. 소위 말하는 이런 침상골spicula은 탄산칼슘이나 규산염으로 이루어 있고, 해면 조직 속으로 퇴적된다. 반면 당신의 욕실에 있는 천연 해면에는 이런 광물성 퇴적물이 결여되어 있다. 천연 해면 조직은 해면질로 된 부드러운 단백질섬유에 의해 지탱된다.

해면은 얕은 여울에서부터 심해에 이르기까지 다양한 지대에 두루 분포한다. '단단히 고정되어' 살아가는 고착생물인 해면은 위치를 바꿀 수 없기 때문에 천적의 공격에 고스란히 노출될 수밖에 없다. 이런 이유로 그들은 생존을 보장하기 위해, 또 스낵으로 전락하여 물고기나 갯민숭달팽이의 위장 속으로 들어가지 않기 위해 진화 과정을 거치면서 효과적인 방어 전략을 고안해내야 했다(사진 14쪽을 참조하라). 그들에게 그럴 시간은 충분했다. 왜냐하면 해면은 이미 6억년 이상 지구상에 존재해왔기 때문이다. 해면은 공룡을 비롯한 다른 원시 동물들보다 나이가 훨씬 더 많다!

해면은 겉보기에 특별히 위험해 보이지 않는다. 스펀지밥이나 욕실에 있는 샤워 스펀지를 한번 떠올려보라. 하지만 이 동물들은 곧잘 (존재하지 않는) 이빨에 이르기까지 중무장을 하고 있다. 그들은 흔히 항생효과와 살균효과를 지닌 물질, 그러니까 박테리아와 곰팡이를 박멸하는 생리활성 물질 및 또 다른 방어기제들로 무장을 하고 있다. 바로 그런 방어물질들 덕분에 이 생명체는 약학 연구 분야에서 흥미진진한 관심의 대상으로 떠오르게 되었다! 1950년대에 해면에서 항생효과와 백혈구 증가를 억제하는 물질이 최초로 발견되었다. 바이러스와 백혈병 억제 효과가 있는 뉴클레오티드가 발견된 것이다. 이와 함께 암에 맞선 싸움에서 한 가닥 희망을 발견하게 되었다.

그 이후로 해양 생물체에서 연간 약 800여 가지의 또 다른 물질들이 발견되었는데, 그 가운데 절반이 해면에서 발견되었다. 암세포 성장 억제 및 염증 억제 효과와 항바이러스 효과, 곰팡이 박멸 및 바이러스 박멸 효과는 해면을 갈망의 대상으로 만들어놓았다. 그러나 신약개발 과정에는 많은 시간과 비용이 소요되고, 생태계와 개체의 존립을 위협하지 않는 선에서 해면을 필요한 양만큼만 바다에서 채취하는 것이 불가능하기 때문에 사람들은 해면 인공 번식을 시도했다. 그 밖에도 사람들은 다른 물질들을 합성하여 이 물질들을 제조하는 작업에 착수했다. 보통 해양 생물체에서 채취한 1만 가지가 넘는 연구대상 물질 가운데 극소수만이 시장에 출시된다.

암초에 서식하는 또 다른 동물들의 독소 또한 큰 관심을 받고 있다. 청자고둥Conidae의 독인 코노톡신conotoxin은 신경 독소의 일종으로 먹잇감을 잡을 때 사용된다. 이 끈적끈적한 해양 거주자들은 아주 느린 속도로 움직일 수밖에 없기 때문에 자연은 그들을 위해 효과적인 사냥 전략을 고안해내었다. 청자고둥은 열대와 아열대 바다에 서식하면서 물고기와 벌레를 비롯한 다른 연체동물들을 잡아먹고 산다. 그들은 작살 모양으로 변형된 치설齒舌을 이용하여 주변을 헤엄쳐 지나가는 먹잇감에게 독을 쏘아 보낸다. 그들의 혀는 길이가 최대 1미터에 이른다. 독을 맞은 먹잇감들은 몇 초 안에 마비가 되거나 죽는다. 물고기를 잡아먹는 청자고둥 종의 독은 인간에게도 매우 위험할 수 있다. 왜냐하면 빠른 속도로 헤엄치는 물고기를 그 자리에서 죽이려면 독의 작용 속도가 매우 빨라야 하기 때문이다. 인간이 이런 신경 독소와 접촉하게 되면 최악의 경우 죽음에 이를 수도 있다. 그러나 이런 경우는 극도로 드물다. 그리고 그 동물들은 아무런 이유 없이 인간을 공격하지 않는다. 안타깝게도 청자고둥은 아름다운 껍데기 무늬 때문에 사람들에게 큰 사랑을 받는 기념품이 되곤 한다. 이처럼 사람들은 청자고둥을 기념품으로 수집하기도 하지만 실수로 밟아버리기도 한다. 그래서 위협을 느낀 청자고둥은 자신의 무기를 이용하여 방어에 나선다. 사람들은 이 자그마한 바다 생물이 그처럼 강한 독을 가지고 있으리라고는 생각조차 하지 못한다. 몰디브에서 지내던 시절, 하루는 어느 스노클링 애호가가 득의만만한 표정으로 내게 다가와서는 사진 한 장을 보여주면서 사진에 담긴 근사한 동물이 무엇인지 물어왔다. 사진 속에는 예쁘장한 무늬의 청자고둥 한 마리가 그의 손 위에 편안하고 활기찬 모습으로 앉아 있었다. 무지에서 비롯된 이 고객의 부주의함 앞에서 정말이지 나는 말문이 막혀버렸다. 이 동물이 위협을 느끼고 방어태세에 돌입하여 그에게 작살을 쏘지 않은 것이 얼마나 다행인지를 설명하자, 그의 얼굴에서 핏기가 사라졌다. 이어서 어마어마하게 흥미진진하면서도 매우 효과적인 청자고둥의 독에 관한 이야기를 들려주자 그의 얼굴은 한층 더 핼쑥해졌다. 그러니 제발 모두에게 부탁하건대, 언제나 그 어떤 것에도 절대 함부로 손을 대서는 안 된다! 바라보는 것만으로도 충분하다. 그렇게 하지 않았다가는 나중에 더욱더 큰 비명을 내지르게 될 것이다.

그건 그렇고, 지금부터는 코노톡신의 치유 효과에 대해서 알아보도록 하겠다. 강력한 만성 통증 치료에 사용되는 진통제 지코노타이드ziconotide는 원래 청자고둥Conus magus에서 추출한 오메가-코노톡신omega-Conotoxin을 합성하여 제작한 작용물질이다. 해양 유기체를 원료로 한 최초의 의약품인 지코노타이드는 2004년—프라이얼트 Prialt라는 이름으로—미국에서 처음으로 허가를 받았다. 이어서 2005년에는 유럽 시장에서 허가를 받았다.

돌라스타틴-10dolastatin-10은 또 다른 바다고둥에서 추출한 물질로, 현재 지코노타이드와 마찬가지로 합성 제조되고 있다. 종양을 억제하는 이 의약품은 인도양과 태평양 북서부에 서식하는 군소의 일종인 원뿔군소Dolabella auricularia 추출물을 원료로 한다. 1972년에 이미 돌라스타틴-10이 지닌 항종양 작용, 그러니까 종양을 억제하는 특징이 상세하게 기술된 바 있다. 이후에 사람들은 이 생리활성 물질이 군소 자체에서 비롯되는 것이 아니라, 그것이 먹잇감으로 삼는 시아노박테리아에서 비롯된다는 것을 확인하였다. 바다고둥이 먹잇감으로 섭취하는 일개 박테리아를 원료로 하여 뇌암과 신장암, 그리고, 대장암 세포를 성공리에 공략하는 의약품을 개발하였다는 사실은 실로 놀랍기 그지없다. 물론 이것은 하루아침에 이루어진 일이 아니다. 실제로 이 작용물질을 발견한 시점부터 그것을 화학적으로 합성하기까지 거의 40년의 시간이 걸렸다.

멍게에서도 마찬가지로 항암 작용을 갖추어 암을 퇴치하는 데 사용할 수 있는 물질을 추출할 수 있다. 고착동물인 이 피낭류 동물은 언뜻 보면 해면처럼 보이지만, 조금 더 자세히 알아보면 우리 인간과 친족관계에 있다. 왜냐하면 멍게는—우리 인간처럼—척삭

동물에 속하기 때문이다. 척삭은 등에 있는 막대기 모양의 지지대를 말하는데, 척추동물의 경우에는 진화가 진행되면서 그 주변으로 척추가 형성된다. 카리브해에 서식하는 이 동물, 정확하게 말하자면 군체 멍게의 일종인 엑티나시디아 터비나타*Ecteinascidia turbinata*에서는 항암물질인 트라벡테딘trabectedin 혹은 ET-743을 추출할 수 있다. 이 의약품은 중기를 넘어선 생식기 육종과 난소암 치료를 위한 화학요법에 사용된다.

생리활성 물질을 얻을 수 있는 박테리아는 산호초에 서식하는 동물들뿐만 아니라 암초 침전물에서도 발견할 수 있다. 사람들은 이미 이런 박테리아에서 암 치료에 사용할 수 있는 효소들을 추출하였다. 큐라신 Acuracin A도 이런 추출물질들 중 하나다. 시아노박테리아 링비아마주스쿨라*Lyngbya majuscula*에서 추출한 물질인 큐라신 A는 연구실험 결과 신장암세포와 대장암세포, 그리고 유방암세포의 성장 억제에 효과적인 것으로 입증되었다. 박테리아 링비아 마주스쿨라가 지닌 큐라신 A 독소는 추측컨대 천적에 맞서 방어를 할 때 사용되는 것으로 보인다. 시아노박테리아는 지구에서 가장 오래된 유기체 가운데 하나로, 우리는 많은 것을 이 박테리아에게 빚지고 살아간다. 왜냐하면 그것들은 약 25억 년 전부터 우리 인간들이 살아가는 데 필수 불가결한 요소인 산소를 생산하기 시작했기 때문이다. 우리 모두가 알고 있듯이, 산소는 더 복잡한 구조를 갖춘 또 다른 생물체 생성의 기초가 되었다.

요컨대 해양 유기체들은 우리 인간들에게 필요한 다양한 작용물질을 제공해주는 풍성한 보고다. 그리고 우리는 그런 작용물질들이 지닌 가능성을 조금씩 더디게 규명해나가고 있다. 이것은 우리 인간들이 마치 기생충처럼 자신의 안위만을 생각할 것이 아니라, 이 풍성한 자연의 보고를 지속적으로 보호하는 일에 관심을 기울여야 하는 또 다른 이유다.

공생과 기생, 그리고 그 밖의 다른 상호관계

청소부물고기를 다루면서 살펴보았던 것처럼 바닷속에서는 한 물고기가 다른 물고기를 씻어주는 경우가 종종 있다. 이때 양쪽 모두는—물고기 청소부와 고객—이런 협력 관계에서 이익을 취한다. 이미 언급한 것처럼 독일어권에서는 이런 관계를 가리켜 공생관계로 명명한다. 하지만 국제적인 차원에서 공생은 각기 다른 종류의 유기체들 사이에 이루어지는 모든 종류의 공동생활을 가리키는 개념이다. 여기에는 기생뿐만 아니라 편리공생, 상리공생, 중립공생이 모두 포함된다. 대부분 기생이 무엇인지는 알고 있을 것이다. 기생은 서로 종이 다른 두 유기체의 공동생활을 가리키는 개념으로, 한쪽은 그 관계에서 이익을 보고 다른 한쪽은 손해를 보는 경우를 말한다. 편리공생이란 한쪽은 공동생활에서 이익을 보는 반면 다른 한쪽은 손해를 보지도, 이익을 보지도 않는 경우를 말한다. 양쪽 모두가 상호관계에서 이익을 보는 경우는 상리공생이라고 한다. 양쪽의 상호관계가 중립적으로 이루어지면 중립공생이라고 한다. 적어도 이론적으로는 그렇다. 하지만 현실에서는—늘 그렇듯이—상황이 그리 간단하지만은 않다. 왜냐하면 두 유기체가 만났을 때 어떤 종류의 공동생활을 발전시켜 나갈 것인지 분명하지 않은 경우가 흔한데, 그 까닭은 본격적인 상호관계가 형성될 때까지 수많은 단계와 이행과정이 존재하기 때문이다. 말하자면 우리 인간들 사이에서 이루어지는 상호관계와 매우 유사하다고 할 수 있다.

예컨대 숨이고기과Carapidae 물고기들과 해삼의 관계는 매우 일방적인 성격을 띤다. 이 관계는 전형적인 기생관계다. 극피동물에 속하는 해삼은 그 외형이 유유히 해저를 산책하는 창자를 연상시킨다. 외모뿐만 아니라 작동 방식 역시 창자와 유사하다(사진 19쪽을 참조하라). 해삼은 앞부분으로 음식물을 섭취한 후 뒤로 그것을 배설한다. 식도와 배설강 사이에는 몸통이 길게 뻗어 있다. 해삼은 앞으로 나아가기 위해서 몸통을 수축시킨다. 그러니까 길게 뻗어 있던 몸통을 오므리는 것이다. 해삼을 보았을 때 우리들 대부분은 처음에는 그 아름다움을 제대로 알아차리지 못한다. 아니, 두 번 본다고 하더라도 마찬가지다. 그러나 물고기들 중에는 상대방의 겉모습에 전혀 개의치 않고 내면에만 치중하는 물고기들이 있다. 숨이고기와 해삼의 관계가 바로 그런 경우다. 왜냐하면 숨이고기는—영어로는 진주물고기pearlfish라는 시적인 명칭으로 불리고, 독일어로는 내장물고기eingeweidefisch라는 무미건조한 명칭으로 불린다—불운한 해삼의 보호에 몸을 맡기고 그 안에 칩거하기 때문이다. 정확하게 말하자면 그들은 해삼의 직장 부분에 은거한다. 그곳은 안전하고 누가 보아도 매우 아늑한 장소다. 때문에 최대 길이 35센티미터에, 장어를 연상시키는 길쭉하고 투명한 몸통을 지닌 이 물고기들은 심지어 두 마리씩 짝을 지어 해삼의 몸에 정착하여 살아가기도 한다. 해삼에게는 심히 유감스런 일이 아닐 수 없지만, 그들은 내부 장기, 즉 집주인의 생식선gonad을 먹고 살아간다. 앞서서도 말했듯이 이 관계는 전형적인 기생관계다. 한쪽 유기체는 이익을 보고, 다른 한쪽은 손해를 본다.

빨판상어류Family Echeneidae와 그 집주인과의 공동생활 역시 한쪽이 일방적으로 이익을 보기는 마찬가지다. 하지만 그렇다고 해서 다른 한쪽이 손해를 보는 것도 아니다. 이것은 편리공생 관계의 대표적인 본보기다. 빨판상어라는 명칭은 때때로 이 동물이 (누가 상상이나 했을까마는) 배의 선체에 착 달라붙어 있기 때문에 붙여진 이름이다. 하지만 대부분의 경우, 기이하게 생긴 이 물고기는 쥐가오리, 상어, 바다거북, 해양포유류 등에 달라붙어 있는 상태로 발견된다. 빨판상어는 등지느러미 대신 빨판을 가지고 있는데, 그 때문에 물고기의 머리가 편평하게 보인다. 빨판상어는 등에 있는 빨판으로 저압을 생성, 자신을 운송해줄 물고기의 몸통에 착 달라붙는다. 흡착력이 얼마나 강한지 때로는 거꾸로 매달린 상태에서 A 지점에서 B 지점으로 이동하기도 한다. 이 물고기들은 집주인이 없이도 살아갈 수는 있지만, 당연히 수중택시를 이용하는 편이 훨씬 더 유리하다. 왜냐하면 스스로 몸을 움직이지 않아도 되기 때문에 소중한 에너지를 절약할 수 있기 때문이다. 그 밖에도 덩치가 큰 운송자와 함께 공동생활을 하면 천적을 확실하게 방어할 수 있다. 그리고 무엇보다 음식물도 얻어먹을 수 있다. 왜냐하면 집주인이 식사를 할 때면 빨판상어도 곁가지로 한입 나누어 먹을 수 있기 때문이다. 어떤 빨판상어는 주인을 괴롭히는 외부 기생생물을 청소해주기도 한다. 이것은 작은 간식인 동시에 집주인에게 자신의 유용성을 알리는 유일하고도 은근한 암시로 작용한다. 사실상 집주인은 이따금 제공받는 이런 청소를 제외하고는 자신의 몸에 매달려 있는 동거인으로부터 그 어떤 이익도 얻지 못한다.

해양 거주자들 사이에서는 부분적으로 기괴하기까지 한 상호작용이 곧잘 이루어지곤 한다. 말미잘과 광대물고기로도 불리는 흰동가리류Amphiprion의 공동생활은 아마도 가장 널리 알려진 상리공생의 대표적인 예일 것이다. 놀랍도록 아름다운 외관을 갖춘 알록달록한 이 열대 물고기는 안타깝게도 수영에 재능이 없다. 그래서 육식물고기의 손쉬운 먹잇감으로 전락하곤 한다. 굶주린 물고기의 끼니거리가 되어 그 뱃속으로 직행하는 신세를 모면하기 위해 흰동가리들은 흥미로운 생존전략을 발전시켰다. 그들은 독을 품고 있는 말미잘의 촉수 사이에서 살아간다. 자포동물에 속하는 말미잘은 산호, 해파리와 인척 관계에 있다. 말미잘과 흰동가리의 주거공동체에서 놀랄 만한 점은 다른 물고기들이 가능한 한 말미잘의 촉수를 피하려는 것과는 대조적으로 흰동가리들은 아무렇지도 않게 말미잘의 촉수 속으로 숨어들어가는 것 같아 보인다는 것이다. 흰동가리들은 어렸을 적부터 밖으로 돌출된 말미잘의 촉수에 거듭하여 몸을 비비면서 일찌감치 말미잘 독에 면역력을 갖춘다. 이것이 바로 그들의 비결이다. 또한 그들은 차츰차츰 점액으로 만들어진 방어용 갑옷을 만들어 뾰족한 독 캡슐로부터 스스로를 보호한다. 그렇다면 말미잘이 얻는 것은 무엇일까? 말미잘도 마찬가지로 이익을 얻는다. 동거인인 흰동가리들이 말미잘을 천적으로부터 보호해주기 때문이다. 흰동가리들은 집주인의 천적들을 몰아내기 위해서 매우 단호하게 행동한다. 바다거북과 다이버들처럼 덩치가 큰 적들 앞에서도 결코 물러서는 법이 없다.

말미잘의 또 다른 동거인들은 집게발과 강력한 갑옷으로 무장하고 있다. 보리새우와 몇몇 종의 게들이, 흰동가리와 마찬가지로, 말미잘 촉수의 보호 아래에서 살아간다. 카리브해에 서식하는 청소새우류*Periclimenes yucatanius*는 집주인 말미잘의 보호를 받는 대가로 청소 서비스를 제공한다. 그것은 몸을 거칠게 이리저리 흔들면서 길고 흰 더듬이로 신호를 보내는 방식으로 지나가는 물고기들에게 자신의 클리닝 스테이션을 홍보한다. 신호를 보고 흥미를 느낀 물고기가 말미잘 앞에 멈춰서면 얼룩청소새우가 덮개에서 빠져나와 고객의 몸에 붙어 있는 기생충과 괴사한 피부조각을 말끔히 제거한다.

그렇다고 해서 모든 새우가 말미잘과 공생을 하는 것은 아니다. 집게발을 가진 동물들 중에는 물고기와 한데 힘을 합치는 것들도 있다. 몇몇 딱총새우*Alpheus* sp.들은 망둑어과Family Gobiidae 물고기들과 함께 공동의 관심사를 처리해나간다. 혹시 다음에 바닷물 속으로 잠수를 하게 되면 모래 바닥에 난 구멍 앞을 서성이는 작은 물고기들을 한번 찾아보도록 하라. 파수꾼 망둑어watchman goby 혹은 파트너 망둑어partner goby로 불리는 이 작은 물고기들은 그곳에서 한가롭게 휴식을 취하고 있는 것이 아니라 보초를 서고 있다. 경비견과 꼭 마찬가지로 그들은 혹시 있을지도 모르는 천적을 찾고 있다. 그들이 이렇게 하는 것은 단지 그들 자신만을 위해서가 아니라 그들의 보호 아래에 있는 동굴 건축가들을 위해서다. 동굴을 건설하는 장본인은 바로 부지런하기로 소문난 딱총새우다. 딱총새우는 쉬지 않고 집을 지으면서 지하통로를 통해 모래를 바깥으로 운반한다. 그것은 동굴 입구에 모래 짐을 부려놓는데, 그러는 사이에 더듬이를 이용하여 파수꾼 망둑어와 지속적으로 접촉한다. 동굴 주변으로 잠재적인 위험이 다가오면 둘은 번개처럼 빠른 속도로 동굴 대피소 안으로 사라진다. 이런 공동생활은 망둑어에게는 피난처와 대피처를 제공하고 딱총새우에게는 자체 경비시설을 제공한다는 장점이 있다.

피난처라는 말이 나온 김에 한마디 더 덧붙이자면, 세월이 흐르는 사이에 주말농장의 성격이 얼마간 바뀌었다. 오늘날 주말농장은 점점 더 많은 대도시 젊은이들을 자연으로 이끌고 있다. 그들은 그곳에서 자신만의 과일과 채소를 심고 키울 수 있다. 바다에 사는 우리 사촌들의 상황도 비슷하다. 왜냐하면 그들 중 몇몇 역시 대도시 못지않게 바쁘게 돌아가는 암초 한편에 그들만의 정원을 마련하기 때문이다. 몇몇 자리돔과 물고기들은 그곳에 특정한 사상조류絲狀藻類 종을 재배한다. 그 이유는 그들의 소화체계 때문이다. 자리돔과 물고기들은 다수의 조류 종을 먹지 못한다. 왜냐하면 조류의 셀룰로오스 섬유를 으깨어 소화하지 못하기 때문이다. 그러나 사상조류의 셀룰로오스 섬유만큼은 너끈히 소화할 수 있다. 그들이 가장 흔하게 재배하는 조류는 붉은실속Genus *Polysiphonia*의 사상조류다. 그러나 이것은 여느 물고기들도 즐겨 섭취하는 종류일 뿐만 아니라 다른 조류 종에게 쉽게 서식지에서 밀려나버리곤 한다.

그래서 자리돔과 물고기들은 비축 식량을 잃어버리지 않기 위해 자신들의 정원을 집중적으로 가꾸고 보호한다. 잠수 도중에 어쩌다 그들의 정원에 가까이 다가설라치면 고작 몇 센티미터밖에 되지 않는 이 물고기들이 위협적인 태도로 앞을 가로막는다. 그들은 꼿꼿이 버티고 서서는 으르렁거리면서 적을 쫓아버리려고 시도한다. 전 세계적으로 대서양과 인도태평양의 열대 및 아열대 바다에 출몰하는 이 작은 정원사들은 성격이 지나치게 까다로운 편은 아니지만, 이따금씩은 정말로 공격적으로 돌변하기도 한다. 열대 산호초에 서식하며 농부물고기로도 불리는 자리돔과 물고기 스테가스테스 니그리칸스*Stegastes nigricans*는 자신이 좋아하는 조류 한 종만을 문자 그대로 단종 재배하는데, 혹시 다른 초록색 물질이 거기에 섞여 들어가면 성실하고 꼼꼼하게 이물질을 제거해낸다. 그것은 초식성 양쥐돔과 물고기 같은 먹이 경쟁자들이 자신의 땅을 침범하면 가차 없이 몰아내버린다. 또 해초를 뜯어 먹고 사는 고둥류를 비롯한 다른 무척추동물이 길을 잃고 자신의 영역 안으로 들어오면, 지체 없이 그것들을 입에 물고 들판 바깥쪽 먼 곳으로 가져가 던져버린다.

이런 식으로 재배 대상인 사상조류뿐만 아니라 그것을 가꾸고 키우는 자리돔과 물고기들 또한 둘의 공동생활을 통해서 이익을 본다. 사상조류는 아무런 방해도 받지 않고 성장, 증식할 수 있고, 자리돔과 물고기들 역시 마찬가지다. 이런 상리공생형 정원 가꾸기는 겉보기에 너무나도 평화로워 보인다. 하지만 이것은 다른 생물들에게는 전적으로 어두운 측면을 숨기고 있기도 하다. 왜냐하면 조그마한 자리돔과 물고기들이 암초 속에 안전한 조류 정원을 건설하기 위해서는 그 전에 최상의 여건을 조성해야하기 때문이다. 이를 위해서 그들은 산호폴립 조직을 조금씩 입으로 뜯어서 제거한다. 이어서 공터가 된 표면에 그들이 원하는 조류가 뿌리를 내린다. 이런 식으로 부지런한 작은 정원사들은 산호 군락 전체를 서서히 사멸시킬 수도 있다. 어디에서나 지속적으로 먹고 먹히는 관계가 지배한다.

전투 지대 산호초

산호초를 가로질러 스노클링을 할 기회가 있다면 주변을 한번 둘러보라. 언뜻 보면 숨 가쁘게 돌아가는 육지 세상에 비해 바닷속 세상은 아주 평화로워 보일 것이다. 각양각색의 산호와 그보다 더 다채로운 해면들이 그 색깔을 뽐내고, 해초들이 흡사 최면에 걸린 듯 가벼운 물줄기에도 이리저리 몸을 흔들어댄다. 또한 다양한 물고기 떼가 옆을 스쳐 지나가고, 테이블 산호 아래 여기저기에서는 바다거북이 달콤한 낮잠을 즐기고 있고(사진 6쪽을 참조하라), 산호초 틈새로 잠을 자러 들어간 작은 물고기의 꼬리가 바깥으로 살짝 삐져나와 있다.

하지만 평화로워 보이는 그 모습은 어디까지나 착각에 불과하다. 실제로 그곳은 전쟁터 한가운데와 같다. 비열한 수단으로 적을 축출하는 행위가 난무한다. 그곳에서 가장 중요한 문제는 바로 먹고 먹히는 문제다. 주의 깊게 가만히 지켜보다가 가끔 운이 좋으면 전략적으로 펼쳐지는 교전 상황을 생생하게 경험할 수 있다. 몰디브에서 스노클링을 하던 도중에 나는 흥미진진한 사냥 장면을 몇 차례 목격할 수 있었다. 종종 산호초에 서식하는 물고기 떼가 우리 쪽으로 쏜살같이 달려와 우리 발아래에 멈춰 서서는 한동안 그곳에 머무르곤 했다. 나에게 그것은 언제나 특별한 순간이었다. 물론 그들이 좋아서 우리를 찾아온 것은 아니었다. 그들은 상어, 고등어, 다랑어 같은 포식자들로부터 스스로를 보호할 피난처를 찾기 위해서 우리에게 다가온 것이었다.

수면 위에서 바람이 강하게 불고 파도가 높으면 높을수록, 수면 아래 세상은 더욱더 흥미진진하게 돌아갔다. 그럴 때면 바닷속 생명체들도 곧잘 높은 파도만큼이나 요란스럽게 날뛰었기 때문이다. 이런 날에는 입을 크게 벌리고 플랑크톤을 사냥하는 쥐가오리를 한두 마리쯤 만날 수 있는 가능성이 더 커진다. 이따금 다음 끼니거리를 사냥하기 위해 마치 은빛 어뢰처럼 물을 가로질러 달려가는 다랑어를 관찰할 수도 있다. 하지만 나는 궂은 날씨에 스노클링을 하는 즐거움을 그리 자주 만끽하지는 못했다. 왜냐하면 고객들의 안전을 고려해 스노클링 현장 학습을 중단하거나 완전히 취소해야만 했기 때문이다. 그러다 쉬는 날이 되면 혼자서 조용히 바닷속으로 잠수하여 물 아래에서 나만의 것들을 발견하는 데 온전히 집중할 수 있었다. 해저를 샅샅이 뒤지고 다니다가 운이 좋으면 아주 특별한 동물을 발견하는 상을 받기도 했다. 다방면에서 신기록을 보유하고 있는 그 동물은 다름 아닌 먹잇감을 일격에 넉 다운시키는 무적의 해저 복싱 챔피언이었다.

갯가재류인 오돈토닥틸루스 실라루스*Odontodactylus scyllarus*는 수중 복서들 중에서도 세계챔피언이다(생김새가 궁금하다면 사진 5쪽 아래를 참조하라). 왜냐하면 세상에서 가장 빠른 강펀치를 보유하고 있기 때문이다! 22구경 총기의 화력과 신속함을 갖춘 몽둥이발이 구사하는 전진 동작은 동물의 세계를 통틀어 가장 빠른 움직임에 속한다. 두 번째 다리 쌍에서 발달한 몽둥이발은 모든 종류의 먹잇감을 신속하게 넉 다운시켜버린다. 몽둥이발은 단 2.7밀리초millisecond(1000분의 1초) 안에 초당 23미터의 속도로 가속화된다(비교를 해보자면, 인간이 눈을 깜박이는 데 걸리는 시간은 대략 100~159밀리초다. 따라서 몽둥이발이 가속화되는 데 걸리는 시간보다 40배 정도 더 오래 걸린다). 이것은 시속 82.8킬로미터에 해당하는 속도다! 움직이는 속도가 얼마나 빠른지 인간의 눈으로는 알아차릴 수 없을 정도다.

그건 그렇고 이 갯가재류의 라틴어 학명인 오돈토닥틸루스 실라루스는 육지에 사는 사마귀와의 유사성 때문에 붙여진 이름이다. 사마귀는 먹잇감을 사냥할 때 접혀 있는 앞다리를 번개처럼 재빠르게 앞으로 뻗어 먹이가 빠져나가지 못하도록 꽉 붙잡는다. 사마귀의 앞다리와는 달리 몽둥이 발은 강한 수축 근육과 몸에 붙어 있는 일종의 누름장치에 의해 제어된다. 몽둥이 발로 먹잇감을 가격할 때면 축적되어 있던 에너지가, 팽팽한 용수철이 그런 것처럼, 한꺼번에 방출된다. 예컨대 게처럼 딱딱한 외피를 가지고 있는 먹잇감도 그런 펀치를 한방 맞으면 곧장 실신해 나가떨어진다. 그리고 그 껍데기도 산산조각이 나버린다. 하지만 이것이 전부가 아니다. 재빠르게 움직이는 몽둥이발과 공격을 당한 먹잇감 사이에 수증기로 이루어진 거품이 생성되는데, 이것은 큰 압력차로 인해서 생겨난 것이다. 이 거품이 파열하면서 열, 섬광, 시끄러운 폭음 등의 형태로 에너지가 방출된다. 이렇게 생성된 충격파의 강도는 적어도 몽둥이 발을 내려칠 때 생성되었던 원래 충격파의 절반 정도에 이른다. 아니, 심지어는 그 힘을 능가할 수도 있다. 따라서 먹잇감을 진정시키거나 죽이는 데 펀치 한 방으로 부족하다면 펀치와 공동현상cavitation(수증기 거품이 터지는 현상)을 한데 결합시키면 된다. 이렇게 하면 확실하게 성공을 보장받을 수 있다. 이런 식의 먹잇감 사냥을 가리켜 '결정타 날리기' 혹은 '박살내기'라고 부른다.

갯가재류 가운데 몇몇 종은 이것과는 약간 다른 사냥 방법을 발전시켰다. 그들의 두 번째 다리 쌍에는 몽둥이 발 대신 가시가 장착된 포획 도구가 붙어 있다. 먹잇감을 때려서 잡는 것이 아니라 '스매싱을 하는 사람'처럼 집게발이 쏜살같이 바깥으로 튀어나가 먹잇감을 찌른다. 이런 종류의 갯가재류를 가리켜 '투창파'라고 부른다.

잠수를 하는 과정에서 갯가재류를 발견하는 것은 아주 특별한 경험이다. 왜냐하면 이 동물을 발견하기가 좀처럼 쉽지 않기 때문이다. 갯가재류는 산호 블록 가까이에 있는 무른 땅을 파서 집을 만든다. 눈을 부릅뜨고 찬찬히 살펴보아야만 눈에 들어오는 경우가 많다. 일단 한 마리를 발견하기만 하면 그야말로 진정한 색채의 폭발을 경험할 수 있다. 갯가재류 옆에 서면 그 어떤 카니발 광대도 빛을 잃고 창백해 보일 지경이다. 길게 뻗은 몸통은 초록색에서 올리브 브라운 색깔을 띠고 있고, 앞부분으로 가면 표범 가죽처럼 작은 반점들이 박혀 있다. 몸통 끝에는 재빠르고 갑작스럽게 전진할 때 도움이 되는 강력한 부채모양의 꼬리가 자리 잡고 있다. 앞쪽에 있는 녹황색의 첫 번째 다리 쌍은 끝부분에 솔이 달려 있어 청소기관으로 사용된다. 그 뒤로 포획기관—몽둥이와 창—과 세 개의 또 다른 포획용 집게발이 이어진다. 부채 모양의 꼬리와 포획용 집게발 사이에 세 쌍의 보행용 다리와 다섯 쌍의 헤엄용 다리가 연이어 자리 잡고 있다. 이것들은 모두 연보라색이 섞인 오렌지 레드 빛깔을 띤다.

한편 갯가재류의 자루 눈은 흔히 푸르스름한 빛깔이다. 갯가재류 한 마리가 가지고 있는 색깔이 워낙 다양하기 때문에 그것을 제대로 묘사하기란 여간 어려운 일이 아니다. 어쩌면 인간의 눈이 갯가재류의 눈에 비하자면 너무나도 원시적으로 만들어져 있기 때문에 더 어렵게 느껴지는지도 모르겠다. 요컨대 이 동물은 단순히 복싱 세계챔피언에서 그치는 것이 아니라 최고 성능의 눈을 가지고 있기도 하다. 12개의 색수용체color receptor 및 광수용체photo receptor를 보유하고 있는 이 동물은 최대 10만 가지 색깔을 인지할 수 있을 뿐만 아니라 심지어는 편광polarized light과 자외선까지도 감지할 수 있다. 서로 독자적으로 움직이는 막대자루 위의 겹눈은 동물의 세계를 통틀어 가장 많은 수의 광수용체를 가지고 있다! 우리 인간들이 고작 세 개의 광수용체를 이용하여 술통 마개 색깔을 (파랑, 초록, 빨강) 구분해야만 하는 것과는 대조적으로 갯가재류는 세 가지 색깔 외에도 다양한 색깔을 인지할 수 있다.

이처럼 어마어마한 색깔 인지능력은 새우들 간의 내부 의사소통에 사용되는 것으로 추측된다. 왜냐하면 이들은 예컨대 형광 빛과 편광을 이용하여 짝짓기 준비 상태나 동족을 위협하는 요소에 관한 정보를 교환하기 때문이다. 그 밖에도 대부분의 갯가재류의 눈은 세 개의 단면으로 나누어져 있어 각각의 눈으로 모든 방향을 입체적으로 분리하여 볼 수 있다. 또한 갯가재류의 눈 모양에 따라 넉 다운 파와 투창 파를 나눌 수도 있다. 몽둥이를 보유한 넉 다운 파의 눈은 둥근 반면 투창 파의 눈은 길쭉하면서 콩팥 모양을 하고 있다. 갯가재류를 만나게 되었을 때, 그 녀석이 화가 나면 당신을 때릴지 아니면 찌를지 알고 싶다면 그 녀석의 눈 깊숙한 곳을 바라보도록 하라.

이집트에서 잠수 가이드로 일하던 시절에 나는 화려한 색깔을 자랑하는 또 다른 물고기의 진가를 알게 되었다. 왜냐하면 그 녀석은 늘 사진을 제대로 찍을 수 있도록 인내심을 발휘해주었기 때문이다. 홍해그루퍼*Plectropomus pessuliferus marisrubi*로 불리기도 하는 로빙 코랄 그루퍼roving coral grouper는 인도태평양의 산호초와 해안초에 서식한다. 그것은 붉은색이나 푸른색, 때로는 연보라색 몸통에 푸른 점과 얼룩무늬 반점이 있다. 머리에서 등까지 어두운 색깔의 띠 여러 개가 수직으로 뻗어 있는데, 이것들은 호랑이를 연상시키기보다는 오히려 표범을 연상시킨다. 몸길이가 최대 120센티미터에 이르는 그루퍼는 사진이 특별히 잘 받기 때문에 수중 사진작가들이 사랑해 마지않는 촬영 소재다. 뿐만 아니라 그것은 특별한 사냥 전략도 함께 발전시켰다.

언젠가 홍해의 산호초 속에서 사냥에 나선 그루퍼의 모습이 관찰된 적이 있다. 그루퍼는 공포를 불러일으키는 또 다른 사냥꾼 곰치류*Gymnothorax javanicus*와 함께 사냥 공동체를 꾸린다. 곰치류는 몸길이가 최대 3미터에 이르고 몸무게도 최대 30킬로그램에 달한다. 이 야행성 물고기는 길고 유연한 몸을 암초 사이의 작은 틈 속으로 밀어넣고 그곳에서 먹잇감을 찾는다. 반면 주행성인 그루퍼는 탁 트인 물속에서 사냥을 한다. 한마디로 말해서 이 두 육식동물의 사냥 전략은 완전히 다르다고 할 수 있다. 인간들은 업무 적합성에 의거하여 가장 합당한 협력 파트너를 선정한다. 그리고 이것을 지극히 당연한 일로 받아들인다. 하지만 우리는 물고기들에게 이런 능력이 있다고는 생각하지 않는다.

그러나 물고기들에게서도 정확하게 이런 태도를 관찰할 수 있다. 사냥 중에 먹잇감이 암초 속으로 도망을 가버리는 바람에 더 이상 접근이 불가능해지면 그루퍼는 곰치류에게 도움을 요청한다. 이때 그것은 주변에 있는 모든 곰치류에게 도움을 요청하는 것이 아니라, 과거에 협동적인 태도를 보인 적이 있는 곰치에게만 도움을 요청한다. 도움을 받기 위해서 그루퍼는 곰치류의 은신처 앞으로 다가가 몸을 이리저리 흔들어 대면서 짤막한 춤 공연을 펼쳐 보인다. 그루퍼의 시도가 성공하면 곰치류는 낮잠을 중단하고 은신처에서 빠져나온다. 이어서 둘은 함께 사냥에 나선다. 이때 그루퍼는 몸을 수직으로 세우고 머리를 흔들면서 암초 틈새에 숨어 있는 물고기를 가리킨다. 그러면 곰치류가 행동에 돌입하여 암초 틈새를 비집고 들어가 숨어 있는 먹잇감을 발견하고는 곧장 먹어 치운다. 그러나 만약 물고기가 암초에서 빠져나와 밖으로 도망치는

데 성공하면 이번에는 그루퍼가 덤벼들어 먹잇감을 확보한다. 서로 다른 종류의 물고기들 간에 이루어지는 이런 협업은 매우 주목할 만한 일이다. 이것은 지금까지 물고기들 사이에서는 거의 알려진 바가 없었던 형태의 협업이다.

이집트 다합에 가면 아주 유명한 잠수 포인트인 블루홀Blue Hole이 있다. 그곳 입구에서 매번 나는 한 물고기의 환영을 받곤 했다. 잠수 가이드였던 나는 그곳에서 잠수하는 고객들을 우거진 암초 비탈로 이끌었다. 약 수심 20미터 지점에 이를 때면 헤엄치는 막대기를 연상시키는 작고 길쭉한 형체가 눈에 들어왔다. 홀연히 나타난 홍대치*Fistularia commersonii* 한 마리가 아주 느린 속도로 내 얼굴 가까이로 바싹 헤엄쳐온 것이다. 홍대치는 나와 눈높이가 같아질 정도로 내가 쓰고 있는 잠수 마스크 바로 앞까지 바싹 다가왔다. 잠깐 동안 서로를 관찰한 후에는 각자 본질적인 사안에 다시금 집중했다. 나는 잠수에 집중했고, 그 녀석은 사냥에 집중했다. 이 헤엄치는 막대기는 나를 전략상의 엄폐물로 삼아 '은신처'에 가만히 숨어 있다가 불쑥 튀어나와 작은 물고기들과 다른 먹잇감들을 그 길쭉한 주둥이 속으로 빨아들였다. 내게 다가왔던 물고기가 늘 같은 녀석이었는지의 여부는 확실하지 않지만, 항상 행동만큼은 명백하게 동일했기 때문에 이를 근거로 나는 그것이 항상 같은 물고기였다고 생각하고 있다.

또 다른 뛰어난 사냥꾼의 모습을 지켜보고 있노라면 입에서 감탄 어린 탄성이 터져 나오거나 아니면 등골이 오싹해진다. 흉상어가 바로 그 장본인이다. 몰디브 쿠라마티섬에서 나는 흉상어류*Carcharhinus* *melanopterus*를 보았는데(사진 17쪽을 참조하라), 심지어는 부두와 해안가에서도 그 모습을 관찰할 수 있었다. 그곳에서 잠수 활동이나 스노클링 투어를 할 때마다 이 놀랍도록 아름다운 동물이 빠진 적은 단 한 번도 없었다. 나는 그전에도 또 그 후에도 그토록 여유롭고 호기심 넘치는 상어를 경험하지 못했다. 때때로 그것은 불과 몇 센티미터 밖에 떨어지지 않은 곳까지 헤엄쳐 접근해오기도 했다. 그러면서도 공격성이나 두려움의 징후는 전혀 보이지 않았다. 드물지 않게 여러 마리의 상어가 내 가까이에 머무르곤 했고, 가끔은 심지어 15마리나 되는 상어들이 나를 빙 둘러싸고 헤엄을 치기도 했다. 가장 큰 상어는 길이가 약 1.5미터 정도 되었고, 가장 작은 녀석들은 고작 몇 센티미터밖에 되지 않았다. 이때 어린 상어들은 늘 나이가 많은 상어로부터 멀찌감치 떨어져 있었는데, 이것은 잡아먹히지 않기 위해서였다. 이런 이유로 해변을 산책할 때면 거의 어린 상어들 옆을 지나간다고 해도 무방할 정도였다. 그들은 수심이 얕은 물에서 머물면서 용무를 처리했다. 반면 수영을 할 때나 잠수 혹은 스노클링에 나섰을 때는 좀 더 큰 상어들이 우리를 에워쌌다.

그건 그렇고 흉상어류의 학명은 마치 검정색 물감이 담긴 냄비 속에 살짝 담갔다 꺼낸 것처럼 보이는 첫 번째 등지느러미에서 유래한 것이다(사진 16쪽을 참조하라). 종종 물 밖으로 이 등지느러미가 솟아오르기도 하는데, 그 까닭은 흉상어류가 수심이 얕은 물을 선호하여 물표면 가까운 곳에서 헤엄을 치기 때문이다. 때때로 살짝 갈색을 띠기도 하는 흉상어류의 회색빛 몸통은 주변 환경과 완벽하게 하나로 녹아 들어간다. 반면 상어의 배는 흰색이다. 이처럼 탁월한 위장술 덕분에 나는 몇 번이나 거의 심장이 멎을 것 같은 경험을 했다. 왜냐하면 그 동물들이 눈 깜짝할 사이에 갑자기 나타나 내 옆에서 헤엄을 쳤기 때문이다. 상어가 그 지적인 눈으로 나를 가만히 관찰할 때면 뭐라 형언하기 힘든 감정이 밀려온다. 그리고 그 순간에 그들의 머릿속으로 어떤 생각들이 스쳐 지나가는지 너무나도 알고 싶어진다. 아마 그들 역시 나와 같은 의문을 가졌을 것이다.

어쨌거나 쿠라마티섬에서 이루어진 상어와의 우연한 만남은 뭔가 매우 특별한 경험이었다. 다른 섬에서 만난 상어들은 다소 수줍어하면서 거리를 유지하다가 사람들이 접근하기가 무섭게 멀리 헤엄쳐 달아나버렸기 때문이다. 쿠라마티섬에 머물던 시기 동안 나는 흉상어류 무리가 숭어 떼를 한곳으로 몰아 잡아먹는 광경을 여러 번 목격하였다. 또한 다른 물고기들이 정자와 난자를 대량으로 방출하느라 여념이 없을 때도 상어들은 늘 분주하게 움직인다. 생식세포 냄새에 불가항력으로 이끌려온 상어들은 물고기들이 번식에 몰두한 나머지 천적에 대한 경계를 게을리하는 상황을 십분 활용한다. 다른 모든 상어들과 마찬가지로 흉상어류 역시 뛰어난 감각 체계를 갖추고 있다. 바로 이것이 그들을 탁월한 사냥꾼으로 만들어준다. 우선 그들은 고도로 발달된 눈을 가지고 있는데, 그 덕분에 잔여 광선을 강화하여 거의 암흑에 가까운 상황에서도 사물을 식별할 수 있다. 또한 그들은 정밀한 후각을 이용하여 물속에서 1:100억 비율의 농도로 희석된 극소량의 혈액까지도 탐지해낼 수 있다. 그 밖에도 그들의 측선기관lateral line organ은 물속에서 발생한 극도로 미미한 압력차에 관한 정보를 전달해준다. 즉, 그들은 아주 미미한 움직임까지도 탐지하고 들을 수 있다. 또한 그들은 몸을 숨기고 있는 물고기의 심장박동처럼 아주 약한 전기장도 그 방면에 특화된 기관, 즉 로렌치니기관the ampullae of Lorenzini을 이용하여 감지해낼 수 있다. 이처럼 뛰어난 감각 종합세트로 무장한 흑기흉상어는 먹잇감들에게 좀처럼 도망칠 기회를 허용하지 않는다.

상어에게 주의를 빼앗기지 않은 사람이라면 물속에서 완전히 다른 수많은 소리가 들려오는 것을 알아차릴 수 있을 것이다. 자세히 들어보면 아마도 바삭바삭하고 씹는 것 같은 소음이나 긁는 것 같은 소음을 확인할 수 있을 것이다. 그것은 흔히 비늘돔(사진 2~3쪽을 참조하라)이 앵무새를 닮은 부리로 산호초에 붙어 있는 조류를 뜯어 먹을 때 나는 소리다. 이때 그들 중 상당수는 산호 폴립도 먹잇감으로 삼는다. 폴립을 뜯어 먹을 때 그들은 산호에 전형적인 흔적을 남기는데, 그 까닭은 폴립을 뜯어 먹으면서 산호의 석회 뼈대 부분도 함께 먹어 치우기 때문이다. 그들의 이런 음식 섭취 방법은 암초의 자연적인 침식에 기여하는 동시에 해변의 모래 생산을 책임지기도 한다. 몰디브에서 스노클링을 하면서 눈부시게 화려한 비늘돔 무리를 스쳐 지나가게 될 때면 흰색과 갈색이 뒤섞인 비늘돔의 배설물 사이를 가로질러 헤엄쳐야 하는 일이 드물지 않게 일어나곤 했다. 이때 역겨워하는 고객들에게 나는 휴가 기간에 이 배설물들을 경유하여 지나가게 될 때면 그 속으로 들어가 기지개를 펴면서 사진 촬영을 하라고 설명해주었다. 해조류를 뜯어 먹는 물고기들은 암초의 침식에 기여하기도 하지만 또 다른 중요한 기능을 수행하기도 한다. 그들은 산호와 조류가 자연적인 균형을 유지할 수 있도록 도와준다. 그러나 폴립을 먹어 치우는 비늘돔 개체수가 늘어나면 산호가 훼손되어 자연적인 균형이 깨져버릴 수 있다. 상어나 알락곰치 같은 비늘돔의 천적들이 그물에 잡혀 암초 밖으로 사라져버렸을 때 흔히 이런 일이 일어난다. 이렇게 되면 죽은 산호에 자리 잡고 사는 조류가 증가할 수 있다.

불가사리류인 아칸타스터 플란키*Acanthaster planci*는 암초 속의 또 다른 무법자다. 비늘돔과 마찬가지로 산호폴립을 먹잇감으로 삼는 아칸타스터 플란키는 짧은 시간 안에 암초 전체를 황무지로 만들어버릴 수도 있다. 아칸타스터 플란키라는 이름은 그냥 붙여진 것이 아니다. 긴 독침으로 뒤덮인 붉은 몸통을 가진 이 불가사리 종은 가시면류관을 쓴 예수를 연상시킨다. 또 다른 적절한 비유를 찾아보자면 어린아이들이 그린 태양의 모습을 들 수 있을 것 같다. 아이들이 그린 태양을 보면 광선이 온 사방으로 뻗어나가 있다. 아칸타스터 플란키의 경우에는 촉수가 온 사방으로 뻗어나가 있다. 불가사리 성체의 크기는 최대 40센티미터이고, 6개에서 23개에 이르는 촉수가 가시의 비호를 받고 있다. 이 불가사리는 인도태평양의 열대 암초에 서식한다. 이 동물들을 개별적으로 하나씩 뜯어보면 놀랍도록 아름답지만, 큰 무리를 지어 출몰할 때면 암초를 크게 손상시킬 수도 있다. 산호가 이런 손상을 극복하고 다시 회복하는 것은 매우 어려운 일이다. 이 경우에도 천적의 부재가 산호를 위협하는 동물들이 집단적으로 출몰하는 주요 원인으로 작용한다.

아칸타스터 플란키의 주된 천적은 아름답고 거대한 나팔고둥류

*Charonia tritonis*이다. 그런데 안타깝게도 이 중요한 천적들이 대량 포획되어 암초에서 점점 사라지고 있다. 관광객들이 고둥 껍데기를 기념품으로 탐내기 때문이다. 암초에서 아칸타스터 플란키 개체수를 통제해야 할 나팔고둥류가 그 본연의 역할을 다하지 못하고 사람들의 욕실을 장식하고 있는 실정이다. 그것도 자연을 사랑한다고 자처하는 관광객들이 욕조에서 목욕을 하면서 다시금 바다를 꿈꿀 수 있도록 하기 위해서 말이다. 나팔고둥류 껍데기를 구입하는 사람들 중에서 그들의 행동이 낳을 결과를 의식하는 사람은 극소수에 불과하다. 장신구, 기념품, 갖가지 잡다한 물건들을 만들기 위해서 동물들을 죽이거나 제거하는 행위는 생태계에 커다란 구멍을 남긴다.

그런데 아칸타스터 플란키의 습격을 부추기는 것은 단지 천적의 부재만이 아니다. 또 다른 요인도 여기에 한몫한다. 호주에 있는 대보초는 되풀이하여 불가사리의 습격을 당하고 있다. 몰려온 아칸타스터 플란키 숫자만 해도 족히 수백만 마리나 된다. 농업용 비료는 불가사리 천적에 대한 남획과 더불어 불가사리 증식을 장려하는 또 하나의 요인이 된다. 비가 오면 들판에 뿌려진 비료가 강으로 흘러들어 가고, 강에서 다시 암초로 씻겨 내려간다. 이 과정에서 바다로 유입된 질소가 식물성 플랑크톤의 '거름'이 되어 조류 증식에 기여한다. 조류의 증식은 곧 불가사리 유생이 먹을 음식이 늘어난다는 것을 의미한다. 불가사리 유생은 빠른 속도로 성장하여 굶주린 불가사리 성체로 발전한다. 아칸타스터 플란키 유생은 그 숫자가 매우 풍성하다. 왜냐하면 암컷 한 마리가 해마다 최대 6500만 개의 알을 낳기 때문이다! 아칸타스터 플란키 부대가 경골산호 폴립을 공격하기 위해 진군나팔을 불면, 산호초의 추가 피해를 막기 위해서 흔히 잠수부팀과 해양생물학자팀이 개입하곤 한다.

불가사리와의 전쟁에서 사용할 수 있는 방법에는 여러 가지가 있다. 우선 불가사리에게 해로운 독을 주입한 다음 손으로 떼어내는 방법이 있다. 이 방법을 사용할 때는 세심한 주의를 기울여야 한다. 왜냐하면 독으로 무장한 이 불가사리 가시에 찔리면 하루 종일 구토와 어지럼증, 강한 통증에 시달리는 것은 물론이고 심할 경우 마비 증상까지 유발될 수 있기 때문이다. 유감스럽게도 불가사리들은 결코 채워지지 않는 엄청난 식욕의 소유자들이다. 불가사리 성체는 매일 접시 하나 면적의 산호 폴립을 먹어 치울 수 있다. 이것을 1년 단위로 환산하면 5~13제곱미터가 된다. 그런데 불가사리 숫자가 수십만 마리에 이르다 보니 산호초가 크게 위협받을 수밖에 없다. 게다가 촉수가 많은 불가사리들은 비교적 이동 속도가 빨라 분당 35센티미터의 속도로 암초를 가로질러 움직이면서 산호폴립을 먹어 치운다. 1970년대에 대보초 북쪽 지점에서 불가사리가 폭발적으로 증가하는 사태가 발생했는데, 8년 동안 지속된 이 현상은 1헥타르당 불가사리 1000마리를 기록하면서 정점을 찍었다! 건강한 산호는 그런 돌발 사태를 겪는다고 하더라도 10년에서 20년 안에 다시 회복할 수 있는 능력을 지니고 있다. 그러나 대부분의 산호는 더 이상 그렇게 건강하지 않다. 그뿐만이 아니다. 산호는 이런 문제 말고도 기후변화의 영향 같은 또 다른 문제에 맞서서 싸워야만 하는 처지다(이와 관련해서는 제6장에서 좀 더 상세하게 설명할 것이다).

산호 폴립들은 천적의 위협에 시달릴 뿐만 아니라, 암초에서 가장 좋은 자리를 차지하기 위해 경쟁자들과 시시때때로 격렬한 싸움도 치러야 한다. 이 싸움은 조용하고 느리게 진행된다. 스노클링을 하면서 그 옆을 스쳐지나가는 관광객들은 좀처럼 그것을 알아차리지 못한다. 모든 대도시에서 부동산 시장을 둘러싸고 격전이 벌어지는 것처럼 산호초 내부의 상황도 다르지 않다. 가장 좋은 자리를 차지하기 위해 치열한 경쟁이 벌어진다. 해면은 암초 내부의 권력을 장악할 목적으로 비열한 전략을 발전시켰다. 화학전의 달인인 그들은 확실한 목표에 입각하여 산호 군락 전체를 뒤덮어버린다. 독일에서는 '그 이야기는 잊어버리자'라는 의미로 'Schwamm drüber'라는 표현(Schwamm은 해면을 뜻하고, drüber는 그 위에라는 뜻이다. 직역하자면 '그 위에 해면을 덮어버리자'라는 뜻이다–옮긴이)이 사용되곤 하는데, 산호초에서 이것은 완전히 새로운 의미를 갖는다. 아마도 산호 폴립은 결코 그 표현을 사용하고 싶지 않을 것이다.

인도양에 서식하는 테르피오스 호시노타*Terpios hoshinota* 같은 해면은 흡사 딱딱한 표피처럼 석산호를 뒤덮어버린다. 이런 상황에서 해면의 개체수를 통제하는 물고기들마저 포획되어 암초에서 사라져버린다면 산호는 당연히 경쟁에서 불리해질 수밖에 없다. 게다가 해면을 주식으로 삼는 바다거북 숫자도 점점 줄어들고 있다. 그들은 포획되어 인간의 식탁에 오르는가 하면, 다른 물고기들과 함께 어망에 걸려들어 비참한 최후를 맞이하기도 한다. 또 그들의 알은 다른 동물의 먹잇감이 된다. 암초에서 천적들이 사라져버리면, 해면동물이 권력을 장악한다. 이미 카리브해의 다양한 암초에서 이런 일이 일어나고 있다. 그럼에도 불구하고 해면을 보면 어쩔 도리 없이 감탄사가 터져 나온다. 카리브해에 있는 프랑스령 군도 중 하나인 과달루페섬에서 나는 해면이 무성한 숲을 이룬 지점을 가로질러 스노클링을 한 적이 있다. 깔때기나 길쭉한 파이프처럼 생긴 커다랗고 샛노란 해면이 연골 산호 사이의 수정처럼 맑은 물속에 무성하게 뻗어 있었다(사진 24쪽을 참조하라). 한마디로 장관이었다!

산호와 자리다툼을 벌이는 것은 단지 해면만이 아니다. 같은 산호 사이에서도 자리다툼이 일어난다. 이때 산호는 해면과 유사하게 전투용 화생방물질을 사용한다. 추정에 따르면, 전체 산호의 22퍼센트에서 38퍼센트 정도가 암초에서 전쟁을 벌이고 있거나 자신의 자리를 확보하기 위해 혹은 다른 산호에게 압도당하지 않기 위해 이웃한 폴립을 몰아내려고 한다(사진 4쪽을 참조하라). 산호의 전투 전략 가운데 한 가지는, 적어도 우리 인간들의 입장에서 보자면, 어딘지 이례적인 느낌이 든다. 이웃 산호를 향해 구토를 하는 것이다. 이때 자포가 함유된 위액이 적에게 분사되어 적을 '소화'시켜버린다. 또 다른 방법은 특수한 촉수를 사용하는 것이다. 일반적인 촉수보다 길이가 더 긴 이 촉수는 일종의 '사냥개'로 활용된다. 이것은 주변을 샅샅이 뒤져 침입자를 탐색한다. 그러다 침입자와 접촉하면 촉수가 부러지면서 상당수의 자포를 쏟아내어 그 독으로 침입자에게 상처를 입힌다.

유필리아속Genus *Euohyllia*과 갤럭시아속Genus *Galaxea*에 속하는 산호 종들은 빗자루 촉수weeper tentacles로 불리는 매우 길고 강력한 촉수를 형성하기로 유명하다. 빗자루 촉수의 길이는 '정상적인' 촉수보다 몇 배나 더 길고, 그 생김새는 바람에 날리는 거미줄과 비슷하게 생겼다. 그러나 근거리 전투에서는 보통 독이 탑재된 자포와 함께 모든 촉수에 들어 있는 자포 캡슐이 발사된다. 이것은 적의 생체조직을 뚫고 들어가 그곳에 독을 살포하여 해당 부위를 괴사시킨다. 또 다른 전략은 끈적끈적한 점액을 분비하는 방법으로, 일반적으로 같은 종류의 산호들 사이에서 사용된다. 독이나 자포가 함유된 뮤커스Mucus라는 점액질이 적의 몸을 뒤덮으면서 손상을 가한다. 그 밖에도 빠른 속도로 무성하게 자라나 성장 속도가 더딘 이웃 폴립을 뒤덮어버리는 것 또한 산호에서 가장 좋은 자리를 확보하기 위한 효과적인 방법이다. 바닷속에서 세심하게 주의를 기울이면 전쟁을 벌이고 있는 산호들을 찾아내어 관찰할 수 있다. 그러나 일반적으로 압축공기실린더에 담긴 공기로는 공격자가 승리를 쟁취할 때까지 버틸 수가 없다. 왜냐하면 이 전쟁은 아주 느린 속도로 진행되기 때문이다.

빛을 내뿜는 산호

산호가 똑똑하다는 것은 그 사이에 명백한 사실이 되었다. 하지만 산호가 빛을 내뿜는 능력까지 갖추고 있다는 것은 그야말로 놀라운 일이다. 반딧불이나 초롱아귀목 물고기처럼 생체발광을 하는 다른 동물들과는 대조적으로 (제4장 '어둠 속의 반짝임' 부분에서 생체발광현상에 대해 더 자세하게 다룰 것이다) 석산호 폴립들은 화학반응을 이용하여 스스로 빛을 만들어내는 것이 아니라 태양빛을 흡수해두었다가 그것을 다시 방출하는 방식을 이용한다. 이런 과정을 가리켜 형광발광fluorescence이라고 한다.

태양빛이 물을 만나면 일부는 반사가 되고, 일부는 흡수되거나 흩어진다. 반사가 될 때 수면에 닿은 광선은 굴절이 된다. 그리하여 물은 예컨대 하늘의 색깔을 반사하게 된다. 이때 장파 광선은 물에 강력하게 흡수되고, 단파 광선은 물이 맑을 때면 수심 100~150미터 지점까지 뚫고 들어간다. 스펙트럼에서 파장이 긴 빛(적외선, 빨강, 오렌지색, 노랑)은 각각 약 10미터, 15미터, 30미터, 50미터까지 뚫고 들어갈 수 있다. 파장이 짧은 빛(녹색, 보라, 파랑)은 빛이 닿을 수 있는 아래쪽 경계선까지 치고 들어갈 수 있다. 그중에서도 파란색이 가장 깊은 곳까지 뚫고 들어간다. 깊고 맑은 바닷물과 열대 바닷물이 대부분의 시간 동안 푸르게 보이는 것도 바로 이런 이유 때문이다. 그 밖에도 맑은 물에는 빛 전달에 영향을 미치는 작은 파편 조각 같은 입자들이 상대적으로 적다. 물 자체를 통한 빛의 산란현상 역시 마찬가지로 색깔을 흩어지게 한다. 평평한 해안지역의 물에는 빛의 파장을 각기 다르게 산란하거나 흡수하는 작은 입자들이 비교적 대량으로 함유되어 있는 경향이 있다. 때문에 해안 근처의 바닷물은 침전물 조각으로 인해 조금 더 짙은 녹색이나 갈색으로 보일 수 있다.

형광발광 물체는 특정한 파장의 빛을 흡수했다가 다시 방출한다. 이때 얼마간의 에너지가 열의 형태로 소실된다. 그 결과 방출되는 빛은 들어오는 빛보다 에너지가 적다. 그리고 파장이 더 길다. 파장의 변화는 색깔의 변화를 의미한다. 수심이 얕은 열대 바다에 서식하는 다수의 석산호 폴립들은 빛을 흡수했다가 담홍, 보라, 초록, 혹은 노란 빛으로 다시 방출하는 특수한 형광발광 색소를 지니고 있다. 그들이 왜 이렇게 하는지에 대해서는 지금까지는 그저 추측만 할 수 있을 뿐이다. 형광발광을 하는 산호는 다른 산호보다 산호 백화현상coral bleaching에 대한 저항력이 더 큰 것으로 추측된다. 형광발광 색소의 밀도가 높으면 높을수록 저항력도 더욱더 커진다(산호 백화현상에 대해서는 제6장에 더 상세하게 설명되어 있다). 형광발광 색소는 발광단백질photoprotein이다. 최신 이론에 따르자면 이 발광단백질이 태양빛을 막아주는 일종의 차양으로 작용하여 지나치게 많은 양의 UV광선이 황색공생조류를 손상시키는 것을 막아준다고 한다. 황색공생조류의 상부 조직에 자리 잡고 있는 발광단백질은 외부로부터 유해한 파장이 유입되면 이것을 빛의 형태로 다시 방출함으로써 황색공생조류를 보호한다.

수심 15미터부터는 더 이상 이런 차양이 필요하지 않다(UV광선이 물에 흡수되기 때문이다). 때문에 사람들은 수심이 비교적 깊은 곳에 있는 산호들은 형광발광을 하지 않을 것이라고 생각했다. 그런 만큼 수심 50미터에서도 다수의 산호들이 강렬한 색채를 발산한다는 사실은 더욱더 놀라운 일로 받아들여진다. 이 현상은 오랫동안 연구자들에게 수수께끼로 남아 있었다. 이 발광현상의 의미와 목적이 무엇인지 분명하지 않았기 때문이다. 그러던 중 영국 사우스햄턴에 있는 국립해양학센터National Oceanography Centre의 산호전문가 외르크 비데만Jörg Wiedemann이 마침내 이 수수께끼를 풀었다. 그와 그의 팀은 산호들이 자신과 공생관계에 있는 조류의 광합성 활동을 촉진하기 위해 자체적으로 빛을 생산한다는 사실을 발견했다. 돌산호에 공생하는 심바이오디니움속 황색공생조류 역시 다른 모든 식물들과 마찬가지로 광합성 활동을 위한 햇빛이 필요하다. 그러나 수심 100미터 이상의 지점에는 태양광선 중에서도 파장 470나노미터로 도달범위가 가장 큰 파란색 부분만 도달한다. 연구자들은 황색공생조류 아래에 있는 형광발광 산호의 발광단백질이 파란색 빛을 흡수해두었다가 주황색이나 초록색 빛으로, 그러니까 파장이 비교적 긴 빛으로 다시 발산한다는 사실을 밝혀내었다. 이런 적응현상을 통해서 산호는 수심이 깊은 물속에 정착할 수 있게 된 동시에 그것과 공생관계에 있는 조류에게 광합성에 필요한 빛을 공급할 수 있게 되었다. 일종의 윈-윈 상황이라고 할 수 있다!

잠수를 하면서 산호가 만들어내는 색체의 향연을 관찰하기 위해서는 한 가지 특수 장비가 필요하다. 산호가 빛을 내뿜는 광경은 어둠 속에서 지켜볼 때가 가장 근사하다. 이를 위해서는 길을 밝혀 줄 일반 수중램프 외에도 특수한 UV광선-수중램프와 잠수마스크에 사용할 노란색 필터가 필요하다. UV광선 램프로 산호를 비추면 어느 순간 갑자기 초현실주의 회화 작품 속으로 빨려 들어간 것 같은 느낌이 든다. 혹은 1980년대의 야간 광선 파티에 온 것 같은 느낌이 들기도 한다. 왜냐하면 UV광선을 비추는 즉시 산호초가 한껏 화려하게 빛을 발산하기 때문이다(네온 빛깔의 산호가 초록, 연보라, 오렌지색 빛을 발산한다). 그리고 약 수심 20미터부터는 빨간색 빛을 내뿜는다.

그런데 인간의 눈으로 이 화려한 색깔들을 감상하기 위해서는 먼저 잠수 마스크 앞에 노란색 필터를 끼워야 한다. 말하자면 잠수경 앞에 안경 같은 것을 끼운다고 생각하면 된다. 노란색 필터는 파란색과 UV광선을 걸러내어 물고기가 보는 것처럼 색깔을 볼 수 있도록 해준다. 만약 필터를 사용하지 않는다면, UV램프로 비춘 모든 것이 파란색으로 보일 것이다. 암초에 서식하는 많은 물고기들은 태어날 때부터 그들의 눈 속 렌즈 앞에 그런 노란색 필터가 장착되어 있다. 뿐만 아니라 그들은 빨간색, 파란색, 녹색 수용체 외에 네 번째 색깔 수용체를 가지고 있다. 즉, 그들은 사색형색각tetrachromacy을 보유하고 있다.

요약하자면, 우리 인간들이 빛을 내뿜는 산호의 아름다움을 감상하기 위해서는 UV램프와 함께 잠수마스크 앞에 끼울 필터가 필요하다. 이때 필터의 색깔은 반드시 노란색이어야 한다. 왜냐하면 노란색은 파란색과 자외선의 보색이기 때문이다. 야간에 UV램프를 가지고 잠수를 하는 이른바 '플루다이브Fluodive'를 제공하는 잠수센터들이 점점 더 늘어나고 있는데, 그곳에 가면 필요한 장비들을 대여할 수 있을 것이다. 혹시 야간 잠수가 내키지 않는다면 잠수 마스크 앞에 빨간색 금속 박편을 부착해보도록 하라. 이렇게 하면 수심 15미터부터 붉게 형광 빛을 발산하는 산호들을 맨눈으로 감상할 수 있다. 빨간색 금속 박편이 햇빛의 빨간색 부분을 완벽하게 흡수하기 때문에, 붉게 형광 빛을 발산하는 산호들이 어두운 배경과 대조를 이루며 또렷하게 두드러져 보인다.

완벽하게 몸을 감추다

다이버 그룹과 함께 바닷속을 돌아다니다 보면 누군가 한 사람이 잔뜩 흥분하여 어떤 한 지점을 가리키는 일이 빈번하게 일어나곤 한다. 그럴 때면 모두 다 함께 그 지점으로 가까이 다가가 주변을 살펴본다. 하지만 아무것도 발견할 수가 없다. 다시 한번 살펴보아도 여전히 아무것도 없다. 물론 그 사람의 눈에 문제가 있어 안과 예약을 잡아야 하는 상황일 수도 있지만, 뛰어난 위장술에 속아 해당 동물을 발견하지 못하는 경우가 더 많다. 예컨대 초록신뱅이*Antennarius* sp. 같은 위장의 달인들(사진 12쪽을 참조하라)은 문자 그대로 주변 환경에 완벽하게 녹아들기 때문에 구별해내기가 아주 힘들다. 모두의 눈앞에서 꼭꼭 숨어버리면 천적 때문에 성가신 일을 겪을 위험성이 줄어드는 법이다. 그럼에도 눈을 부릅뜨고 끈기 있게 꼼꼼히 살펴본다면 아마도 미세한 움직임, 그러니까 전체 그림 속에 존재하는 작은 불규칙성을 알아차릴 수 있을 것이다. 그리고 이어서 하나의 윤곽이 허물을 벗고 그림 속에서 튀어나올 것이다. 적어도 내 경우에는 그런 일이 잦았다. 그리고 그럴 때마다 나는 위장의 달인의 정체를 폭로하면서 어마어마한 즐거움을 맛보았다.

아마도 우리 대부분이 그 동물을 만난 적이 있을 것이다. 물속에서 만났을 수도 있고 석쇠에 굽혀 접시에 담긴 상태로 만났을 수도 있다. 문어가 바로 그 주인공이다. 바다괴물로 불리기도 하는 문어(사진 27쪽을 참조하라)는 동물의 세계를 통틀어 가장 뛰어난 위장의 달인 가운데 하나다. 빨판을 장착한 여덟 개의 다리와 세 개의 심장, 우리 인간의 눈만큼이나 고도로 발달한 두 개의 눈, 완벽하게 뼈가 없는 몸통, 온몸을 관통하여 신경세포 네트워크를 형성하는 뇌, 그 누구의 눈에도 띄지 않도록 철저하게 몸을 숨기는 습성 등은 이 매혹적인 동물을 차별화하는 특징들이다. 문어는 이른바 발이 머리에 달린 동물, 즉 전문용어로 연체동물의 두족류Class Cephalopoda에 속한다.

하지만 사실 이것은 완전히 잘못된 명칭이다. 왜냐하면 커다란 머리처럼 보이는 것이 실제로는 몸통이기 때문이다. 요컨대 머리가 아닌 자루 모양의 몸통에 다리가 붙어 있는 것이다. 자루 모양의 몸통은 소위 말하는 외투막으로, 그 안에 내부 장기가 자리 잡고 있다. 다리와 외투막 사이에 있는 머리의 오른쪽과 왼쪽에는 수정체가 있는 눈이 붙어 있다. 다리는 앵무새 모양의 날카로운 부리가 장착된 입 주변으로 둥글게 모여 있다. 그 밖에도 문어는 로켓식 분사 반동 추진체, 즉 깔때기 기관 혹은 수관siphon을 지니고 있다. 파이프 모양으로 생긴 이 기관은 다른 무엇보다도 이동을 할 때 사용된다. 왜냐하면 문어는 외투강mantle cavity을 통해 물을 외부로 뿜어낼 때 생성되는 반동을 이용하여 앞으로 이동하기 때문이다. 하지만 이 기관은 호흡을 할 때와 배설물을 방출할 때, 그리고 위급한 상황에서 먹물을 방출할 때도 사용된다. 이 동물은 피부 색깔과 피부 구조를 주변 환경과 유사하게 만들어 거기에 한데 녹아드는 방식으로 아주 재빠르게 주변 환경에 적응할 수 있다. 이것이 가능한 이유는 문어의 특수한 피부 구조 때문이다.

문어에게는 전문화된 세포, 즉 색소세포chromatophore가 있는데, 그들이 놀라운 변신능력을 갖추게 된 것도 바로 이 색소세포 덕분이다. 피부 표면 가까이에 있는 색소세포는 다양한 색상의 색소를 가지고 있으며 신축성이 뛰어나다. 문어는 근육 수축활동을 통해 색소세포의 크기를 능동적으로 바꾸는데, 이를 통해서 피부 색깔과 피부 무늬가 변한다. 그 밖에도 문어는 피부 표면구조까지도 바꿀 수 있다. 그 레파토리는 무사마귀가 돋은 형태에서부터 매끈한 형태까지 이어져 있으며, 그 사이에 있는 모든 단계를 아우른다. 색깔 변화는 단지 숨바꼭질을 할 때만 사용되는 것이 아니라 의사소통을 하거나 위협적인 몸짓을 취할 때도 사용된다. 경쟁 관계에 있는 두 마리의 수컷이 서로 맞닥뜨리게 되면 색깔 결투가 시작된다. 일반적으로 더 어두운 톤의 색깔을 취하여 거의 검정색으로 보이는 수컷이 승리를 거둔다.

물속에서 벌어지는 위장술 대회의 절대적인 승자는 두말할 것도 없이 문어류의 일종인 타움옥토푸스 미미쿠스*Thaumoctopus mimicus*다. 1990년대에 처음 발견된 이 문어는 열대 바다에서 찾아볼 수 있다. 혹시라도 이 문어의 모습을 볼 수 있다면 그렇다는 말이다. 이 문어를 발견하는 것은 결코 쉬운 일이 아니다. 그 이유는 첫째, 이 동물이 대부분 시야가 확보되지 않는 진흙투성이의 하천 하구에 체류하기 때문이고, 둘째, T. 미미쿠스mimicus라는 학명처럼 그야말로 기가 막히게 다른 동물들을 모방하여 사람들의 눈을 속이기 때문이다. 이 문어의 모방 대상이 되는 동물들을 언급하자면 그저 두세 가지 정도에서 그치지 않는다. 기록된 것만 해도 바다뱀, 스톤피시, 해파리, 넙치, 게 등—상황에 따라—열다섯 가지에 이른다. 자기 자신을 뭔가 다른 것으로 위장하는 이런 능력을 가리켜 학문적인 용어로 의태擬態, mimicry라고 한다.

색깔을 바꾸는 능력은 (8개의 다리를 가진) 정식 문어들만의 전유물이 아니라, 가까운 친척인 오징어도 가지고 있는 능력이다. 오징어는 문어와 마찬가지로 두족류에 속하지만 다리가 두 개 더 있다. 해저 가까이에 사는 오징어는 위장의 대가인 문어에게 조금도 뒤지지 않는다. 숨어 있는 장소에 따라 자신이 몸을 누이고 있는 모래처럼 보이기도 하고 바닥에 있는 돌처럼 보이기도 한다. 심지어는 암컷으로 위장하여 동족을 속여 넘기는 오징어도 있다. 갑오징어류 *Sepia plangon* 수컷은 암컷을 차지하기 위해 매우 능수능란한 전략을 구사한다. 그것은 세 개의 심장을 다하여 암컷에게 깊은 인상을 심어주려고 안간힘을 쓴다. 그런 노력의 일환으로 색소세포를 이용하여 자신의 몸에 수컷을 상징하는 무늬, 즉 얼룩말의 줄무늬를 연상시키는 무늬를 그려 넣는다. 그런데 이 무늬는 온몸에 나타나는 것이 아니라, 암컷을 향하고 있는 쪽에만 나타난다. 몸의 다른 쪽에는 암컷들에게서 전형적으로 찾아볼 수 있는 갈색과 흰색 반점을 모방한 무늬가 나타난다. 경쟁 관계에 있는 다른 수컷이 다가와 이 광경을 보게 되면 눈앞에 두 마리의 암컷이 함께 돌아다니고 있다고 생각하게 된다. 똑똑한 갑오징어는 이런 방법으로 연적이 자신을 쫓아버리기 전에 암컷에게 자신이 적합한 파트너임을 확신시키고 짝을 지을 시간을 번다. 이런 행동은 아주 노회할 뿐만 아니라, 오징어의 지능이 고도로 발달되어 있다는 것을 짐작케 한다. 이 동물이 달팽이 및 조개와 친족관계에 있다니, 정말이지 믿기 힘들다, 그렇지 않은가?! 달팽이와 조개처럼 두족류도 연체동물Mollusca에 속한다. 그러나 그들은 '두족류'라는 명칭을 기치로 내걸고 모든 연체동물 가운데 가장 큰 뇌를 발달시켰다.

또 다른 위장의 대가는 카리스마 측면에서 문어나 오징어에 크게 못 미칠 뿐만 아니라 늘 심기가 불편해 보인다. 이것은 스톤피시 *Synanceia verrucosa*에 관한 이야기다. 피부에 무사마귀가 잔뜩 돋아나 있는 것처럼 보이는 볼품없는 몸뚱이, 투덜대듯 아래쪽으로 향해 있는 커다란 주둥이, 거대한 머리를 가진 이 물고기는 상당히 보기 흉하게 생겼다. 하지만 스톤피시는 정말이지 매혹적인 동물이다. 왜냐하면 해조류가 무성하게 자라나 있는 것처럼 보이는 뭉툭한 몸통이 주변 환경과 완벽하게 조화를 이루기 때문이다. 아주 운이 좋아야 해저에 사는 이 고독한 물고기를 만날 수 있는데, 혹시 만난다고 하더라도 주변에 있는 바위와 좀처럼 구분하기가 힘들다. 스톤피시는 타고난 형체와 색깔을 능동적으로 바꾸지 못하기 때문에 자신의 생활공간 안에 있는 다른 구조물을 모방한다. 이런 전략을 가리켜 전문용어로 모방색模倣色, mimesis이라고 한다.

그들의 위장술은 무엇보다도 먹잇감을 사냥할 때 도움이 된다. 수영 실력이 영 형편없는 그들은 대부분의 시간을 해저에서 조용히 휴식을 취하면서 보낸다. 그러나 작은 물고기나 게 혹은 오징어가 옆을 스쳐 지나갈 때면 그들은 거대한 주둥이를 쫙 벌려 단숨에 먹잇감을 흡입한다. 그다지 빼어나다고 할 수 없는 외관 때문에 사람들은 스톤피시가 바다에서 가장 강력한 독을 가진 동물들 중 하나라는 사실을 간과하곤 한다. 등지느러미 가시에 들어 있는 독은 가장 위험한 동물 독 가운데 하나로서 인간에게 치명적으로 작용할 수 있다. 그러나 사람들이 그 물고기와 접촉하는 일은 매우 드물다. 대부분은 운이 나빠 스톤피시를 무심코 밟았을 때 이런 일이 일어난다. 이 동물은 인도태평양과 홍해의 수심이 얕은 바다에 서식하는데, 부주의한 사람들이 이곳을 걸어서 건너다가 사고를 당하게 된다. 하지만 이때에도 반드시 알아두어야 할 점은 이 동물들이 결코 공격적이지 않다는 사실이다. 그들은 천적으로부터 스스로를 방어하기 위한 목적으로만 신경독을 주입한다. 물론 가시에 찔려 고통으로 온몸을 비트는 사람에게는 이런 사실이 전혀 중요하지 않겠지만 말이다.

피그미해마*Hippocampus bargibanti*는 위험성이 조금 덜한 동물이다. 적어도 인간들의 입장에서 보자면 그렇다. 피그미해마라는 이름만으로도 이미 "아, 얼마나 사랑스러운가!"라는 탄성이 절로 터져 나온다. 몸길이가 2센티미터를 넘지 않는 이 작은 해마는 부채산호에서 무리를 지어 살아간다. 그들은 물결에 휩쓸려 나가지 않기 위해 꼬리로 부채산호를 꽉 붙들고 있다. 그들의 작은 몸통은 색깔에 따라—두 가지 색깔이 있다—밝은 회색 아니면 노란색을 띠고 있고, 붉은색과 오렌지색 돌기가 그 위를 덮고 있다. 이 작은 동물은 무사마귀처럼 생긴 돌기마저도 사랑스럽다. 스톤피시에게는 안 된 일이지만, 세상은 원래 불공평하다! 어머니 자연으로부터 그런 생김새를 부여받은 피그미해마는 그들의 서식지인 큰뱀족산호류*Muricella paraplectana*와 너무나도 닮아 있다. 그 결과 산호 가지 사이에서 그들을 식별해내기가 아주 어렵다. 수중 사진작가들은 이 동물을 적어도 한번은 꼭 찾아내어 사진에 담는 것을 지상명령으로 삼는다.

유령실고기과Family Solenostomidae의 물고기들은 생활공간에 완벽하게 적응하여 살아가는 또 다른 산호초 거주자들이다. 근사한 외관을 갖춘 그들은 실고기과Family Syngnathidae 물고기들과 친족관계에 있다. 유령실고기과 물고기들은 일반적으로 겉모습이 아름답지만, 종류에 따라서 매우 기괴하게 생긴 것들도 있다. 물속에서 그들의 배경이 되어 주는 해초 잎과 닮은 것들도 있고, 얼룩덜룩한 몸통에 가시가 톡 튀어나와 있어 마치 선인장 속에 빠졌다 나온 것 같은 인상을 불러일으키는 것들도 있다. 그들의 몸 색깔과 피부 돌기는 각자의 생활공간에 알맞게 적응되어 있다.

코랄그루퍼Coral Grouper, *Cephalopholis miniata*는 앞서 설명한 홍해그루퍼와 먼 친척뻘이다. 독일어로는 이 물고기를 가리켜 보석그루퍼라고 부른다. 마치 붉은 보석처럼 생긴 이 물고기는 아름다운 자태를 뽐내면서 자신의 이름에 한껏 경의를 표한다. 그것은 몸 전체에 작고 푸른 반점이 찍혀 있는 아름다운 보석 그 자체다. 꼬리지느러미와 뒷지느러미, 등지느러미는 감청색이고, 가슴지느러미와 배지느러미는 오렌지색 또는 오렌지색이 섞인 빨간색이다. 언뜻 생각하면 특이한 무늬를 가진 이 물고기가 암초 사이에서 특별히 도드라져 보일 것 같지만, 이것은 잘못된 생각이다. 왜냐하면 바로 이 무늬가 그들을 주변 환경 속으로 녹아들게 만들기 때문이다. 육지에서 빨간색은 눈에 확 띄는 색깔이지만, 물속으로 몇 미터만 들어가면 더 이상 빨간색으로 보이지 않는다. 그것은 장파광선 흡수현상으로 인해 오히려 갈색에 가깝게 보인다. 홍해그루퍼는 흔히 낮 동안에는 빛이 거의 들어오지 않는 바위 돌출부 아래나 산호초 속에 머무른다. 이 때문에 몸 색깔이 갈색으로 보인다. 또 몸에 찍힌 점 때문에 어스름한 배경 속에서는 그 윤곽이 좀처럼 드러나지 않아 결과적으로 주변 환경에 완벽하게 녹아든다. 몸의 무늬와 색깔을 이용하여 시각적으로 주변 환경과 한데 융합되는 이런 형태의 위장술을 가리켜 소마톨리시스somatolysis라고 한다. 암초에 서식하는 많은 물고기들이 이런 종류의 위장술을 사용하는데, 그들이 흔히 매우 화려한 무늬를 지니고 있는 것도 이런 이유 때문이다.

하지만 사랑스러운 피그미해마와 카리스마 넘치는 오징어 혹은 무시무시한 스톤피시 같은 암초 거주자들만 위장술을 사용하는 것은 아니다. 실제로는 다수의 해양 동물들이 위장술을 활용한다. 아주 세련되고 정교하지 않을지는 몰라도 효과만큼은 뛰어나다. 탁 트인 바다에 사는 많은 물고기들의 은청색 몸통도 사실은 위장술에 다름 아니다. 그들의 몸통 아래쪽은 흔히 흰색으로 색깔이 있는 윗부분과 대조를 이룬다. 아래쪽에서 포식자가 다가올 때면, 밝은 빛깔의 몸통 아래쪽에서 반사되는 빛 때문에 그들의 모습이 잘 보이지 않는다. 반대로 위에서 다가오는 포식자들의 눈에는 검푸른 바다밖에 보이지 않는다. 바로 물고기의 은청색 몸통이 검푸른 바다에 완벽하게 녹아들어가 있기 때문이다. 이것은 세이어 원칙Thayer principle으로도 불리는 은영countershading에 의거한 위장술이다. 햇빛과 마주하는 쪽의 몸통은 더 어둡고, 빛을 등진 쪽은 더 밝다. 이런 식으로 동물들의 몸이 거의 보이지 않게 된다. 심지어 또 다른 동물들은 문자 그대로 불가시성을 이용하여 불가시성을 구현한다. 다수의 해파리와 물고기, 그리고 동물성 플랑크톤에게는 색깔이 결여되어 있다. 따라서 그들의 몸은 투명하다. 이렇게 투명한 몸을 가진 그들은 자신들을 둘러싼 탁 트인 바다의 끝없는 파란색과 전혀 구분이 되지 않다시피 한다.

제3장

유한하고도 무한한 블루

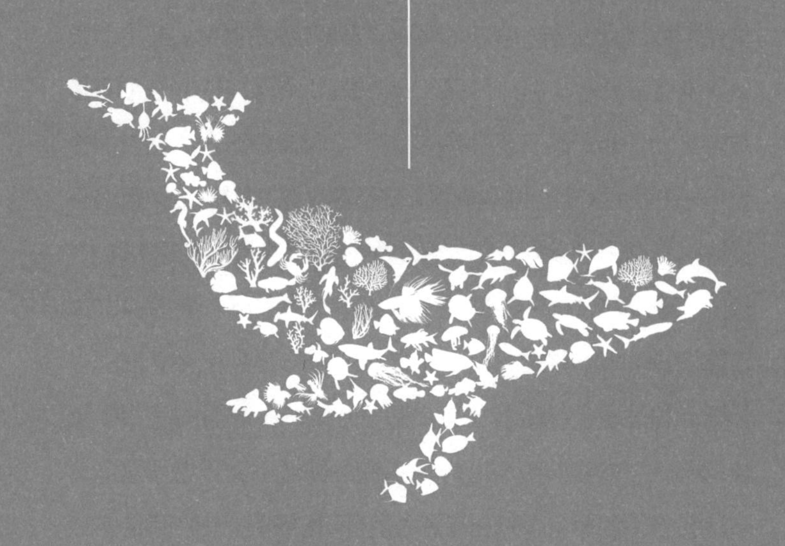

망망대해, 즉 원양은 언뜻 보면—그저 물로 채워져 있다는 점이 다를 뿐—황량한 사막과 닮아 있다. 단조롭고, 무한하게 광대하고, 숨을 곳이 거의 없기 때문에 해양 동물들이 그곳에서 살아남으려면 무척 힘들 것이다. 이것은 일반적으로 통용되는 생각이다. 하지만 천만의 말씀이다! 원양에서는 수면에서부터 깊디깊은 심해에 이르기까지 어마어마한 양의 물이 지속적으로 움직인다. 또한 그곳에는 그곳 생활여건에 최적으로 적응한 엄청나게 다양한 생명체가 숨겨져 있다. 날쌘 사냥꾼들과 커뮤니케이션 전문가들, 그리고 장거리 수영선수 등, 그들 모두는 물의 흐름에 몸을 맡기고 물기둥

속의 다양한 구역을 가로질러 헤엄친다.

많은 원양 생물체들은 해안이나 해저 혹은 수면과 접촉하지 않고 살아간다. 그들은 온통 물에 둘러싸인 채로 평생을 보낸다. 육지에 살면서 공기로 숨을 쉬고, 태양을 바라보면서 즐거워하고, 발밑에 돋아난 풀의 촉감을 느끼면서 살아가는 우리 인간들로서는 거의 상상조차 할 수 없는 일이다.

원양은 단연 지구에서 가장 큰 부분을 차지하는 생활공간이다. 이 거대한 생태계를 좀 더 잘 이해하는 법을 배우기 위해서 학자들은 이것을 각기 다른 구역들로 구분해 두었다. 그리고 각각의 구역은 그것만의 독보적인 생명체의 다양성을 자랑한다. 앞에서 이미 살펴본 것처럼, 플랑크톤은 햇빛이 들어오는 원양 상층부에서 살아간다. 표해수대Epipelagic zone로 불리는 이 구역은 수면에서부터 수심 약 200미터 지대까지를 포괄한다. 이곳은 종의 다양성이 가장 풍부한 곳이다. 이 구역에서는 플랑크톤을 제외하고도 상어, 고래나 돌고래 같은 바다 포유류, 바다거북, 게, 두족류를 포함한 수많은 물고기가 이리저리 돌아다닌다. 수심 200미터 아래에 있는 구역은 모두 심해로 분류된다. 수심 200미터부터 1000미터까지는 시야가 불투명하다. 어스름한 이 지대는 중해수대Mesopelagic zone로 명명된다. 빛이 결핍되어 있기 때문에 이곳에서는 식물성 플랑크톤을 더 이상 찾아볼 수 없다. 하지만 그 대신 솔니앨퉁이과Family Gonostomatidae 물고기 같은 기이한 물고기들을 찾을 수 있는데, 그들 중 다수가 초록색이나 붉은 빛을 희미하게 내뿜는 발광기관을 보유하고 있다. 생체발광을 하는 바다생물 대다수가 이곳에서 살아간다. 수심 1000미터부터는 한치 앞도 내다볼 수 없을 정도로 깜깜해진다. 하지만 이곳 역시 다양한 구역으로 나누어진다. 수심 4000미터까지는 점심해수대Bathypelagic zone로 불리고, 그 뒤를 이어 심해저대Abyssopelagic zone가 수심 6000미터까지 펼쳐져 있다. 마지막으로 가장 깊은 구역인 초심해대Hadopelagic zone가 해양의 가장 깊은 지점, 그러니까 대략 수심 1만1000미터 지점까지 이어져 있다.

대다수의 동물종이 주로 한 구역에 머물러 있지만, 향유고래Physeter macrocephalus나 장수거북처럼 구역 경계를 넘나드는 동물들도 있다. 이 동물들은 먹잇감을 찾아 수심 1000미터 이상까지 잠수하기도 한다.

물, 아주 특별한 특징을 지닌 물질

물 혹은 H_2O는 매우 특별한 분자다. 왜냐하면 단일 물질인데도 액체, 고체, 기체, 세 가지 화학적 상태로 대기권에 출현하기 때문이다. 두 개의 수소원자가 산소원자 한 개와 비대칭적으로 결합되어 물 분자가 만들어진다. 산소원자가 음전하를 띠는 반면 두 개의 수소원자는 양전하를 띤다. 이로 인해 전체 분자는 이른바 쌍극자Dipole가 된다. 각각의 물 분자는 작은 자석처럼 양쪽 말단에 양전하와 음전하를 가지고 있다. 그것은 각기 반대 성질을 가진 이웃 분자의 말단으로 향한다. 그 결과, 물의 결합 구조가 느슨해진다. 날씨가 추워질 때면 우리 인간들과 마찬가지로 물 분자들이 간격을 좁혀 서로에게 접근한다. 밀도가 커지고 부피가 줄어든다. 반대로 날씨가 점점 더 따뜻해지면 물 분자들이 서로 거리를 유지하여 밀도가 줄어들고 결합 구조가 점점 더 느슨해진다. 그러다 마침내 액체 상태의 물이 가스 상태로 옮아가게 된다. 가스 상태의 물 분자들은 개별적으로 주변을 떠돌아다닌다. 물 분자는 4℃에서 가장 조밀하게 모여 있다. 즉, 이 온도에서 물은 밀도가 가장 커지고 부피가 가장 작아진다. 기온이 더 내려가면 물이 얼어 얼음이 된다. 하지만 밀도는 더 커지지 않는다. 오히려 줄어든다. 이런 현상을 가리켜 물의 변칙현상Anomaly of water이라고 한다. 담수와 해수를 막론하고 얼음이 늘 수면 위에 떠 있는 것도 이런 변칙현상의 결과다. 이것은 다른 누구보다도 물고기들에게 유익한 일이다. 물속으로 가라앉는 얼음판에 깔려 죽지 않아도 되기 때문이다. 그리고 우리 인간들에게도 마찬가지다. 왜냐하면 극지방의 얼음이 해저로 가라앉게 된다면 모르긴 해도 해수면이 현저하게 상승할 것이기 때문이다. 그러나 물 분자는 응집상태 변화와 관련해서는 비교적 굼뜨게 반응한다. 담수가 얼음으로 응고되기 위해서는 0℃가 되어야 하고, 끓어오르려면 100℃가 되어야 한다. 그런데 해수는 염분 함량이 높기 때문에 상황이 조금 다르다. 평균 염분 함량이 3.74퍼센트인 지중해를 예로 들자면, 지중해에서는 기온이 영하 1.91℃가 되어야 비로소 바닷물이 얼어붙는다.

물의 밀도와 어는점에 영향을 미치는 것은 온도만이 아니다. 염분도 마찬가지로 영향을 미친다. 간략하게 설명하자면, 물속에 소금이 많으면 많을수록 어는점은 점점 더 내려가고 밀도는 점점 더 커진다. 전체 바닷물의 평균 염분은 3.74퍼센트다. 따라서 수온이 동일할 때 바닷물이 담수보다 밀도가 약 3퍼센트 정도 더 높다. 바닷물에서 잠수를 할 때 담수보다 잠수 깊이가 얕은 것도, 담수에서보다 바닷물 표면에서 더 쉽게 움직일 수 있는 것도 모두 바닷물의 밀도가 담수의 밀도보다 높기 때문에 나타나는 현상이다. 그런데 이런 현상도 바다마다 천차만별이다. 사해에서는 수면에 그냥 드러누워 있어도 거의 가라앉지 않는다. 반면 발트해에서는 팔과 다리를 부지런히 휘저어야 겨우 물 위에 떠 있을 수 있다. 그런데 해수에서 더 큰 부력을 확보하는 것은 우리 인간들만이 아니다. 바닷물에서는 선박이 가라앉는 깊이도 더 얕아진다. 때문에 담수에서 운항할 때보다 더 많은 화물을 선적할 수 있다.

온도와 염분이 물의 밀도에 미치는 영향은 해수대Pelagic zone에서 핵심적인 역할을 수행한다. 차가운 물이 따뜻한 물보다 더 무겁고, 염분을 함유한 물이 그렇지 않은 물보다 더 무겁다. 따라서 염분을 함유한 차가운 물이 아래쪽으로 가라앉는다. 이 과정에서 물이 순환한다. 전문용어로는 이런 과정을 가리켜 대류convection라고 한다. 약간의 소금과 따뜻한 물, 차가운 물, 유리컵 한 개만 있으면 부엌에서도 간단하게 이것을 확인할 수 있다. 원한다면 약간의 식용색소를 곁들여도 좋다. 이렇게 하면 물의 순환을 좀 더 효과적으로 시각화할 수 있다. 그 광경은 정말이지 근사하다! 물의 순환은 해류의 생성에 있어서 가장 중요한 요소다. 그래도 지금은 우선 소금에 대해서 조금 더 알아보도록 하자.

발트해가 지중해보다 덜 짠 이유

어쩌면 지금쯤 바닷물에서 도대체 왜 짠맛이 나는 것인지, 발트해 물보다 지중해 물이 눈에 들어갔을 때 더 따가운 이유가 무엇인지 궁금해하는 사람이 있을지도 모르겠다. 그 질문에 대한 답은 꽤 복잡하다. 따라서 제대로 된 답을 얻기 위해서는 조금 더 깊이 파고 들어가야 한다. 지구 표면은 70퍼센트 이상이 짠 바닷물 혹은 소금 섞인 물로 구성되어 있다. 이것의 전체 부피는 꼭 14억 세제곱 킬로미터 정도로, 지구에 존재하는 전체 물의 양 가운데 97퍼센트 이상을 차지한다. 나머지는 실개천, 개울, 강, 호수, 빙하 같은 담수로 이루어져 있다. 꼭 3퍼센트 정도에 불과한 담수 가운데 인간이 식수로 사용하는 물의 양은 전체 담수의 1퍼센트에도 미치지 못한다.

울름 대학의 일반과학 평생교육센터에서 이것과 관련하여 한 가지 근사한 비유를 제시하였다. 지구에 비축된 전체 물의 양을 욕조 하나를 가득 채울 정도의 양, 그러니까 약 150리터로 가정하면, 지구의 담수 비축량은 청소 양동이 하나를 가득 채울 정도의 양인 4.5리터에 해당하고, 인간이 사용할 수 있는 담수의 양은 리큐르 술잔 하나를 채울 정도의 양인 0.02리터로 '환산'할 수 있다. 담수와 해수를 모두 합친 이 물은 약 45억 년 전부터(우리 지구가 탄생한 시점 이후로) 응집상태를 지속적으로 바꾸어 가면서 각각의 영역을 가로질러 흘러왔다. 이때 물의 순환은 주로 두 가지 힘에 의해서 유지되어왔다. 중력과 태양이 바로 그것이다. 간단하게 설명하자면, 바닷물이 증발하여 수증기 형태로 공기 중에 도달한다. 수증기는 그곳에서 응결되어 비, 우박 혹은 눈의 형태로 다시 땅에 떨어진다.

증발, 응결, 냉각, 해동으로 이루어진 끊임없는 순환 속에서 물은 자신의 응결상태를 변화시킨다. 액체에서 고체 혹은 기체로 바뀌었다가 다시 액체가 되는 것이다.

따라서 발트해 물이 지중해나 대서양 물보다 짠맛이 덜한 이유를 묻는 질문에 대한 답은 바로 물의 순환에 있다. 빗물에는 미량의 이산화탄소가 함유되어 있기 때문에 살짝 산성을 띤다. 이런 빗물이 지면과 암석에 닿으면 그 안에 저장되어 있던 암염을 녹인다. 녹아내린 암염은 흘러가는 빗물과 함께 강을 거쳐 바다로 운반된다. 바닷물에 용해된 소금은 90퍼센트 이상이 염화물과 나트륨 이온으로 구성되어 있다. 바닷물이 증발되면 염화나트륨이 남겨지는데, 식염으로도 불리는 이것은 우리가 음식에 간을 할 때 즐겨 사용하는 것이기도 하다. 바다의 염분 함량, 즉 염도는 바다에 따라서 달라지는데, 이미 언급한 바와 같이 질량 분율mass fraction로 따졌을 때 평균 3.47퍼센트 수준이다. 그러니까 바닷물 1킬로그램당 염화나트륨 34.7그램이 들어 있는 것이다.

바다의 염분 함량 차이는 주로 강수량, 지류의 숫자, 증발 강도 등에 의해서 발생한다. 발트해가 지중해보다 짠맛이 덜한 이유는 그곳으로 흘러드는 담수 지류의 규모가 훨씬 더 크고, 북쪽으로 올라갈수록 아열대인 지중해 지역보다 비가 더 자주 내리기 때문이다. 뿐만 아니라 바닷물의 증발 비율 또한 온도가 대체로 더 높은 지중해 지역이 발트해 지역보다 현저하게 높다. 몇 가지 예를 들어 보자면 발트해의 평균 염도는 0.8퍼센트이고, 독일 북쪽 바다의 염도는 3.5퍼센트, 지중해의 평균 염도는 3.74퍼센트, 대서양은 3.54

퍼센트, 그리고 홍해는 4퍼센트다. 그런데 염분 함유 비율이 가장 높은 곳은 놀랍게도 바다가 아니라 남극에 있는 돈-주앙 호수다. 염도가 40퍼센트가 넘는 이 호수의 물은 영하 40℃의 엄청난 추위에도 얼지 않는다. 두 번째로 염도가 높은 곳은 아프리카 동부 지부티에 있는 아쌀 호수Lac Assal로, 염도가 35퍼센트에 이른다. 서열 3위는 사해다. 그런데 실제로 사해는 그 이름과는 달리 바다가 아니라 내륙호다. 그곳의 염도는 28퍼센트를 기록하고 있다. 그런데 바닷물에 녹아 있는 소금 전부가 육지에서 온 것은 아니다. 열수분출공과 해저 화산분출도 마찬가지로 암염을 끊임없이 공급해주는 역할을 한다. 왜냐하면 해저에서 화산이 분출 될 때 밖으로 흘러나온 용암 속 소금이 바닷물에 녹아들기 때문이다.

어쩌면 염분과 무기물 함량이 바다와 우리를 밀접하게 이어주고 있는 것인지도 모르겠다. 이따금씩 나는 피 대신 소금이 혈관을 타고 흐르는 것 같다는 느낌을 받곤 하는데, 진화생물학자 마르틴 노이캄Martin Neukamm의 이론에 따르면 여기에는 아주 소량이기는 하지만 일말의 진실이 담겨 있을 수도 있다. 『오늘의 다윈Darwin heute』이라는 저서에서 노이캄은 인간의 혈액과 바닷물 속에 들어 있는 무기질 함량을 비교하고 다음과 같은 사실을 확인하였다. 인간의 혈장 속에 들어 있는 나트륨, 칼륨, 칼슘, 염소 이온의 성분비는 94:3:2:70이다. 이 말은 나트륨 이온 94개마다 칼륨 이온 3개, 칼슘 이온 2개, 염소 이온 70개가 있다는 뜻이다. 바닷물 속에 들어 있는 이 이온들의 성분비는 94:2:2:100으로 인간의 혈액과 거의 동일하다. 노이만의 주장에 따르자면, 이것이 바로 우리 인간들이 바다에서 유래했다는 사실에 대한 증거라고 한다. 이 이론을 믿을 것인지 말 것인지는 이 자리에서 결정할 문제가 아니다. 어쨌거나 나는 그 이론이 매우 흥미롭고 그럴싸한 것 같다. 그리고 만약 실제로 그것이 사실이라면, 바다에 대해서 내가 느끼는 연대감이 충분히 설명될 수 있을 것이다.

기후를 요리하는 바다와 바닷속 컨베이어벨트

누군가와 가벼운 대화를 나눌 때 짤막하게나마 날씨 이야기를 하고 넘어가지 않는 경우는 아마도 없을 것이다. 내가 보기에 날씨 이야기에 관한 한 그 분야의 무관의 제왕은 명백하게 영국인들이다. 모르긴 해도 영국에 체류하던 기간만큼이나 내가 날씨 이야기를 시도 때도 없이 늘어놓은 적은 없을 것이다. 누군가를 만났을 때 비, 해, 다시 비로 이어지는 날씨 이야기를 몇 마디 주고받지 않고서는 헤어지는 법이 없었다. 그럼에도 불구하고 만에 하나 날씨 이야기를 빼먹으려고 시도할 때면, 그것은 거의 불경죄와 맞먹는 언행으로 치부되었다. 그러니 혹시 앞으로 영국에 갈 일이 생긴다면 매일, 아니 하루에도 여러 차례 지역 날씨에 관한 정보를 수집하도록 하라. 그러면 기분 좋게 가벼운 대화에 끼어들 수 있을 것이다!

그런데 날씨는 도대체 어떻게 만들어질까? 그리고 기후란 무엇이며 바다는 기후에 어떤 작용을 할까? 무엇보다도 중요한 것은 날씨와 기후의 차이를 이해하는 것이다. 날씨는 특정한 장소와 특정한 시점에 나타나는 단기적인 대기 상태를 말한다. 날씨는 개인적이고 직접적으로 체험되고 감지된다. 예컨대 밖에 나가서 산책을 하다가 소나기를 만났을 때 당신은 직접 비를 느끼고 감지하게 된다. 운이 좋아 날씨가 빨리 바뀌면 조금 전에 당신이 마주친 소나기는 아름답고, 따스하고, 건조한 햇살에게 자리를 양보하고 뒤로 물러날 것이다. 반면 기후는 장기간의 상태, 즉 최소 30년의 시간 동안 나타난 날씨의 평균값으로 정의할 수 있다. 이때에는 날씨와 관련된 모든 가능한 변수를 장기적으로 측정하여 통계적으로 정리한다. 따라서 기후는 직접적으로 느끼고 감지할 수가 없다.

바다는 우리의 기후에 결정적인 영향을 미친다. 여기서 잠시 위에서 설명한 대류 현상의 역할을 다시 살펴보도록 하자. 온도와 염분의 차이, 그리고 여기에 바람이 더해져 만들어진 물의 밀도 차이는 전 세계에 걸친 물의 순환운동이자 '바다의 컨베이어벨트'로 불리기도 하는 '열염분순환thermohaline circulation'을 추진하는 주요 동력으로 작용한다. 근본적으로 열 염분 순환은 겨울철에 염분 함량이 높은 무겁고 차가운 물이 최대 수심 2000미터 정도까지 가라앉으면서 시작된다. 물이 아래로 가라앉는 현상, 즉 대류 현상은 극지방의 대류 지대에서만 제한적으로 발생한다. 요컨대 북대서양의 그린란드해와 래브라도해, 남극 지방의 웨들해와 로스해에서만 발생하는 것이다. 염분을 함유한 채 아래로 가라앉은 차가운 물 덩어리는 심해 조류의 형태로 적도 방향으로 흘러 따뜻하게 덥혀진다. 온도가 올라가면서 무게가 가벼워진 물 덩어리는 그곳에서 다시 위로 상승한다. 이어서 따뜻한 물은 표층수가 되어 다시 북쪽으로 향한다. 그리고 그곳에서 증발하고 냉각되어 다시 아래로 가라앉는다. 이런 식으로 세 개의 대양을 (대서양, 태평양, 인도양) 서로 연결하는 완결된 순환 구조가 형성된다.

그 밖에도 이 글로벌한 컨베이어벨트에 몸을 실은 물 덩어리는 비록 현저하게 적은 부분이기는 하지만 바람과 코리올리힘Coriolis force을 통해서도 동력을 제공받는다. 코리올리힘이라는 명칭은 1835년 사상 최초로 이 힘을 수학적으로 연구한 프랑스 과학자 가스파르 귀스타브 드 코리올리Gaspard Gustave de Coriolis의 이름을 따서 붙여진 것이다. 코리올리힘은 지구자전에 의해 발생하는 전향력으로 정의된다. 물줄기처럼 직선운동을 하는 물체는 북반구에서는 동쪽(오른쪽)으로 회전하고, 남반구에서는 왼쪽으로 굴절된다. 순환에 참여하는 물의 총량은 40만 세제곱 킬로미터에 이르는데, 이것은 전체 해양수의 약 3분의 1에 해당하는 양이다. 이때 표면에서 흐르는 물줄기는 어마어마한 양의 온기를 실어 나른다. '유럽의 난방장치'로도 불리는 멕시코만류계Gulf Stream System는 전 세계를 아우르는 열염분 순환의 중요한 한 부분인 동시에 우리에게 가장 잘 알려져 있는 부분이기도 하다. 이것은 서유럽과 북유럽의 기후가 동일한 위도에 위치한 다른 지역에 비해서 상대적으로 온건한데 대한 한 가지 원인이 되기도 한다. 만약 온기를 실어 나르는 멕시코만류가 없었더라면, 우리가 사는 지역의 기온은 평균 5℃에서 10℃ 정도 낮아졌을 것이다.

멕시코만류계는 대서양을 빠른 속도로 가로질러 흐르는 평균 수온 26℃의 따뜻한 표층수다. 가장 뜨거운 지점의 온도는 최대 30℃에 이른다. 멕시코만류계는 지구에 존재하는 하천을 모두 합친 것보다도 많은 양의 물을 카리브해에서 북유럽까지 운송한다. 멕시코만류계는 북적도해류North Equatorial Current와 남적도해류South Equatorial Current에서 따뜻한 물 덩어리를 공급받는다. 멕시코만류는 아프리카 서부 해안 앞에 펼쳐진 대서양에서 출발하여 계절풍의 도움을 받아 카리브해를 통과하는데, 이 지점에서 온도가 최고조에 달한다. 그것은 자신에게 이름을 지어준 멕시코만을 통과한 후 계속해서 플로리다 해협을 통과한다. 이 지점에서 멕시코만류는 플로리다 해류가 되어 초당 최대 3000만 세제곱미터의 물을 수송한다.

플로리다 해류와 앤틸리스 해류가 합류하여 엄밀한 의미에서 진정한 멕시코만류가 만들어진다. 이후 이것은 미국 동부 해안을 따라 북쪽으로 흐른다. 코리올리힘과 그 지역에서 주도권을 잡고 있는 서풍으로 말미암아 멕시코만류는 노스캐롤라이나주 해터러스곶Cape Hatteras에서 방향이 북동쪽으로 굴절된다. 그곳에서 멕시코만류는 북쪽에서 비롯된 차가운 래브라도해류를 만나 북대서양해류가 된다. 그런데 북대서양해류가 되면서 그것은 눈에 띌 정도로 온기와 힘을 잃어버린다. 대서양 동쪽에서 멕시코만류는 두 갈래로 나뉜다. 카나리아해류는 남쪽으로 꺾어져 아프리카 서부해안을 따라 다시 북적도해류로 흘러들어간다. 첫 번째 순환이 마무리되는 순간이다. 또 다른 한쪽은 북대서양해류가 되어 아일랜드와 스코틀랜드 해안을 거쳐 노르웨이해로 흘러든다. 다시금 차가워지고 염분 함량이 높아진 물은 그곳에서 심해 깊숙이 가라앉는다. 그리고 거기에서 심해수가 되어 다시 대서양으로 흘러간다. 이로써 두 번째 순환이 완성된다. 예컨대 아일랜드 사람들이 아일랜드 남서부 해안에서 한가롭게 야자수 아래를 거닐 수 있는 것도 이처럼 물이 순환운동을 하면서 온기를 수송해주는 덕분이다.

그런데 과학 학술지 「네이처Nature」에 실린 두 편의 새로운 연구 논문에 따르자면, 안타깝게도 북대서양에 있는 유럽의 난방장치 기능이 쇠약해져 예전만 못하다고 한다. 북대서양 순환 해류가 힘을 잃어버렸기 때문이다. 그것도 꽤 오래전부터 말이다. 포츠담 기후영향 연구소의 레프케 케사르Levke Caesar는 순환 해류의 속도 저하를 특징적으로 보여주는 두 가지 지표를 찾아내었다. 아한대 대서양의 냉각과 멕시코 만류의 온도 상승이 그 두 가지 지표다. 데이비드 토넬리David Thornalley와 그 동료들의 연구 또한 지난 150년 동안 순환 해류가 약 15~20퍼센트 정도 약해졌다는 결론에 도달했다. 만약 순환 펌프가 계속해서 더 약해진다면, 유럽 날씨에도 더 큰 변화가 찾아올 수 있다. 예컨대 기온이 상승하고, 저기압 지대의 경로 변화와 해양 온도분포 변화로 말미암아 대형 폭풍이 닥칠 위험성이 고조될 수 있는 것이다.

그런데 멕시코 만류는 단지 어마어마한 양의 온기만 운반하는 것이 아니라, 크고 작은 바다동물들의 운송수단으로 사용되기도 한다. 말하자면 크게 힘들이지 않고 A 지점에서 B 지점으로 이동하는 데 이용하는 대중교통수단과도 같다. 멕시코 만류가 붉은바다거북*Caretta caretta*이나 혹등고래*Megaptera novaeangliae* 같은 바다 동물들의 매력적인 교통수단으로 자리매김하게 된 것은 단지 빠른 유속 때문만이 아니라 풍성한 뷔페로 대표되는 훌륭한 탑승 서비스 때문이기도 하다. 동풍을 타고 바다로 날아와 물속에 저장된 사하라

사막의 영양소 덕분에 식물성 플랑크톤이 크게 번성하게 된다. 식물성 플랑크톤은 다양한 생물의 유생단계와 또 다른 극도로 작은 생명체들로 구성된 동물성 플랑크톤의 기본 먹잇감이 된다. 이어서 작은 물고기들이 동물성 플랑크톤을 잡아먹는다. 그리고 작은 물고기는 다시금 큰 물고들과 다른 동물들의 먹잇감이 된다. 해양 먹이사슬을 따라 이런 과정이 계속해서 쭉 이어진다. 이와 함께 모든 승객들의 물질적 쾌락이 최고조로 충족된다.

바다거북의 여행

아마도 바다거북은 바다에 열광하는 모든 사람들의 가슴을 뛰게 하는 동물 중 하나일 것이다. 테이블 산호 아래에서 단잠에 빠진 바다거북을 본 적이 있거나 부지런히 먹잇감을 먹어 치우고 있는 바다거북의 모습을 본 적이 있는 사람이라면, 내가 무슨 말을 하는지 잘 알 것이다. 바다거북이 다가와 살짝 호기심 어린 눈초리로 아무 거리낌 없이 당신을 자세히 관찰하는 것을 경험해본 적이 있는가? 그것은 정말이지 세상에서 가장 멋진 경험 중 하나다. 바다거북은 두 가지 과科로 나뉜다. 우선 바다거북과Cheloniidae에는 모두 여섯 종種이 포함되어 있다. 푸른바다거북*Chelonia mydas*, 붉은바다거북*Caretta caretta*, 매부리바다거북*Eretmochelys imbricata*, 납작등바다거북*Natator depressus*, 올리브각시바다거북*Lepidochelys olivacea* 그리고 켐프각시바다거북*Lepidochelys kempii*이 그들이다. 반면 장수거북과Family Dermochelidae에 속하는 것은 장수거북*Dermochelys coriacea* 딱 한 종밖에 없다. 모든 바다거북의 공통점은 육지에 서식하는 거북에 비해 유선형인 몸통과 눈에 띄게 평평한 등껍질이다. 여기에 덧붙여 그들의 사지는 바다 생활에 적합하게 강력한 지느러미로 변형되어 있다. 그들의 눈에 붙어 있는 염유선salt gland(염을 분비하는 샘)은 해양 생활공간에 적응하여 만들어진 또 다른 신체기관이다. 이 선은 농축된 소금물을 끊임없이 외부로 방출함으로써 신장이 혈액 속 염분을 조절하는 데 도움이 된다.

바다거북과에 속하는 대표주자들과 비교를 해보자면, 장수거북에게는 뼈와 뿔로 만들어진 등껍질이 없다. 그런데 안타깝게도 거북 등껍질은 식품 재료로 사용되는 거북딱지를 만드느라 무분별하게 남용되고 있다. 장수거북은 단단한 등껍질 대신 가죽 성질의 두꺼운 피부로 만들어진 비교적 연한 껍질을 가지고 있는데, 뼈로 된 작은 판들이 그 안에 삽입되어 있다. 장수거북은 등껍질 길이가 최대 2미터가 넘고, 몸무게가 평균 300~500킬로그램에 이른다. 하지만 몸무게가 700킬로그램이나 나가는 거북도 이미 여럿 발견되었다. 어쨌거나 장수거북은 모든 바다거북을 통틀어 몸집이 가장 크다. 물방울 모양으로 생긴 장수거북의 거대한 몸통은 모든 바다거북의 몸통 중에서 가장 유선형이고, 최대 2.7미터에 이르는 앞발은 헤엄을 치는 해양 파충류의 앞발 중에서 가장 길다. 장수거북의 몸은 검푸른 색이거나 어두운 회색이고, 그 위에 흰색 점이나 담홍색 점이 찍혀 있다. 거북의 등 위로는 목에서부터 꼬리까지 일곱 개의 도드라진 선이 이어져 있다.

장수거북은 그 어마어마한 크기나 태곳적 외모도 인상적이지만, 아주 깊은 심해까지 잠수할 수 있는 능력 또한 매우 인상적이다. 보통 이 동물은 표해수층에 머무르거나 드물게 수심 250미터 이상까지 잠수를 하지만, 최대 수심 1230미터까지 잠수한 기록도 보유하고 있다. 이와 함께 장수거북은 전 세계에서 가장 깊이 잠수하는 해양 동물 중 하나로 꼽힌다. 이것으로 끝이 아니다. 장수거북은 세상에서 가장 빠른 파충류이기도 하다. 그들은 최대 시속 35.28킬로미터의 속력으로 헤엄을 칠 수 있다. 이런 능력 덕분에 1992년에는 심지어 기네스 기록보유자로 등극하기도 했다. 이 동물은 낮 동안 먹잇감인 해파리를 쫓아 그처럼 깊은 심해로 잠수하는 것으로 추정된다. 그리고 밤이 되면, 마찬가지로 먹잇감을 쫓아 다시 수면으로 올라온다.

주로 해파리를 먹고 사는 장수거북은 해파리 개체수를 통제하는 역할을 한다. 어마어마하게 거대한 크기에도 불구하고 이 바다 공룡에 대해서 우리가 알고 있는 내용은 보잘 것 없다. 이 거인들은 태곳적부터 세계 곳곳의 바다에 서식하였다. 그러나 이 동물들의 최대 수명에 대해서는 오늘날까지도 정확하게 밝혀진 것이 없다. 혹자는 30년으로 추측하고, 혹자는 50년 정도가 더 가능성이 높다고 생각한다. 그런가 하면 또 다른 사람들은 최대 100년으로 추정하기도 한다. 열대와 아열대 바다에 출몰하는 장수거북은 모든 바다거북 가운데 세력 범위가 가장 넓다. 장수거북의 분포 구역은 북쪽으로는 알래스카와 노르웨이까지 미치고, 남쪽으로는 아프리카 최남단 아굴라스곶Cape Agulhas과 뉴질랜드 남단까지 이어져 있다. 장수거북이 세계의 거의 모든 바다를 이처럼 성공적으로 정복할 수 있었던 것은 바로 체온 때문이다. 그들 역시 다른 모든 파충류들과 마찬가지로 변온동물이기는 하지만, 그럼에도 그들은 체온을 주변 수온보다 최대 20도까지 높게 유지할 수 있다.

이 동물은 거의 전 생애를 끝없이 이어진 푸른 바닷속에서 보낸다. 다만 암컷들은 2년마다 한 번씩 알을 낳기 위해 그들이 태어난 해변이나 출생지 근처의 모래 해변으로 다시 돌아온다. 이때 그들은 먹잇감이 풍부한 정착지를 떠나 수천 킬로미터를 헤엄쳐 열대와 아열대 지역의 둥지로 되돌아온다. 그런 부화장소가 전 세계적으로 60곳이 넘는 것으로 알려져 있는데 대서양, 인도양, 그리고 태평양의 다양한 해안에 분포되어 있다. 암컷들은 알을 낳기 위해 밤이 되면 물을 떠나 해변으로 기어 올라간다. 이어서 그들은 만조 때 물이 도달하는 경계 지점 위쪽의 고운 모래 속에 발로 힘겹게 구덩이를 판다. 장수거북 암컷은 평균적으로 약 110개의 알을 낳는데, 그 가운데 새끼 거북으로 성장하는 것은 고작 15퍼센트 정도밖에 되지 않는다. 알을 낳은 후 암컷은 구덩이를 모래로 조심스럽게 덮은 다음 바다로 돌아간다. 산란 기간 동안 암컷은 여러 차례 해변으로 다시 돌아와 또 다른 구덩이를 파고 그것을 알로 채운다. 약 두 달이 지나면 자연의 보호 속에서 새끼 장수거북이 모래를 헤치고 밖으로 나와 길고 위험한 여행을 시작한다.

다른 모든 파충류들과 마찬가지로 장수거북의 성별 또한 주변 기온을 통해서 결정된다. 둥지 온도가 29.4℃ 정도면 암컷과 수컷이 대략 동일한 비율로 섞여 나오는 반면, 기온이 그보다 더 높으면 암컷이 더 많아지고, 낮으면 수컷이 더 많아진다. 둥지를 떠난 어린 파충류들은 가장 밝은 쪽으로 향하는데, 그 방향은 사람의 손이 닿지 않은 천연의 해변에서 탁 트인 바다 수평선으로 이어져 있다. 수컷은 일단 몸을 물에 담그고 나면 다시는 바다를 떠나지 않는다. 반면 암컷은 훗날 순환 주기가 완성되면 알을 낳기 위해 다시 자신이 태어난 해변을 찾게 된다. 새끼 거북은 그때부터 홀로 서기를 시작하여 무수한 위험에 노출된다. 이미 해변에서부터 굶주린 갈매기가 아기 거북을 덮친다. 뿐만 아니라 들개, 코요테, 도마뱀, 유령 게 등도 아기 거북으로 굶주린 배를 채운다. 가까스로 물에 도착했다고 하더라도 안전은 여전히 요원한 일이다. 또 다른 위험들이 물속에 도사리고 있기 때문이다. 바다에 도착한 아기 바다거북은 오징어와 상어, 그리고 그 밖에 다른 큰 물고기들의 메뉴판에 오르는 신세가 된다. 잃어버린 시절lost years로 불리기도 하는 바다거북의 유년기에 대해서는 거의 알려진 것이 없다. 우리는 그들이 바다 전체에 뻗어 있는 이동 루트를 따라 몇 년에 걸쳐 이동한다는 사실을 알고 있다. 그러나 그들이 정확하게 어디에 머무르는지, 그리고 무엇을 먹고 사는지는 거의 알려져 있지 않다. 아기 바다거북들은 해변을 떠난 시점으로부터 몇 년이 흐른 후에 눈에 띄게 몸집이 커진 상태로 먹잇감이 풍부한 정착지 부근에서 모습을 드러낸다. 수십 년 전부터 다수의 연구팀이 선상 관찰과 해류 데이터, 생체조직 연구, 그리고 인공위성 추적 등을 통해 수집한 정보의 퍼즐 조각들을 모으고 있다.

지금까지 그나마 가장 많이 알려져 있는 것은 붉은 바다거북의 여행인데, 그중에서도 특히 플로리다 개체군의 여행 루트가 가장 널리 알려져 있다. 플로리다 해변에서 새끼 바다거북의 여행이 시작된다. 새끼 바다거북이 힘겹게 모래를 뚫고 지표면에 도달하고 나면 그에 이어서 바다 가장자리를 향한 가혹한 행렬이 시작된다. 바다거북은 둥지에서 바다까지 이어지는 약 40미터의 구간을 목숨을 걸고 기어간다. 굶주린 갈매기 부리를 이리저리 피하면서 제대로 된 길을 찾고 게, 코요테 같은 포식자들보다 잽싸게 움직이는 데 성공한 바다거북들은 연안수의 위험지대를 벗어나 비교적 안전하고 따뜻한 멕시코 만류 속으로 잠겨 들어가 거기에 몸을 맡긴다. 이어서 그들은 며칠 낮과 밤을 쉬지 않고 헤엄을 치면서 해류와 함께 움직인다. 이윽고 사르가소해에 도착하면, 수면에서 춤추는 갈조류 속에서 안식처와 풍성한 먹잇감을 발견한다. 그곳에는 모자반*Sargassum* spp.이 물줄기 비슷한 모양으로 빽빽하게 군집을 이루고 있는데, 새끼 바다거북은 그 안에서 난생 처음으로 휴식을 취하면서 힘과 기력을 회복한다. 그곳의 해조류 목장에는 수많은 유기체들이 살고 있다. 새끼 바다거북은 그중에서도 특히 게의 유충과 따개비, 물고기 알, 그리고 그 밖에 다른 작은 동물들을 먹어 치운다.

기력을 회복한 바다거북은 다시 멕시코만류를 타고 북대서양을 가로질러 뉴펀들랜드 방향으로 수천 킬로미터를 이동한다. 그리고 그곳에서 아조레스제도를 향한 여정이 시작된다. 그런데 이때 그들은 직항로를 선택하는 대신 몸을 따뜻하게 유지하기 위해서 상대적으로 수온이 차가운 지역을 우회하여 헤엄을 친다. 그리고 그 과정에서 햇빛을 이용하여 몸을 덥힐 목적으로 대부분의 시간을 수면에서 보낸다. 아조레스제도에 도착한 후 그들의 여정은 카리브해로 계속 이어진다. 이후 그들은 암컷이 알을 낳기 위해서 출생지 해변으로 다시 헤엄쳐가기 전까지 향후 20~30년을 카리브해에서 보낸다.

바다거북은 그야말로 초감각의 소유자들이다. 그들은 이런 초감각적인 능력을 이용하여 지구 자기장을 지침으로 삼는다. 자기장 감지 능력의 도움으로 그들은 위도뿐만 아니라 경도도 알아차릴 수 있다. 지구에 존재하는 모든 지역은 그것만의 고유한 지구자기장 모형을 지니고 있는데, 바다거북 암컷은 이것을 이용하여 바다를 가로질러 항로를 잡고 그들이 태어난 해변으로 되돌아간다. 고향 해변에 도착한 암컷들은 밤이 찾아오면 모래에 둥지를 파고 23개에서 180개의 알을 낳는다. 부화되는 시간에 따라 49일에서 최대 80일이 지난 후에 작은 아기 바다거북들이 알에서 빠져나와 바다로 향한다. 하나의 순환과정이 완성되는 순간이다.

수 년에 걸친 붉은바다거북의 여행은 동물의 제국 전체를 통틀어 가장 기간이 긴 여행에 속한다. 왜냐하면 플로리다 해변에 있는 그들의 출생 장소에 도착하기까지 최대 1만5000킬로미터를 이동해야 할 수도 있기 때문이다. 이것은 베를린에서 호주 남부에 위치한 아델라이데까지 비행기로 이동해야 하는 거리와 맞먹는다. 그런데 알에서 부화한 모든 바다거북이 성체로 성장하는 것은 아니다. 바다거북 1000마리 중 고작 한 마리만이 번식이 가능한 나이까지 성장하는 데 성공하는 것으로 추정된다. 그런데 바다거북의 생명을 위협하는 것은 결코 갈매기, 상어 등등만이 아니다. 모든 바다거북의 최대 적은 바로 인간이다. 워싱턴 생물종보호협약CITES(멸종 위기에 처한 야생 동식물종의 국제거래에 관한 협약. 1975년부터 발효되기 시작한 협약으로 일명 워싱턴협약이라고도 한다-옮긴이)에 의거하여 모든 바다거북종이 보호종으로 지정되고, 포획과 살상 행위가 금지되어 있을 뿐만 아니라, 1979년 이후로는 모든 종류의 바다거북 제품 거래가 금지되어 있음에도 불구하고 매년 수천 마리의 바다거북이 인간의 손에 죽임을 당하고 있다. 현재 바다거북은 멸종 위기에 처해 있다. 바다거북의 둥지가 있는 해변에 호텔 복합단지가 건설되는가 하면 바다거북 알을 약탈하여 거래하는 행위와 거북 고기와 갈망의 대상인 거북 등딱지를 얻을 목적으로 바다거북을 죽이는 행위에 이르기까지 갖가지 위협이 난무하고 있다. 뿐만 아니라 무수한 바다거북이 어망이나 원양 어업용 낚싯줄에 걸려서 혹은 해양 오염으로 말미암아 고통스럽게 생을 마감하고 있다. 이에 맞서서 전 세계 동물 보호활동가들이 바다거북의 둥지를 밀렵으로부터 보호하고 새끼 바다거북을 안전하게 바다로 인도하여 종 존립에 기여하는 활동을 펼치고 있다.

하지만 위협을 받고 있는 것은 단지 바다거북만이 아니다. 바닷속에서 가장 덩치가 큰 동물인 고래 역시 과거는 물론이고 현재에도 여전히 우리 인간들에게 쫓기고 있다. 바다의 거인 고래보다 더 많은 신화와 전설에 둘러싸인 동물은 아마도 없을 것이다. 그리고 우리 인간들은 수백 년 전부터 이런 저런 방식으로 이 거인들과 긴밀하게 연결되어 있다.

지능이 높은 가수

고래는 지구에 살고 있는 포유류 중에서 가장 몸집이 큰 동물이다. 그들의 사회구조는 우리 인간의 사회구조와 유사하게 매우 복잡하다. 그들은 많은 어휘를 보유하고 있으며 심지어는 서로 간에 이름을 부르기도 한다. 다양한 종이 보유한 각기 다른 사냥 전략은 고래가 영리할 뿐만 아니라 지능이 높다는 사실을 짐작케 한다. 고래는 물에서만 산다. 그리고 고래종은 모두 90여 종에 이르는데, 이들은 크게 두 가지 아목亞目으로 나뉜다. 수염고래아목Suborder Mysticeti과 이빨고래아목Suborder Odontoceti이 그것으로, 특히 후자에는 돌고래도 포함된다. 수염고래아목은 위턱에서 아래쪽으로 늘어뜨려져 있는 빗처럼 생긴 수염판을 이용하여 물에서 플랑크톤과 작은 물고기를 걸러낸다. 혹등고래나 대왕고래처럼 덩치가 큰 대부분의 고래 종이 여기에 속한다. 이빨고래류Odontoceti는 각질로 이루어진 수염 대신 이빨을 가지고 있는데, 그것으로 먹잇감을 제압한다. 다른 물고기들과는 대조적으로 수평으로 뻗어 있어 헤엄을 칠 때 위아래로 움직이는 꼬리지느러미는 모든 고래에게서 공통적으로 찾아볼 수 있는 특징이다. 사실 고래와 물고기를 분류하는 일은 매우 혼란스러울 수 있다. 왜냐하면 두 그룹의 신체 형태가 매우 유사하기 때문이다. 완전히 뒤죽박죽이다! 그러나 고래의 꼬리지느러미와 상어의 꼬리지느러미는 각기 명백한 특징을 지니고 있어 뚜렷한 구별 기준이 된다. 상어의 꼬리지느러미는 고래와는 대조적으로 수직으로 서 있고, 헤엄을 칠 때 좌우로 움직인다. 또한 고래와 돌고래는 꼬리지느러미 외에 또 다른 특징들 때문에 (어류가 아닌) 포유류의 일원으로 분류된다. 요컨대 그들은 온혈동물이고, 새끼를 낳고, 어린 새끼에게 젖을 먹이고, 공기 호흡을 하기 때문에 반드시 수면으로 헤엄쳐 올라가야 한다는 특징을 지니고 있다. 반면 상어 같은 어류는 아가미의 도움으로 물속에서 산소를 취할 수 있다.

고래와 돌고래는 의사소통에 매우 능한 동물인데, 이것은 그들이 살아가는 생활공간에서 필수적인 요소이기도 한다. 앞서서 '물고기의 노래'에서 이미 이야기한 바와 같이, 물속에서 살아가는 많은 동물들이 음향을 이용한 의사소통에 의존한다. 왜냐하면 물속에서는 흔히 시야가 매우 제한적인 데다 냄새의 확산 속도도 상대적으로 느리기 때문이다. 따라서 물속에서 시각과 후각은 제한적으로만 유용성을 지닌다. 이런 이유로 고래와 돌고래는 노래와 휘파람 소리, 따따하는 소리, 으르렁거리는 소리를 비롯한 다른 수많은 소리를 이용하여 의사소통을 한다.

이때 그들이 음향을 만들어내는 방식은 우리 인간들과는 크게 다르다. 우리는 후두를 통해 들어온 공기를 성대와 입술의 움직임, 그리고 혀를 이용하여 소리와 단어로 만든다. 그러나 바다 포유류들이 소리를 만들어내는 방식은 완전히 다르다. 뿐만 아니라 이빨고래와 수염고래 간에도 차이가 있다. 돌고래, 외뿔고래, 쇠돌고래, 향고래 등이 속해 있는 이빨고래는 대부분 고주파수의 딸칵하는 소리와 휘파람 소리, 그리고 드물게는 오랫동안 지속되는 선율을 이용하여 의사소통을 한다. 딸칵하는 소리는 주로 반향정위 echolocation, 즉 음향을 통해 주변에 대한 정보를 얻는 데 사용되는 것으로 추정된다. 이때에는 다양한 주파수가 동원된다. 가까운 곳을 탐지할 것인지 아니면 먼 곳을 탐지할 것인지, 필요에 따라 각기 다른 주파수가 동원되는 것이다. 딸칵하는 소리를 냈을 때 돌아오는 메아리가 혹시 먹잇감일지도 모르는 목표물까지의 거리에 대한 정보와 더불어 움직이는 목표물의 형태와 재질구성, 크기, 그리고 속도에 대한 정보도 함께 제공한다. 심지어 이 동물들은 무리 안에 있는 다른 고래의 메아리 소리에 방해가 되지 않도록 자신의 메아리 소리를 따로 격리시키는 능력까지 보유하고 있다. 메아리와는 달리 휘파람 소리는 서로 간에 의사소통을 하는 데 사용된다. 어린 새끼의 경우, 넉 달에서 여섯 달 정도만 지나면 자신만의 고유한 휘파람 소리를 가지게 된다. 휘파람 소리는 고래들이 평생 동안 가장 빈번하게 사용하는 소리다. 그 소리는 각 개체를 뚜렷하게 구분해주는 징표다. 그것은 서로 간에 통용되는 일종의 식별 표지라고 할 수 있다. 요컨대 이 동물들은 소리를 통해 자기 자신에게 '이름'을 부여하고, 이런 소리에 의거하여 스스로를 다른 동물들과 확실하게 구별되게 한다.

이 책의 첫 머리에서 나는 몰디브 북부에서 대략 300마리의 긴부리돌고래와 만났던 일을 언급했다. 그때 나는 그 동물들을 눈으로 보기에 앞서서 물속에서 그들의 휘파람 소리와 지저귀는 것 같은 소리를 먼저 들었다. 단지 그때만 그런 것이 아니었다. 그 전에도 또 그 후에도 여러 번 그랬다. 하지만 그때마다 늘 그 동물들을 실제로 볼 수 있었던 것은 아니다. 이따금씩은 너무 멀리 떨어져 있거나 물속 시야가 너무 나빴기 때문이다. 반대로 그들은 분명히 우리를 알아차릴 수 있었을 것이다. 그리고 반향정위를 이용하여 우리의 숫자와 이동 속도도 추적할 수 있었을 것이다. 어쩌면 그때 그들은 길고 가느다란 네 개의 지느러미를 가진 느리고, 둔하고, 지나치게 시끄러운 이 형체들을 조롱했을 지도 모른다.

이빨고래가 내는 소리는 그들의 머리에 있는 특수한 기관에서 만들어진다. 이빨고래의 머리에는 인간의 비강에 해당하는 이른바 음순phonic lips이 여러 개의 공기 주머니 사이에 자리 잡고 있다. 음순 사이로 공기를 밀어 넣으면 그것이 진동하기 시작한다. 이 진동이 고래의 멜론Melon으로 전달되어 그곳에서 딸칵하는 소리가 만들어져 외부로 전달된다. 멜론은 이빨고래의 머리 앞부분에 있는 지방조직과 결체조직으로 이루어진 특수한 구조물로, 두개골의 둥그스름한 앞면을 (대략 이마 부분) 형성한다.

반면 수염고래는 음순이 아니라 후두를 가지고 있는데, 인간의 후두와는 대조적으로 수염고래의 후두에는 성대가 없다. 지금까지도 사람들은 수염고래가 어떻게 소리를 만들어내는지 완벽하게 설명하지 못하고 있다. 비록 수염고래의 조음 과정이 불가사의로 남아 있기는 하지만, 부분적으로 매우 복잡한 그들의 노래는 수많은 연구의 주제가 되고 있다.

깊은 저음의 소유자인 대왕고래는 지구상에서 가장 몸집이 큰 동물일 뿐만 아니라 아주 멀리 떨어져 있는 동족들과 의사소통을 하는 것으로도 유명하다. 대왕고래는 흔히 혼자서 살아가지만 이따금씩 서로 간에 환담을 나누고 싶어 할 때고 있고, 또 실제로 그렇게 할 수도 있다. 그것도 어마어마한 거리를 뛰어 넘어서 말이다.

꾸르륵하는 소리, 윙윙대는 소리, 신음하듯 끙끙대는 소리, 찰칵하는 소리 등 그들이 만들어내는 저주파수의 시끄러운 외침은 소리 강도가 180데시벨로 동물의 제국 전체를 통틀어 가장 시끄러운 외침에 속한다. 그 소리는 물속에서 수천 킬로미터를 뛰어 넘은 곳까지 퍼져나간다. 제트기가 출발할 때 나는 소음이 약 140데시벨 정도이니, 얼마나 큰 소리인지 알 수 있다. 혹등고래와 마찬가지로 수염고래과에 속하는 대왕고래는 몸집이 아주 크다. 몸길이 22~33미터에 100~180톤에 달하는 몸무게를 가진 대왕고래는 과거와 현재를 통틀어 지구상에 살았던 동물들 중에서 가장 몸집이 큰 동물이다. 대왕고래는 영어로 '블루 웨일blue whale'로 불리는데, 청회색 몸색깔이 이런 이름을 얻는 데 결정적으로 작용했다. 대왕고래의 몸통 아랫부분은 윗부분에 비해 다소 밝은 색깔을 띤다. 머리는 아주 커서 전체 몸길이의 최대 4분의 1을 차지한다. 위쪽에서 관찰했을 때 대왕고래의 머리는 고딕식 첨두아치를 연상시키는데, 거기에는 눈길을 끄는 두 개의 분수공blow hole이 달려 있다. 분수공을 통해 솟구치는 분수, 그러니까 그들이 내뿜는 날숨은 최대 12미터까지 수직으로 솟구친다. 그 모양이 습기를 잔뜩 머금은 가늘고 긴 분무 기둥을 닮아 있다. 혹등고래와 마찬가지로 물을 여과하여 먹잇감을 집어삼키는 대왕고래는 입을 크게 벌리고 플랑크톤이 풍부한 물을 가로질러 헤엄쳐 다닌다. 대왕고래의 입 아래쪽을 보면 세로 방향의 주름이 나있다. 이것은 먹이를 먹을 때 약 4배 정도 확장되는데, 그 덕분에 고래는 물과 크릴을 톤 단위로 섭취할 수 있다. 입을 닫으면 주름이 다시 수축되면서 물이 수염을 통해 외부로 밀려 나간다. 하지만 먹잇감은 수염에 매달린 채 남겨진다. 이런 방식으로 대왕고래는 하루에 최대 7톤의 크릴을 '사냥'한다.

수염고래 중에서도 혹등고래 수컷은 진정한 오페라가수라고 할 만하다. 이 동물의 노래는 규칙적으로 반복되는 단일 단락들로 구성되어 있다. 노래 단락은 고래마다 제각각이고, 거듭 반복이 가능하다. 가끔씩은 최대 30분 동안 끊어지지 않고 지속되기도 한다. 이 노래는 동물의 제국을 통틀어 가장 길고 가장 복잡한 노래에 속하며, 날카롭게 끽끽대는 소리와 휘파람 소리, 그리고 낮고 조화로운 음으로 구성되어 있다. 몇 시간 혹은 심지어는 며칠에 걸쳐 거듭하여 반복되는 노래를 통해 그들은 암컷이나 자신의 경쟁자인 수컷에게 깊은 인상을 심어주려고 한다. 하지만 정확한 이유는 아직 분명하게 밝혀지지 않았다. 전 세계의 모든 바다에 다양한 혹등고래 집단이 출몰하는데, 각각의 집단마다 각기 다른 방언을 보유하고 있다. 독일의 다양한 지역에서 다양한 방언이 사용되는 것과 매우 비슷하다.

여기서 그치지 않고 이 거인들은 이를테면 서식 구역의 경계를 설정하거나 공동 사냥을 독려할 목적에서 또 다른 음들을 만들어 내기도 한다. 특히 사냥과 관련하여 그들은 거품그물 치기bubble net feeding라고 불리는 그야말로 놀라운 사냥 전략을 발전시켰다. 사냥을 할 때 혹등고래는, 때로는 여러 마리가 무리를 지어, 물고기 떼 아래쪽에서 헤엄을 치며 원을 그린다. 이때 그들은 원의 크기를 점점 좁혀가는 동시에 아래에서 위로 기포를 불어서 보낸다. 이를 통해 기포로 이루어진 장막bubble net이 형성되어 먹잇감의 도주를 방해하고 점점 더 좁아지는 공간 속으로 먹잇감을 한데 몰아넣는다. 이어서 혹등고래는 입을 크게 벌리고 아래에서 위를 향해 수직으로 헤엄치면서 한입에 먹잇감을 '꿀꺽 삼켜 걸러낸다.'

혹등고래를 한번 보고 싶은 마음은 굴뚝같지만 그렇다고 해서 멀리까지 여행을 떠나고 싶지는 않다면, 아조레스제도를 방문해볼 것을 추천한다. 북대서양에 위치한 포르투갈령 군도 아조레스제도는 고래를 관찰하기에 최적의 장소 가운데 하나다. 그곳에서는 3월부터 10월까지 다양한 종류의 돌고래부터 가장 덩치가 큰 대왕고래에 이르기까지 최대 20가지의 다양한 해양포유류 종을 관찰할 수 있다. 그런데 이때에도 역시 동물들의 안녕에 각별히 유의하는 관광업체를 물색해야 할 것이다. 특히 혹등고래는 호기심 넘치는 행동으로 유명하기 때문에 자칫 고래 관찰용 보트 가까이로 바싹 헤엄쳐올 수도 있다. 이때 보트 운전자가 세심하게 주의를 기울이지 않는다면 고래와의 거리가 지나치게 가까워져 보트 스크루에 고래가 심하게 부상을 당할 수도 있다. 혹등고래는 모서리가 뭉툭하고 아래쪽에 검고 흰 무늬가 있는 커다란 꼬리지느러미를 가지고 있기 때문에 다른 고래와 쉽게 구별을 할 수 있다.

혹등고래가 잠수를 할 때면 대부분 꼬리지느러미가 공중으로 치솟는다. 때문에 눈에 아주 잘 보인다. 전문가들은 꼬리지느러미 무늬를 각각의 개체를 식별하는 특징으로 이용한다. 혹등고래의 잠수 과정은 일반적으로 3분에서 9분 정도밖에 걸리지 않지만, 경우에 따라서는 45분까지 지속되기도 한다. 잠수를 할 때 몸통이 구부러지면서 등에 혹이 생기는데, 여기에서 이 종의 명칭이 비롯되었다. 또한 그들은 커다란 머리를 가지고 있고, 머리 윗부분과 아래턱에 작은 혹들이 나 있다.

그들의 긴 가슴지느러미 또한 눈길을 끄는데, 지느러미 아래쪽은 흰색이고, 위쪽은 대부분 검정색이다. 뿐만 아니라 혹등고래는 진정한 곡예사이기도 하다. 그들은 최대 30톤에 이르는 무거운 몸통을 이끌고 물에서 솟구쳐 나왔다가 철썩하는 소리를 내면서 다시금 물속에 착지한다. 혹등고래의 이런 도약은 관광객들에게 큰 즐거움을 선사할 뿐만 아니라, 추측컨대 의사소통 수단으로도 사용되는 것 같다. 그 밖에도 그들은 주변의 이목을 끌고 경쟁자들에게 깊은 인상을 심어주기 위해서 꼬리지느러미와 가슴지느러미로 빈번하게 수면을 두드리기도 한다. 하지만 노래와 마찬가지로, 이런 행동과 관련해서도 대답보다는 의문표가 더 많은 것이 사실이다. 어쨌거나 보는 이들에게 깊은 인상을 심어주는 장관인 것만큼은 확실하다! 언젠가 나는 버뮤다 군도에서 두 마리의 어른 혹등고래와 함께 스노클링을 하는 행운을 누렸다. 이 거인들 옆에 있자니 내 자신이 금세라도 부서져버릴 것 같은 연약하고 작은 난쟁이처럼 느껴졌다. 하지만 그 같은 호사는 결코 오래 지속되지 않았다. 그들이 꼬리지느러미로 물을 세 번 쳐서 깊고 깊은 바닷속으로 사라져버렸기 때문이다.

아쿠아파워-익스페디션 팀과 함께 12주간 요트 투어를 하던 도중에 우연히 이루어진 참거두고래*Globicephala melas* 무리와의 만남은 그보다는 조금 더 오랫동안 지속되었다. 이 만남에 대해서는 제6장에서 조금 더 상세하게 설명하도록 하겠다. 고래들은 대체로 매우 사교적이며, 무리를 지어 공동생활을 한다. 그리고 무리 내부에는 확고한 위계질서가 자리 잡고 있다. 그런데 우리가 만난 동물이 지느러미가 짧은 들쇠고래*Globicephala macrorhynchus*인지 아니면 지느러미가 긴 참거두고래인지는 유감스럽게도 분명하지가 않다. 왜냐하면 두 종의 생김새가 매우 비슷하기 때문이다. 버뮤다 군도에서 북대서양을 따라 아조레스제도 방향으로 일주일간 항해를 한 후에 이윽고 날씨가 조금 잔잔해졌다. 그 일주일의 기간 동안 우리는 부분적으로 아주 거친 바다와 싸워야만 했기 때문에 샤워는 말할 것도 없고 제대로 씻을 기회조차 갖지 못했다. 비록 우리가 담수 샤워 시설이 탑재된 비교적 사치스러운 쌍동선catamaran을 타고 항해에 나서기는 했지만, 비축해둔 담수를 불필요하게 낭비하고 싶지는 않았다. 게다가 나는 갑판 아래에서 장시간 머무를 때면 늘 속이 좋지 않았기 때문에 그냥 고양이 세수로 만족하기로 했다. 생각만 해도 코가 찌푸려지겠지만, 불가사의하게도 우리 모두 몸에서 악취가 나지 않았다. 소금기를 머금은 대서양 공기가 부패를 막아주는 한편 무엇보다도 악취를 탁월하게 제거해주는 것 같았다.

마침내 날씨가 잠잠해지자 우리 모두는 가장 가까운 육지에서 수백 킬로미터나 떨어진 대서양 한 복판에서 푸른 바닷속으로 뛰어들었다. 그때 우리가 유발한 소음은—우리는 한껏 자유분방한 모습으로 보트에서 물속으로 첨벙 소리를 내며 뛰어들기를 반복했다—그리 오래지 않아 발각당하고 말았다. 약간의 시간이 흐른 후 수면 위로 회색 등지느러미가 나타났고, 우리는 얼른 보트로 다시 기어 올라왔다. 그러나 우리의 걱정은 기우였다. 그것은 참거두고래였다. 그들은 호기심이 발동한 듯 돌고래 몇 마리와 함께 우리 보트 둘레를 원을 그리며 돌았다. 약 20마리의 동물들이 15분 정도 우리 가까이에 머무르면서 물 밖으로 시선을 보내며 우리를 찬찬히 살펴보았다. 그러다 우리를 지켜보는 일이 지루해지자 헤엄을 쳐서 저 멀리 떠나갔다. 이 만남은 정말이지 근사했다. 심지어 거기에는 새끼도 한 마리 끼어 있었다! 이빨고래아목에 속하는 참거두고래는 킬러 웨일killer whale로도 불리는 범고래*Orcinus orca*와 친족관계에 있다. 사실 좀 혼란스럽기는 하지만, 범고래와 참거두고래 모두 참돌고래과Delfinidae에 속한다. 그런데 이때 그들의 이름에 들어 있는 '고래'라는 명칭은 동물학적인 친족관계보다는 오히려 그들의 몸 크기와 관련이 있어 보인다.

참돌고래과 동물 중에서 가장 덩치가 큰 범고래는 삼각형 모양의 높은 등지느러미와 흰색과 검정색이 서로 뚜렷한 대조를 이루는 몸통 덕분에 아주 쉽게 식별이 가능하다. 머리와 등, 그리고 지느러미는 검정색이고, 배 부분과 양쪽 눈 뒤에 있는 타원형 반점은 흰색이다. 이때 흰색과 검정색의 윤곽선이 또렷하게 경계를 이룬다. 수컷의 등지느러미 길이는 최대 2미터에 이르고, 마치 물 밖으로 솟아 있는 검 모양을 하고 있다. 수컷은 몸길이가 꼭 10미터 정도에 육박하고, 암컷은 일반적으로 수컷보다 몸집도 작고 등지느러미도 더 작다. 범고래는 서식장소와 먹잇감의 종류에 따라 세 개의 주요 그룹ecotype(생태형)으로 구분된다. 각각의 그룹은 무조건 그런 것은 아니지만 주로 바다표범이나 다른 종류의 고래 등 다른 해양포유류를 먹이로 삼거나, 해안 가까이에 있는 물고기를 먹이로 삼거나, 아니면 원양 물고기와 오징어를 먹이로 삼는다. 전 세계 바다에서 모습을 드러내는 범고래는 대부분 친족관계에 있는 다수의 동물들과 무리를 지어 움직인다. 무리의 최정상에는 언제나 나이 든 암컷이 자리를 지키면서 자녀와 손주들로 이루어진 무리를 이끈다. 이런 형태의 기본단위를 가리켜 모계체제matrilineage라고 하는데, 하나의 무리가 가까운 친족관계에 있는 또 다른 무리와 합쳐져 작은 고래 떼를 형성하기도 한다. 이때 그들이 사용하는 방언에 의거하여 각 그룹들 간의 친족관계를 유추할 수 있다. 음향 표현이 비슷할수록 관계가 더 가깝다. 이런 음향은 부분적으로 아주 복잡한 특징을 띤 사냥기술과 마찬가지로 어머니로부터 새끼들에게로 전달된다.

해양생태계에서 최상위 포식자인 범고래는 인간을 제외하고는 자연적인 천적이 존재하지 않는다. 범고래 무리는 서식장소와 먹잇감 종류에 따라 특수하게 전문화된 사냥전략을 발전시켰다. 예컨대 남극에 사는 범고래는 동료들과 함께 조직적으로 한 마리 또는 여러 마리의 먹잇감이 앉아 있는 유빙을 향해 헤엄쳐 간다. 그들의 수영 동작은 선수파bow wave(물이 뱃머리에 부딪혀 양 갈래로 나뉘면서 만들어지는 물살-옮긴이)를 만들어내는데, (범고래의 입장에서 보았을 때) 최상의 경우, 바로 이 물살이 흔들리는 유빙 위에 있는 바다표범이나 펭귄 같은 범고래의 먹잇감을 쩍 벌린 범고래의 입 속으로 쓸어 넣는다. 또 다른 해양포유류 사냥을 전문으로 하는 범고래들은 소리를 매개로 하여 반향정위를 할 수 있음에도 불구하고 사냥을 하는 동안만큼은 그 능력을 이용하지 않는다. 모르긴 해도 불필요하게 먹잇감의 주의를 끌지 않으려고 그렇게 하는 것으로 추정된다. 정말 영리하기 그지없다!

그런데 범고래는 몸집이 작은 동물들만을 사냥하는 것이 아니라, 백상아리*Carcharodon carcharias*나 백상어, 심지어는 고래까지 먹어 치운다! 2017년 남아프리카공화국 간스바이Gansbaai 해안에 간이 없는 백상아리 사체 여러 구가 떠밀려왔다. 이들은 사후에 다른 동물들의 먹잇감이 된 것이 아니라, 오로지 간 때문에 죽은 것이 명백했다. 그들의 간은 흡사 외과적 수술을 방불케 할 만큼 정교하게 제거되고 없었다. 나머지 몸통은 대체로 온전했다. 간유가 풍부한 백상아리의 간을 탐내던 범고래의 소행으로 짐작되었다. 백상아리가 치명적인 공격을 당했다는 이야기가 공공연하게 떠돌았다. 왜냐하면 한동안 백상아리들이 소리소문도 없이 사라져버렸기 때문이다. '백상아리들의 수도'를 자칭했던 간스바이의 잠수투어 업체들은 더 이상 백상아리를 목격했다는 소식을 전하지 못했고, 그 결과 백상아리 때문에 특별히 그곳을 찾았던 다이버들은 크게 실망한 채 간스바이를 떠났다.

향유고래는 범고래의 또 다른 먹잇감이다. 범고래의 공격을 받은 향유고래는 새끼들과 몸이 약한 일행을 중간으로 밀어넣고 원을 만든다. 이때 그들은 머리를 안쪽으로 향하게 하고, 꼬리지느러미를 바깥쪽으로 향하게 한다. 이런 상태에서 그들은 강력한 지느러미로 물을 내려치면서 공격자를 쫓아버리려고 시도한다. 비록 범고래가 향유고래와 힘겨루기를 벌이기는 하지만, 어쨌거나 향유고래 역시 악명 높은 포식자이기는 마찬가지다.

향유고래는 지구에서 살아가는 동물들 중에서 가장 큰 이빨을 가지고 있는 사냥꾼으로, 이런 사실 자체만으로도 이미 공포감을 불러일으킨다. 그들은 오대양 모두에 존재한다. 심지어는 몰디브에서도 향유고래를 볼 수 있다. 그렇다고 해서 몰디브 물속에서 직접 그것을 보았다는 말이 아니라 쿠라마티에코센터에 향유고래 뼈대가 전시되어 있었다는 말이다. 그 고래는 지금부터 몇 년 전에 다른 섬 해변에서 죽은 채로 발견되어 그곳 모래에 묻혔다. 사람들은 사체가 완전히 부패한 후 남겨진 뼈대를 수습하여 깨끗하게 처리한 다음 전시용으로 전문 제작하였다. 향유고래 뼈대는 지금까지도 그곳에서 많은 이들의 감탄을 자아내고 있다. 자연사를 하게 되는 경우, 향유고래의 수명은 최대 60세에 도달할 수 있다. 향유고래는 이빨고래류 가운데 가장 덩치가 크고, 몸길이가 평균 16미터에 이른다. 암컷이 수컷보다 크기가 조금 더 작고 무게도 더 가볍다. 특히 눈에 띄는 점은 향유고래 수컷의 머리가 동물의 제국을 통틀어 가장 크다는 것이다. 몸 전체의 약 3분의 1을 머리가 차지하고 있다.

이빨을 제외하고 이빨고래류와 수염고래류를 구분해주는 것은 그들의 머리에 자리 잡고 있는 분수공(콧구멍)이다. 물을 여과하는 수염고래와는 달리 이빨고래는 분수공이 한 개밖에 없다. 반면 수염고래는 두 개의 분수공을 지니고 있다. 수염고래와 이빨고래 모두 잠수과정이 끝난 후 참았던 숨을 분수공 밖으로 분출한다. 그들의 날숨은 날씨가 좋을 때면 안개분수의 형태로 또렷하게 가시화된다. 이때 습기가 가득한 날숨 분수의 방향과 형태는 고래 종류마다 모두 제각각이다. 때문에 고래 관찰자들은 이것을 고래 종류를 규정하는 보조 도구로 활용한다. 이미 언급한 바와 같이 향유고래는 먹잇감을 찾아서 매우 깊은 곳까지 잠수해 들어가기도 한다. 그들은 수심 300미터에서 800미터 사이, 그러니까 중해수층에서 그들이 가장 좋아하는 먹잇감인 오징어를 사냥한다. 그런데 죽은 향유고래의 위 내용물을 조사하는 과정에서 사람들은 이 동물이 심지어는 수심 3000미터의 어두운 심해까지 잠수할 수 있다는 사실을 확인하였다. 그들의 위 속에서 깊은 심해에서만 출몰하는 물고기들의 잔재가 발견되었기 때문이다. 이 같은 잠수과정에는 총 1시간 이상이 소요될 수도 있다. 이렇게 긴 잠수를 끝내고 나면 사냥꾼은 반드시 수면으로 다시 올라와 잽싸게 공기를 들이마셔야 한다. 향유고래의 몸은 매우 특징적인 형태를 취하고 있다. 눈에 띄게 큰 머리는—특히 수컷의 머리가 그러한데—직사각형과 유사하고, 최대 9.5킬로그램에 이르는 거대한 뇌가 자리 잡고 있다. 그들의 뇌는 동물의 제국 전체에서 가장 육중하다! 비교를 해보자면, 인간의 뇌는 평균 1.5킬로그램으로, 그 크기는 성별과 신체 크기에 따라 달라진다.

향유고래의 두개골 형태는 다소 독특한데, 뭉툭한 입이 거의 보이지 않는 아래턱 위로 최대 1.5미터 정도 튀어나와 있어 흡사 거꾸로 뒤집어놓은 냄비를 연상시킨다. 머리는 중간 단계 없이, 그러니까 목을 거치지 않고 곧장 길게 뻗은 육중한 몸통으로 이어진다. 어둡고 주름진 향유고래의 피부는 쭈글쭈글한 말린 자두처럼 보인다. 지나치게 큰 머리 속에는 거대한 뇌만 들어 있는 것이 아니다.

자동차 크기만 한 빈 공간에는 뇌와 함께 흰색 왁스, 즉 향유고래기름spermaceti oil(경납유)이 들어 있다. 이런 형태를 취하고 있는 머리의 정확한 기능은 예나 지금이나 알려져 있지 않지만, 잠수를 할 때 반향정위 및 부력 조절을 위해 사용되는 것으로 추정된다. 또 다른 추정은 이런 머리 형태가 향유고래 수컷에게 더 큰 안정성과 힘을 부여하는 한편 무기의 일종인 철퇴로도 사용된다는 것이다. 그런데 철퇴 기능은 다른 수컷 경쟁자와 싸움을 할 때만 동원되는 것이 아니다. 왜냐하면 향유고래 수컷들이 의도적으로 선박을 힘껏 들이받은 기록들이 있기 때문이다. 적어도 포경선 한 척이 이런 식으로 전복되어 침몰한 사례가 있다!

인간들의 무분별한 포획 활동으로 인해 과거에 거의 멸종 위기에 몰렸던 향유고래는 오늘날까지도 아주 값비싼 물질의 공급자로 자리매김하고 있다. 그 물질은 다름 아닌 향유고래 배설물이다. 그렇다, 제대로 읽은 것이 맞다. 엄청난 가치를 지닌 향유고래 똥은 전 세계적으로 (암암리에) 거래되는 가장 값비싼 물질 중 하나다. 어쩌면 당신도 이미 한 번쯤 좋은 향기를 풍기기 위해 이것의 도움을 받았을 수도 있다. 손목에 한 방울 떨어뜨리거나 아니면 가슴이나 목덜미 노출 부위에 살짝 뿌려서 말이다. 지금 나는 용연향Ambergris에 관한 이야기를 하고 있다. 용연향은 향유고래 직장에서 소화불량으로 인해 생성된 왁스 같은 회색 물질이다. 앞서서 이미 언급한 것처럼 향유고래는 오징어를 즐겨 먹는다. 그런데 오징어 부위 중에서 예컨대 오징어 입처럼 소화가 되지 않는 부분은 향유고래의 소화관을 손상시킬 위험성이 높다. 보통 향유고래는 구토를 해서 이렇게 모서리가 뾰족한 음식물 찌꺼기를 제거한다. 하지만 그렇게 한다고 해도 오징어 입의 일부는 위장에 남아 있다가 기름기가 도는 덩어리로 뭉쳐지는데, 이것은 민감한 위장 벽을 보호하기 위한 것이다. 이 덩어리가 바로 용연향이다. 그런데 향유고래의 장 속 깊은 곳에서 이 물질이 만들어지는 과정에 대해서는 오늘날까지도 정확하게 알려진 것이 없다. 여하튼 이 물질이 자연적으로 향유고래의 장을 벗어나거나, 혹은 고래가 죽어서 썩은 후 똥 덩어리가 수면으로 올라왔을 때에 한해서 사람들은 이 귀중한 물질을 얻을 수 있다. 두 경우 모두 용연향이 해변으로 밀려올 수 있다. 그러면 사람들이 해변에서 그것을 주워 판매한다. 용연향은 바다에서 여행을 하는 과정에서 소금물과 빛, 공기의 작용을 통해서 숙성된다. 요컨대 시간이 흐름에 따라 농도와 색깔, 냄새가 변하면서 세상에서 가장 값비싼 향수 원료로 변신하는 것이다! 이 원료는 매우 희귀하다. 그런 만큼 가격도 아주 비싸다. 때문에 사람들은 그 사이에 이 물질을 인위적으로 합성하여 제작하기에 이르렀다. 현재 천연 용연향은 기밀이라는 구실 하에 특별히 값비싼 향수에만 사용되고 있다. 왜냐하면 워싱턴 생물종보호협약 및 유럽 종 보호 규정에 의거하여 향유고래 제품에 대한 거래가 엄격하게 금지되어 있기 때문이다.

바닷속에는 고래와 돌고래 외에 또 다른 위대한 사냥꾼들이 존재한다. 물고기 중에도 두려움을 불러일으키는 성공적인 포식자들이 존재한다. 아마도 인간을 가장 매료시키는 물고기는 두말할 것도 없이 상어일 것이다.

쫓기는 사냥꾼

상어는 환상적이고 놀랍도록 멋진 동물이지만, 안타깝게도 죠스 같은 영화로 인해 그 평판에 엄청난 타격을 입었다. 그럼에도 불구하고 이 우아한 사냥꾼이 발산하는 매혹적인 힘을 떨쳐버리기란 여간 힘든 일이 아니다. 모든 상어를 통틀어 가장 덩치가 큰 고래상어와 돌묵상어는 바다에서 가장 크기가 작은 해양동물—동물성 플랑크톤—을 먹고 산다. 그들은 결코 수영을 즐기는 인간들을 먹잇감으로 삼지 않는다. 단지 이 상어들만 그런 것이 아니다. 다른 상어들의 메뉴판에도 인간은 올라 있지 않다. 플로리다 박물관은 전 세계에서 발생한 상어들의 공격 사례에 관한 데이터 뱅크를 운영하고 있는데, 정기적으로 데이터를 최신 상태로 업데이트한다. 2017년 데이터를 보면 전 세계적으로 인간과 상어의 상호작용이 155차례 발생했다. 그리고 그 가운데 결과가 치명적이었던 경우는 고작 5건에 불과했다!

대부분의 사람들은 잘 알지 못하지만, 해마다 모기와 개에 물려 죽는 사람들의 숫자가 이른바 바다의 악한에게 죽임을 당하는 사람의 숫자보다 훨씬 더 많다. 세계보건기구WHO의 발표에 따르면, 말라리아, 뎅기열, 황열병 등 모기를 통해 전염되는 질병 사망건수가 해마다 수억 건에 이른다. 그리고 집에서 키우는 당신의 개가—내가 키우는 개도 마찬가지다—물속에서 당신과 함께 헤엄치는 상어보다 잠재적으로 더 위험하다. 집에서 키우는 개가 흘리는 침이 인간의 상처 부위에 닿으면 자칫 위험천만한 박테리아를 옮길 수 있고, 최악의 경우 해당 신체부위를 절단하는 결과로 이어지거나 심지어는 사망에 이를 수도 있다. 물론 집에서 기르는 개들의 명예를 훼손하고 싶은 마음은 추호도 없다. 그리고 내가 키우는 개도 그런 사실을 알게 된다면 매우 슬퍼할 것이다. 다만 나는 집에서 키우는 동물들과 가정에서 일어나는 각종 사고, 모기, 자동차 등등으로 인해 발생하는 사망 사례가 상어로 인한 사망 사례보다 훨씬 더 많다는 점을 강조하고 싶은 것뿐이다.

이미 이야기한 것처럼, 몰디브에서 지내던 시절에 나는 거의 매일 상어와 함께 물속에 있었지만 아직도 사지가 멀쩡하다. 생리 기간이나 다리에 생채기가 생겨 피가 흐를 때에도 나는 늘 물속에 있었다. 하지만 이 '피에 굶주린 괴물들'은 내게 전혀 관심을 보이지 않았고, 나를 다음번에 먹을 가벼운 식사거리로 여기지도 않았다. 단 한 번도 그런 시도조차 하지 않았다! 나의 동료들과 다이버 친구들 혹은 지인들도 마찬가지였다. 그들에게도 역시 아무 일도 일어나지 않았다. 사실 몰디브에 머무르던 시절에는 물속에 있을 때보다 날씨가 험악해서 육지에 머물러야만 했을 때 오히려 더 불안한 마음이 들었다. 사무실로 향하거나 자전거를 타고 갈 때면 흔들리는 야자수를 우회하여 늘 길을 돌아갔다. 왜냐하면 큰 굉음과 함께 야자열매 송이가 통째로 아래로 떨어져 깨져버리는 일이 툭하면 일어났기 때문이다. 바람이 심하게 부는 날이면 야자열매들이 마치 수류탄처럼 주변으로 날아와 박혔다. 나는 상어에게 눈 흘김 같은 것이라도 한 번 당해본 경험이 있는 사람보다 떨어지는 야자열매 때문에 코뼈가 부러지고 이런 저런 혹이 생긴 경험이 있는 사람들을 훨씬 더 많이 알고 있다. 상투적인 말처럼 들리겠지만, 사실이 그렇다.

반대로 상어는 매년 수백만 마리가 인간에 의해 죽임을 당한다. 그리고 그들 중 다수가 매우 고통스런 죽음을 맞이한다. 왜냐하면 산 채로 지느러미가 잘려나가기 때문이다. 지느러미가 잘린 상어들은 산 채로 다시 바다에 던져져 그곳에서 비참하게 죽어간다. 이런 행위를 가리켜 영어로 '피닝finning'이라고 한다. 과연 무엇을 위해서 이렇게 하는 것일까? 혐오스러운 스프에 넣거나 소위 남성들의 정력을 증강하기 위해서다. 비미니야외생물연구소Bimini Biological Field Station 소속의 상어 생물학자 새뮤얼 H. 그루버Samuel H. Gruber와 그의 연구팀은 어업 활동 수치를 근거로 하여 해마다 전 세계에서 약 1억 마리의 상어가 인간에게 죽임을 당한다고 보고하였다. 이 수치는 어디까지나 보수적인 추정치다. 시간당 1만1417마리의 상어가 죽어나가는 셈이다. 한발 더 나아가 2013년 전문 학술잡지 「마린 폴리시Marine Policy」에 실린 연구 논문에서 저자들은 연간 2억7300만 마리가 더 정확한 수치일 것이라고 주장했다! 어느 쪽이 정확한 수치인지 체계적으로 정리부터 해야 하겠지만, 어쨌거나 양쪽 모두 상상조차 할 수 없을 정도의 수치다!

상어는 피에 굶주린 괴물이 아니라 해양생태계에서 결정적으로 중요한 역할을 수행하는 존재다. 그들은 (범고래에 이어) 해양 먹이사슬 정상에 자리를 잡고서 물고기 개체수와 그 주변 환경 사이에 자연적인 균형이 유지되도록 한다. 상어가 없는 열대 산호초를 한번 상상해보라. 과거에 상어에게 쫓기던 다른 육식 물고기들이 아주 짧은 시간 안에 초식 물고기의 개체수를 급격하게 감소시킬 것이다. 이렇게 되면 과거에 초식 물고기들에게 뜯어 먹혔던 해조류가 아무런 방해도 받지 않고 암초에서 번성하여 산호를 뒤덮어 버릴 것이고, 그로 인해서 산호가 사멸해버리는 결과가 초래될 수도 있다. 이것은 결코 이론에 불과한 이야기가 아니다. 왜냐하면 상어의 부재가 바다의 건강에 해롭다는 사실이 학문적으로 증명되었기 때문이다.

노스캐롤라이나는 그 사이에 음울한 유명세를 얻게 되었다. 그곳 사람들이 가오리를 비롯한 다른 연골어류들을 주식으로 삼는 귀상어, 황소상어*Carcharhinus leucas*, 백상아리 같은 거대 상어 종을 마구잡이로 잡아들이면서 가오리 개체수가 통제 불가능할 정도로 증가했기 때문이다. 지나친 남획으로 말미암아 1986년과 2000년 사이에 귀상어 개체수가 89퍼센트 줄어들었다. 가오리 사냥이 전문인 귀상어는 망치를 연상시키는 두개골로 가오리를 해저에 힘껏 처박아 마비시킨 후 잡아먹는다. 그런 거대한 육식 물고기의 압박이 사라지자 가오리들이 폭발적으로 증식하였다. 특히 대서양 소코가오리*Rhinoptera bonasus*가 상어의 부재로 톡톡히 이득을 보았는데, 그 개체수가 무려 4000만 마리 이상으로 증가하였다. 이처럼 거대한 가오리 부대는 실제로 400년간 이어져 온 조개양식 산업을 2004년까지 전면 중단시켜버렸다. 왜냐하면 가오리들이 조개를 모조리 먹어 치워버렸기 때문이다. 우리 인간들이 생태계의 한 부분을, 그중에서도 특히 상어 같은 최상위 포식자들을 멸종시키면 종 사이의 균형이 깨져버린다. 그리고 그 결과는 도미노 효과를 유발하면서 먹이사슬 전체에서 뚜렷하게 감지된다. 이런 결과들 가운데 몇 가지는 장기적으로 인간들에게도 유해하게 작용할 수 있다.

상어의 멸종을 막기 위해서는 상어에 씌어 있는 나쁜 이미지를 불식시킬 조치가 시급하게 이루어져야 한다. 다행스럽게도 인간과 상어의 안녕을 모두 고려하는 진지한 투어 업체들이 늘어나고 있다. 그들의 목표는 상어에 관심이 있는 사람들을 자연적인 환경에서 살아가는 상어들과 친숙하게 만드는 것이다. 일례로 샤크스쿨SharkSchool은 저명한 상어 행동연구가 에리히 리터Erich Ritter의 지휘 하에 워크숍을 개최하고 있다. 워크숍 참가자들은 바하마 엘레우테라섬Eleuthera에서 상어들과 함께 잠수와 스노클링을 하면서 상어의 행동과 생물학적인 특성에 대해 더 많은 것을 배워나간다. 실제로 이것은 상어 보호 활동이라고 할 수 있다. 왜냐하면 상어를 이해하는 법을 배우면 상어에 대한 두려움이 사라지기 때문이다. 다행히도 이 매혹적인 동물을 보호하고자 하는 욕구가 점점 더 커지고 있다.

하지만 예나 지금이나 백상아리를 떠올리면 둘 중 한 사람은 등골이 오싹해지는 것이 사실이다. 그럴 때면 자동적으로 1975년에 개봉된 스티븐 스필버그 감독의 영화 〈죠스〉의 타이틀 멜로디가 머릿속에서 울려댄다. 바밤, 바밤, 바밤, 바밤바밤……. 이어서 위협적으로 이빨을 드러내고 자신을 노려보는 괴물이 눈앞에 나타난다. 죠스 앞에서는 그 어떤 배도, 또 그 누구도 안전하지 않다. 이 영화에 따르자면, 죠스는 맛있는 사람을 손에 넣기 위해 배를 통째로 부수어버리기 때문이다. 누군가 아무것도 모른 채 바다에서 수영을 하고 있다. 그때 깊은 심해에서 어두운 그림자 하나가 위로 치솟는다. 이어서 그것은 피 거품으로 된 장막을 드리우며 수영하던 사람을 입에 꽉 물고 심해로 끌고 들어간다. 나도 어렸을 때 이 영화를 보면서 몸서리를 쳤다. 그때부터 나는 상어를 두려워했다. 하지만 그 두려움은 몸집이 컸던 나의 첫 번째 상어, 그러니까 대형귀상어*Sphyrna mokarran*와 함께 잠수를 하던 순간에 모두 사라져버렸다. 물론 압박감을 전혀 느끼지 않았다고는 말할 수 없지만, 압박감은 순식간에 그 동물에 대한 완전한 매혹으로 바뀌었다. 그리고 오늘날까지도 나는 그 동물에게 매혹되어 있다. 전 세계적으로 기록된 상어 종은 모두 500종이 넘는다. 모든 해양 생활공간—연안수, 원양, 심해, 카리브해, 북극 지방 등—에서 우리는 그들을 발견할 수 있다. 심지어는 담수와 바닷물이 섞인 강물에서도 그들을 찾을 수 있다! 그렇다, 상어는 실제로 강이나 호수에도 존재한다! 하지만 걱정할 것 없다. 보덴제Bodensee(독일, 오스트리아, 스위스에 걸쳐져 있는 호수-옮긴이)나 킴제Chiemsee(독일 남부 바이에른주에 있는 호수-옮긴이) 혹은 뮤리츠제Müritzsee(독일 메클렌부르크 포어포메른에 있는 호수-옮긴이)는 물론이거니와 뮈겔제Müggelsee(독일 베를린 동부지역에 있는 호수-옮긴이)에서도 상어를 만날 일을 없을 테니 말이다. 하지만 인도와 남동아시아에 있는 하천, 그리고 바다와 접해 있는 호주의 몇몇 부분들은 사정이 달라 보인다. 하지만 그런 곳에서조차도 이 수줍은 동물들을 만날 가능성보다는 네스호 괴물을 만날 가능성이 더 높다. 지금까지 기록된 바에 따르면 강에 서식하는 상어는 모두 다섯 종이다. 하지만 예나 지금이나 그에 관한 연구는 거의 이루어지지 않았는데, 그 까닭은 아주 드물게만 발견되기 때문이다.

강물상어류*Glyphis* spp.는 흉상어목Order Carcharhiniformes에 속한다. 그들은 주로 물고기를 먹고 살고, 암컷이 새끼를 낳는 것으로 추정된다. 강물상어의 크기는 최대 3미터에 이를 것으로 추정되지만, 지금까지 완전히 다 자란 강물상어를 거의 본 적이 없기 때문에 확정적으로 단언할 수는 없다. 과연 우리가 이 동물의 비밀스런 생활방식을 조금 더 상세하게 알게 될 날이 올 것인지의 여부는 여전히 미지수다. 왜냐하면 남획과 서식공간의 오염 및 축소 등 인간들의 영향으로 말미암아 그들의 생존이 위협당하고 있기 때문이다. 하지만 다행스럽게도 우리가 알고 있는 부분도 조금 있기는 하다.

예컨대 창이빨상어spearthooth shark, *Glyphis glyphis*는 주로 인도태평양 지역에서 출몰하는데, 그중에서도 특히 맹그로브숲이 가장자리를 장식하고 있는 호주 북부와 파푸아뉴기니의 하천에서 찾아볼 수 있다. 호주 개체군의 경우, 10월 말에서 12월 사이에 강 하구에서 태어난 새끼들이 출생 후 최대 80킬로미터까지 강을 거슬러 올라간다는 사실이 알려져 있다. 바다에서 멀리 떨어져 염분이 눈에 띠게 감소한 그곳에서 새끼들은 인생의 첫 3~6주를 보낸다. 해마다 장마철이 다가오면 강에 새로운 담수가 대량으로 유입된다. 때문에 이 시기가 되면 새끼들은 염분이 다시 늘어나는 구역, 그러니까 그들이 선호하는 염분 수치를 유지하는 구역을 찾아 강 아래쪽으로 내려간다. 성숙기에 도달한 창이빨상어는 강 하구 지역으로 이동했다가 바다로 돌아간다. 이렇게 바다로 돌아간 그들은 호주 북부 해안지역에서 머무르는 것으로 추정된다.

또 다른 강물상어 종으로 극도로 드물게 출몰하는 갠지스상어

Glyphis gangeticus가 있는데, 이 종은 갠지스강을 비롯하여 인도 동부와 북동부에 있는 큰 하천에 서식한다. 이 상어에 대해서는 알려진 것이 거의 없다. 이것은 마찬가지로 갠지스강에 서식하면서 외모가 엇비슷하게 생긴 황소상어와 곧잘 혼동을 일으키곤 한다. 황소상어는 광범위한 지역에 서식한다. 그들은 아프리카와 아시아, 아메리카 대륙 북부와 중부, 남부 등지의 비교적 따뜻한 해안을 따라 펼쳐진 따뜻하고 평평한 하천에서 발견된다. 황소상어는 수심이 얕은 흐린 물을 서식지로 선호하는데, 이 때문에 백상아리, 뱀상어와 더불어 인간들과 사고를 가장 많이 일으키는 상어 종에 속한다.

자신의 서식구역을 공격적으로 방어하는 황소상어는 침입자에 대한 인내심의 한계가 거의 0에 가깝다. 이런 사실로 미루어 볼 때, 백상아리가 주범으로 지목된 공격 사례의 다수가 실제로는 황소상어에 의해 자행되었을 것으로 추측된다. 황소상어는 바다에서 출몰하기도 하지만, 특별한 생리학적 적응 과정을 바탕으로 담수와 바닷물이 섞인 강 하구 지역과 담수 하천에서도 살아남을 수 있다. 그들은 신장 물질대사가 그때그때의 환경에 적응하여 적절하게 이루어지기 때문에 이론적으로는 평생을 담수에서 보내는 것도 가능하다. 코스타리카 국경 부근에 위치한 중부아메리카 최대의 내륙호 니카라과 호수에 실제로 황소상어 개체군이 살고 있다. 그런데 이들은 그 호수에서 평생을 보내는 것이 아니라 산후안강Rio San Juan을 따라 카리브해로 이동한다. 미리 표시를 해둔 황소상어의 움직임을 추적한 결과, 이 동물들이 호수에서 바다까지 이어지는 199킬로미터의 강 구간을 이동하는 데 고작해야 7일에서 11일밖에 걸리지 않는다는 사실을 확인할 수 있었다. 그런데 안타깝게도 니카라과 호수 개체군은 현재 무분별한 남획으로 인해 생존을 위협당하고 있고, 코스타리카 정부의 보호조치마저도 신속하게 이루어지지 않는 것 같아 보인다. 지금까지 호주, 뉴기니, 필리핀, 아시아, 아프리카 및 아메리카 북부, 중부, 남부지역의 많은 열대 하천과 호수에서 황소상어의 존재가 확인되었다. 심지어는 미시시피강 하류에서 3800킬로미터 거슬러 올라간 지점과 아마존 강 하류에서 4200킬로미터 거슬러 올라간 지점, 페루 안데스산맥 부근 등 내륙 깊숙한 곳에서도 황소상어가 목격되었다.

옆으로 퍼진 널찍한 입에 땅딸막하고 뭉툭한 외형은 모든 황소상어가 가지고 있는 공통점이다. 암컷은 평균적으로 몸길이가 2.4미터이고, 무게가 130킬로그램 정도 된다. 그런데 몸길이 4미터짜리가 잡힌 적도 있다. 뿐만 아니라 지금까지 측정한 것 중에서 가장 무거운 암컷은 무게가 자그마치 315킬로그램이나 나갔다! 황소상어 수컷은 몸길이 약 2.25미터에 몸무게가 95킬로그램 정도다. 대부분의 다른 상어 종과 마찬가지로 황소상어 또한 여러 개의 치열을 가지고 있어 이빨이 빠지면 거듭하여 새로운 이빨로 대체할 수 있다. 모르긴 해도 1916년 뉴저지 해변에서 발생한 공격 사건의 주범도 이 이빨과 그 소유자였을 것으로 추정된다. 당시 그 공격 사건으로 인해 불과 11일 만에 4명이 목숨을 잃었고 1명이 부상을 당했다. 하지만 또 다른 사람들은 백상아리 암컷이 공격의 주범이라는 주장을 펼쳤다. 이 일련의 공격 사건은 1974년 소설가 피터 벤츨리Peter Benchley가 소설 『죠스Jaws』를 집필하는 데 영감을 주었다. 훗날 이

베스트셀러가 남긴 결과에 깊이 후회하게 된 작가는 그때부터 상어와 바다를 보호하는 일에 전력을 다했다. 소설이 출판된 지 불과 1년 후에 스티븐 스필버그 감독이 이 소설을 동명의 영화로 제작했다. 이 영화는 전 세계적으로 백상아리와 그 친족에 대한 두려움을 불러일으켰고, 이는 오늘날까지도 지속되고 있다.

백상아리는 천성적으로 호기심이 풍부한 동물이다. 호기심에 가득 찬 그들이 보트 옆으로 다가와 물 밖으로 머리를 내밀고 사람들을 관찰하는 모습이 이미 여러 번 포착되기도 했다. 스필버그 감독이 그 모습을 보았더라면 분명 배 위에 무방비 상태로 있는 사람들에게 닥칠 임박한 공격 행위를 치밀하게 계산하는 과정으로 해석했을 것이다. 실제로 이런 호기심에는 위험성이 내포되어 있다. 그러나 그것은 인간과 상어, 양쪽 모두에게 해당되는 위험성이다. 매년 전 세계에서 100건을 약간 상회하는 상어 공격 사건이 일어나는데, 그중 약 3분의 1에서 절반 정도가 백상아리의 공격이다. 그러나 이미 말한 바와 같이 대부분의 공격은 그리 치명적이지 않다. 연구자들은 인간에 대한 상어의 공격 중 다수가 호기심에서 비롯된 것이라고 추측한다. 상어의 입장에서 보자면 그저 살짝 '시식'을 해보는 것에 불과한 것이다. 상어는 시식을 통해 우리 인간들이 그들의 메뉴판에 올라있지 않은 것이 너무나도 당연한 일임을 다시금 확인한다. 하지만 그 같은 공격 행위는 사람들에게 정신적으로 큰 충격을 안겨준다. 뿐만 아니라 안타깝게도 때로는 치명적인 결과를 초래하기도 한다. 알다시피 상어의 입은 자그마한 고양이 입이 아니기 때문이다. 그럼에도 불구하고 백상아리가 인간을 공격하는 것은 잡아먹기 위해서가 아니다. 이런 생각은 그저 스필버그 감독의 예술가적 자유에 부합하는 것일 뿐이다. 영화가 부추긴 히스테리는 백상아리에게 큰 타격을 입혔다. 그 결과 1970년대 이후로 개체수가 급감하여 급기야는 '멸종 위기종'으로 분류되기에 이르렀다. 연구자들은 전 세계에 남아 있는 백상아리 개체수가 고작 3500마리밖에 되지 않는 것으로 추정하고 있다. 따라서 우연히 백상아리를 만나게 될 가능성은 매우 낮다.

그럼에도 불구하고 백상아리와 조우하게 된다면, 그 몸집만으로도 이미 경외감과 두려움을 불러일으키기에 충분하다. 왜냐하면 몸길이 4~6미터에 약 2000킬로그램의 몸무게를 자랑하는 백상아리는 고래상어와 돌묵상어에 이어 세 번째로 몸집이 큰 상어 종이기 때문이다. 고래 사체에 난 이빨자국과 이따금씩 이루어지는 포획을 근거로 하여 사람들은 백상아리의 몸길이가 최대 7미터 이상이 될 수도 있다고 추정한다. 이와 함께 백상아리는 지구에서 가장 몸집이 큰 육식어류로 등극한다. 다른 많은 상어 종과 마찬가지로 백상아리 역시 다 자란 암컷이 수컷보다 몸집이 더 크다. 그들의 청회색 몸통은 바위가 많은 연안수 해저 색깔과 완벽하게 어우러진다. 하지만 백상아리라는 명칭은 그들의 흰색 배 부분에서 비롯되었다. 어뢰처럼 생긴 그들의 유선형 몸통은 헤엄을 치기에 가장 적합하다. 또한 그들은 최대 시속 56킬로미터의 빠른 속력을 자랑한다.

세계 시민인 백상아리는 거의 세계 전역에서 출몰하지만, 그중에서도 특히 수온 12℃~24℃ 사이의 수심이 얕은 연안수와 대양을 선호하여 주로 거기에 머무른다. 남아프리카와 아메리카대륙 북동부, 캘리포니아 해안, 일본, 칠레, 오세아니아 등지에서 비교적 규모가 큰 백상아리 개체군이 발견되고 있는데 아마도 지중해에서도 그럴 것으로 추측된다. 그런데 혹시 상어와 함께 잠수를 할 작정으로 잠수 장비를 챙겨 지금 당장 지중해로 떠나려고 한다면 실망할 각오를 해야 할 것이다. 왜냐하면 이 거대한 물고기의 지중해 출몰은 예나 지금이나 비밀에 싸여 있기 때문이다. 사람들은 지중해가 말하자면 백상아리의 육아실 같은 기능을 수행한다고 추측한다. 왜냐하면 그곳에서 태어난 지 사나흘밖에 되지 않는 어린 새끼들이 여러 마리 포획되었기 때문이다. 성장을 마친 백상아리들이 어디에 머무르는지, 남획이 성행하는 지중해에서 정확하게 무엇을 먹고 사는지는 아직까지 정확하게 밝혀지지 않았다. 일반적으로 기회주의적인 사냥꾼으로 간주되는 백상아리는 짐승의 썩은 시체도 마다하지 않는다. 그들의 먹잇감은 무척추동물에서부터 다랑어를 거쳐 작은 해양포유류와 다른 상어 종에 이르기까지 다양한 영역에 걸쳐져 있다. 다양한 동물들의 무는 힘(치악력)을 측정한 결과, 백상아리의 무는 힘이 가장 센 것으로 밝혀졌다. 덩치가 큰 백상아리들은 그 힘이 최대 1.8톤에 이른다!

하지만 모든 상어가 전적으로 다른 동물들만 먹고 사는 것은 아니다. 모르긴 해도 식물이 지닌 건강 증진 효과가 상어들 사이에도 널리 알려져 있는 것 같다. 비록 아직까지 채식주의 상어에 관한 기록이 없기는 하지만, 최근 들어 풀을 소중히 여길 줄 아는 상어가 존재한다는 사실이 밝혀졌다. 그 주인공은 바로 미국 열대 해안에 서식하는 길이 1미터 정도의 귀상어류*Sphyrna tiburo*다. 그것은 자신의 메뉴판에 해초를 끼워 넣었는데, 그것도 그냥 예외적인 특식 같은 것으로 조금 올려놓은 것이 아니라 대량으로 올려놓았다. 캘리포니아 대학 연구팀은 귀상어류에게 3주 동안 해초와 오징어를 먹잇감으로 제공하는 실험을 실시하였다. 그 결과 이 상어가 잡식성omnivore이라는 사실을 성공적으로 입증해내었다. 잡식성 상어 종으로 밝혀진 것은 귀상어류가 최초다. 실험에서 상어에게 제공된 음식은 해조류 90퍼센트로 구성되어 있었다. 오징어는 겨우 10퍼센트에 불과했다. 거의 채식주의에 가까운 식단에도 불구하고 상어의 몸무게가 증가했고, 심기도 아주 명랑 쾌활했다. 연구팀은 상어가 푸른바다거북*Chelonia myddas*만큼이나 훌륭하게 해조류를 소화하고 물질대사를 한다는 사실을 밝혀내었다. 하지만 특이한 점은 이 동물이 먹는 음식만이 아니다. 이 동물의 증식 방법 또한 이례적이기는 마찬가지다. 미국 오마하주 돌리 동물원Doorly Zoo에 있는 귀상어류 암컷이 수컷의 도움을 전혀 받지 않은 채로 새끼 암컷을 낳았다! 다양한 검사를 실시한 연구팀은 귀상어(귀상어류는 귀상어속의 일원이다-옮긴이)가 수컷 없이 무성생식을 할 수 있다는 결론을 내렸다. 그런데 귀상어만 그런 것이 아니다. 다른 상어 종에서도 이런 종류의 생식 방법을 확인할 수 있었다. 호주 퀸즐랜드 타운스빌의 한 수족관에서 수컷 배우자 없이 살았던 레오니라는 얼룩말상어*Stegostoma fasciatum* 암컷 또한 수컷의 관여 없이 혼자 새끼를 낳았다.

상어 중에서 가장 속도가 빠른 청상아리*Isurus oxyrinchus*는 바다의 치타라고 할 수 있다. 알다시피 치타는 육지에서 가장 빠른 동물이다. 청상아리는 최고 속력이 시속 75킬로미터를 넘어설 뿐만 아니라 수영 실력도 탁월하다. 미리 표시를 해둔 청상아리 한 마리를 관찰한 결과, 2000킬로미터를 단 37일 만에 주파하였는데, 이것은 하루 평균 55킬로미터 구간을 이동했다는 것을 의미한다. 그들은 이처럼 빠른 속도를 바탕으로 하여 다랑어, 고등어, 황새치 같은 재빠른 물고기들은 물론이고 심지어는 다른 상어들까지 사냥할 수 있는 능력을 갖추고 있다. 청상아리는 보통 날씬하지만, 예외적으로 몸길이 최대 4미터에 몸무게 500킬로그램까지 커질 수도 있다. 그러나 일반적으로는 몸길이 3미터 정도에 몸무게 60~135킬로그램 사이에 머무른다.

청상아리는 아열대 바다와 따뜻한 온대 바다에서 편안함을 느낀다. 그중에서도 특히 수온 17℃에서 22℃ 사이, 최대 수심 150미터 정도 되는 곳을 선호한다. 사촌인 백상아리와 마찬가지로 청상아리 역시 악상어과Family Lamnidae에 속한다. 커다랗게 반짝이는 검은 눈을 가진 청상아리는, 뾰족한 모양의 입과 입을 다물어도 보이는 날카롭고 가는 이빨만 없다면, 정말이지 귀엽고 사랑스러워 보일 것이다. 하지만 청상아리의 빠른 속도와 힘 때문에 승부욕이 발동한 야심찬 전문 낚시꾼들은 그것을 '겨뤄볼 만한 적수'로 여긴다. 그들은 박제된 청상아리의 머리나 이빨이 그들의 거실을 근사하게 장식해줄 것이라고 생각한다. 그런데 이 민첩한 사냥꾼들을 위협하는 것은 단지 전문 낚시꾼들만이 아니다. 원양 어업 또한 그들을 큰 위험에 빠뜨리고 있다. 현재 청상아리는 전 세계적으로 멸종 위기종으로 간주된다.

놀라울 정도로 비정상적인 발육

전문 낚시꾼들 사이에서 인기 있는 사냥감은 청상아리만이 아니다. 예컨대 돛새치 같은 물고기도 그들이 좋아하는 사냥감이다. 거의 어디에서나 그런 것처럼 몰디브를 찾는 다수의 방문객들 역시 큰 물고기를 잡을 목적에서 그곳으로 온다. 몰디브의 '빅게임 피싱Big Game Fishing'은 무엇보다도 남성 방문객들에게 큰 인기를 끌고 있다. 이때 이른바 '주둥이가 긴 물고기들billfish'이 사냥감으로 특별히 사랑을 받는데, 황새치, 돛새치, 청새치 등이 여기에 속한다. 이 세 종류의 물고기는 모두 빠르고 힘이 센 물고기들로, 낚시꾼들과의 싸움을 결코 두려워하지 않는다. 하지만 안타깝게도 싸움에서 지는 경우가 너무도 많다. 동물을 먹을거리가 아닌 전리품으로 때려잡는 것이 뭐가 그리 매력적인지 예나 지금이나 나는 도무지 공감할 수가 없다. 이 동물들은 물속에 있을 때가 훨씬 더 아름답다. 그리고 그곳은—독일의 어느 가정집 거실 벽이 아니라—원래 그들이 소속된 곳이기도 하다.

특히 돛새치*Istiophorus platypterun*는 관광객들의 특별 전리품이다. 사람들은 죽은 돛새치와 함께 선상이나 상륙 발판 위에서 포즈를 취한다. '세일피시Sailfish'로도 불리는 돛새치는 황새치, 청새치와 인척관계에 있다. 이들 역시 창처럼 생긴 길고 뾰족하게 뻗은 주둥이를 가지고 있으며 돛새치와 마찬가지로 아주 재빠른 수영선수들이다. 원양에 서식하는 그들은 수심 최대 200미터 구역까지 머무르지만, 수온이 21~28℃ 사이로 유지되는 상층부를 선호한다. 돛새치는 여러 측면에서 매우 깊은 인상을 심어준다. 돛새치의 등지느러미는 돛 모양 혹은 펑크족들이 하는 모히칸 헤어스타일처럼 생겼다. 몸통에서부터 위를 향해 솟아 있는 돛새치의 등지느러미는 가장 높은 지점이 몸통보다 크기가 더 크다. 사람들은 돛처럼 생긴 이 지느러미가 냉난방 시스템 기능을 수행하는 것으로 추측한다. 왜냐하면 무수히 많은 혈관이 지느러미를 관통하고 있는 데다 아주 빠른 속도로 연속하여 헤엄을 치기 전이나 후에는 반드시 지느러미를 물 밖으로 꺼내두기 때문이다. 바다의 펑크족인 돛새치는 수영 실력도 뛰어나다. 돛새치의 최고 속력에 관해서는 의견이 분분하지만 —어떤 사람들은 최고 속력이 시속 100킬로미터를 넘는다고 하고, 또 어떤 사람들은 시속 45킬로미터를 넘지 않는다고 말한다—어쨌거나 그것은 바다의 '가장 빠른 생쥐Speedy Gonzales'로 간주된다(이것이 무엇인지 잘 모르는 독자들을 위해서 설명을 덧붙이자면, 워너브라더스가 동명의 애니메이션으로 1956년 아카데미상 단편 애니메이션 작품상을 수상할 때 스피디 곤잘레스는 '멕시코에서 가장 빠른 생쥐'라는 뜻으로 통용되었다).

돛새치는 드넓은 바다를 마치 어뢰처럼 가로질러 달리는데, 오래전부터 사람들은 창처럼 생긴 그들의 입이 어떤 용도로 사용되는지에 대해서 추측에 추측을 거듭해왔다. 대부분의 경우 창은 적을 찔러서 잡거나 죽이는 용도로 사용된다. 때문에 사람들은 오랫동안 돛새치가 사냥감을 찔러서 잡는데 그 뾰족한 입을 사용한다고 생각했다. 하지만 돛새치의 위에서 외상을 전혀 입지 않은 물고기들이 대거 발견되면서 이 이론은 수정되었다. 추측컨대 돛새치는 창처럼 생긴 입을 무기로 사용하기보다는 오히려 방망이형 믹서로 사용하는 것 같아 보인다. 크기가 꼭 2.5미터 정도 되는 이 물고기들은 예컨대 정어리 같은 먹잇감을 잡을 때 뒤에서 몰래 접근하여 물고기 떼를 사냥한다. 이때 그들은 엄청나게 빠른 속도로 머리를 좌우로 움직여 물을 마구 휘젓는다. 최대 시속 20킬로미터에 육박하는 이 운동은 육안으로는 관찰이 불가능하고 고속카메라로 포착했을 때에야 비로소 관찰이 가능하다. 이 운동으로 말미암아 옆으로 밀려난 물고기들은 균형을 잃게 된다. 돛새치들은 이 순간을 놓치지 않고 그들을 잡아채 먹어 치운다. 돛새치들은 흔히 큰 무리를 지어 이동한다. 하지만 먹잇감이 될 물고기 떼를 향해 돌진하는 것은 그중 한 마리뿐이다. 자칫 서로를 찔러 부상을 당하는 사태를 피하기 위한 것으로 추측된다.

물속에서 살아가는 물고기들은 헤엄을 쳐서 A지점에서 B지점으로 이동한다. 이것은 지극히 당연한 일이고, 거의 모든 물고기들에게 해당되는 일이다. 하지만 지느러미를 가진 물고기들 가운데는 불가능한 것을 가능하게 만드는 것들도 있다. 바로 비행을 하는 것이다. 날치과Family Exocoetidae의 어류는 거의 모든 바다에 서식하는데, 그중에서도 특히 열대와 따뜻한 아열대 지역에서 많이 출몰한다. 그들은 주로 표해수층에서 살아간다. 표해수층은 수많은 생명체들을 탄생시키는 특별히 풍요로운 생활공간이다. 하지만 그곳은 작은 물고기들을 위협하는 수많은 위험이 도사리고 있는 곳이기도 하다. 왜냐하면 그곳에 사는 작은 물고기들은 자신보다 덩치가 큰 거의 모든 동물의 사냥감이 되기 때문이다.

날치는 비교적 크기가 작은 물고기다. 전체 45종 가운데 크기가 45센티미터를 넘어서는 것이 단 한 종도 없다. 날치는 길고, 날씬

한 유선형 몸통을 지니고 있는데, 이는 공기저항을 최소화하기 위한 것이다. 몸통에 비해서 상당히 큰 그들의 눈은 물 아래위에서 넓은 시야를 제공해준다. 물속에 있을 때 그들은 결단코 수심이 깊은 곳으로 향하는 위험천만한 행동을 감행하지 않는다. 이런 행위는 그들의 특별한 능력을 무용지물로 만들어버리기 때문이다. 따라서 그들은 대부분 수면 가까이에 머물면서 지느러미를 몸통에 바싹 붙이고 있다. 혹시 다른 물고기들이 이 작은 물고기를 사냥감으로 삼을 때면, 그것은 물 밖으로 튀어 올라 지느러미를 빳빳하게 펼치고 수면 위로 비행을 한다. 물론 비행을 하기 위해서는 특별한 적응 과정이 필요하다.

다른 물고기들과 비교를 해보자면, 날치는 크게 확장된 가슴지느러미가 몸통 높은 곳에 자리 잡고 있는데, 발달된 가슴근육과 강력한 견대shoulder girdle(어류의 경우 가슴지느러미를 받치는 지지골을 일컫는다-옮긴이)가 그것을 떠받치고 있다. 날치는 종류에 따라 두 개 혹은 네 개의 날개처럼 생긴 지느러미를 가지고 있다. 그 지느러미들은 날치가 물 밖으로 솟아나와 수면 위를 '비행'할 수 있도록 도와준다. 그런데 날치 지느러미는 새의 날개처럼 유연하게 움직이는 것이 아니라, 딱딱하게 고정되어 있다. 위협을 감지한 날치는 물속에서 꼬리지느러미를 움직여 초당 50회 이상 회전하기 시작한다. 이런 방법을 통해 그들은 물 밖으로 솟구쳐나가는 데 필요한 속력을 만들어낸다. 공기 중으로 솟구쳐 나간 날치는 최대 45초까지 수면과 평형상태를 유지하며 미끄러지듯 비행할 수 있는데, 이때 최대 400미터를 주파할 수 있다. 평균 비행고도는 약 1.5미터다. 그러다 다시 물속으로 추락할 위기가 닥칠 때면 꼬리지느러미로 수면을 쳐서 그 단계를 계속 이어나간다.

마침내 추진력이 모두 소진되어 물속으로 추락하게 되면 날개지느러미를 몸통에 바싹 붙이고 계속 헤엄을 친다. 때때로 그들은 최대 시속 70킬로미터로 헤엄을 치기도 하는데, 이럴 때는 비행고도가 5미터에 이를 수도 있다. 요트 탐사를 하던 동안 우리는 거의 매일같이 이 매혹적인 물고기의 비행 기술을 보고 감탄을 금치 못했다. 왜냐하면 이 물고기들이 대서양과 인도태평양의 열대와 아열대 지역, 그리고 지중해에 출몰하기 때문이다. 아침마다 갑판에 나오면 이따금씩 착지를 잘못하여 우리의 쌍동선 뱃전으로 날아와 있는 날치를 발견하곤 했는데, 그럴 때마다 우리는 신속하게—다행스럽게도 대부분은 적절한 시기에—그것들을 다시 바다로 돌려보냈다.

지금까지 드넓은 원양에 대해서 살펴보았다. 그 뒤를 이어 지금부터는 아직도 여전히 가장 깊은 비밀에 둘러싸인 지대, 즉 거의 연구가 이루어지지 않은 심해 지대로 잠수를 해보도록 하자.

제4장

비밀에 둘러싸인 심해

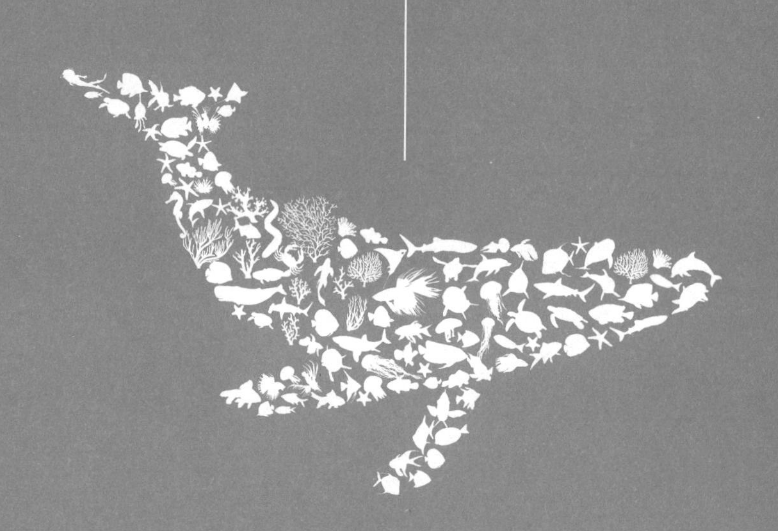

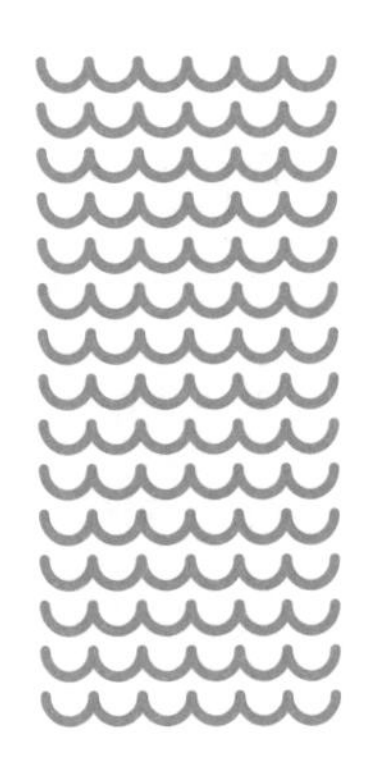

심해는 온통 비밀로 가득한 장소다. 그것도 아주 큰 비밀 말이다! 왜냐하면 사방이 캄캄한 어둠으로 둘러싸인 이곳에는 다른 차원에서 튀어나온 것처럼 보이거나 아니면 쥐라기 공원에서 온 것 같아 보이는 유기체들이 살고 있기 때문이다. 우리 인간들은 고작 수십 년 전부터야 비로소 이 비밀들을 하나씩 힘겹게 밝혀낼 수 있게 되었다. 심해는 바다에서 월등하게 가장 큰 부분을 차지하고 있다. 그럼에도 불구하고 지금까지 우리가 심해에 대해서 알고 있는 내용은 달에 대한 지식보다도 적은 실정이다.

우리 인간들의 생명을 위협하는 세계의 바닥, 즉 심해는—지구

표면과 유사하게—분지와 산맥으로 가득하다. 실제로 지구에서 가장 깊은 지점인 마리아나해구의 깊이는 약 11킬로미터로 에베레스트산의 높이보다 더 깊다. 참고로 지구에서 가장 높은 산인 에베레스트는 '기껏해야' 8848미터밖에 되지 않는다. 수심이 깊어질수록 수압도 함께 상승한다. 수심이 10미터 깊어질 때마다 수압이 1바 상승하는데, 이는 1제곱센티미터 당 1킬로그램에 해당하는 수치다. 따라서 수심 10킬로미터 지점에서는 1제곱센티미터 당 수압이 자그마치 1톤에 이른다! 수압이 상승하는 것과는 대조적으로 수온은 떨어져서 영하 1℃에서 4℃ 사이에서 일정하게 유지된다. 그리고 모든 것이 완전한 암흑으로 뒤덮여 있다.

좀처럼 상상하기 어려운 일이지만, 이처럼 극한의 조건을 자신의 집으로 삼아 살아가는 유기체들이 존재한다. 심해에 사는 생명체들은 다른 무엇보다도 위에서부터 아래로 떨어지는 음식물을 먹고 살아간다. 바다눈으로도 불리는 디트라이터스detritus(유기체의 파편이나 생물체의 잔해-옮긴이)가 빛이 흘러넘치는 지대에서부터 심해로 눈송이처럼 떨어진다. 바다눈은 부패한 동물성 물질과 식물성 물질로 이루어져 있다. 심해로 가라앉은 죽은 고래의 사체에서부터 동물성 플랑크톤의 배설물을 거쳐 해초 찌꺼기에 이르기까지, 이 모든 것이 심해 유기체들에게는 소중한 영양성분이 된다. 물론 그 밖에도 심해 생물들의 삶을 지탱해주는 다른 장소들도 존재한다. 해저 열수분출공이 바로 그것이다. 이 해저 열수분출공은 춥고 산소가 빈약한 이 어두운 세상에서 진정한 오아시스 같은 존재다.

극한의 환경에서 살아가는 생물체들

굴뚝을 연상시키는 화산 비슷한 구조물이 어둠 속 한 가운데에 우뚝 솟아 연신 뜨거운 물을 뱉어낸다. 이 심해 열수분출공은 주로 중앙해령mid oceanic ridge에서 발견되며 대부분 수심 1000미터에서 4000미터 사이에 옹기종기 무리를 지어 있는 형태로 나타난다. 중앙해령은 화산활동이 활발한 산맥으로, 모든 심해 분지를 관통하고 있으며 서로 경계를 이루는 대륙판과 암석판을 따라 뻗어 있다. 이 산맥으로부터 뜨거운 물과 함께 다양한 광물질들이 2℃의 차가운 주변 물속으로 방출되어 침전된다. 여기서 침전이란 황을 비롯한 소금, 철, 아연, 구리, 망간 같은 광물질들이 미세한 입자 형태로 응집된다는 것을 의미한다. 이런 물질들이 해저에 축적되어 시간이 흐르면서 전형적인 굴뚝 모양의 구조물을 만들어낸다. 이 굴뚝의 높이는 평균 20~25미터이다. 방출된 광물 입자들이 흩어지면서 만들어내는 구름 모양의 형태는 굴뚝에서 솟아오르는 연기를 연상시킨다. 굴뚝 모양의 구조물에 '스모커smoker'라는 명칭이 붙은 것도 이런 이유 때문이다. 방출되는 물질들 중에서 철염—예를 들어 황화철광Pyrite 같은—성분이 풍부하면 구름이 검정색으로 보인다. 따라서 그런 형태의 열수분출공은 '블랙스모커black smoker'(고온의 열수를 검은 연기처럼 내뿜는 심해저 열수분출공)로 불린다. 블랙스모커에서 뿜어져 나오는 물의 온도는 300℃~400℃에 이른다. 이렇게 뜨거운 물이 분출되는 이유는 해저에 생긴 균열과 틈새를 통해서 수 킬로미터 아래로 눌려 내려간 차가운 바닷물이 순환하기 때문이다. 차가운 바닷물이 뜨거운 마그마로 가득 찬 공간들을 스쳐지나가면서 뜨겁게 가열된다. 그리고 이때 생성된 압력이 바닷물을 마치 분수처럼 굴뚝 밖으로 솟구치게 만든다.

1977년에야 비로소 학자들은 '갈라파고스 열수분출공 탐사'를 통해 갈라파고스제도 북동쪽 330킬로미터 지점에서 사상 최초로 심해 열수분출공을 발견했다. 1977년 2월 17일, 탐험선 승무원들이 과학자 3명과 함께 각종 계측장비와 카메라, 원격조정 집게 팔을 장착한 잠수정 앨빈호[Alvin]에 몸을 싣고 수심 2500미터의 심해로 내려갔다. 바다 아래 해저 사막에서는 놀라운 광경이 팀원들을 기다리고 있었다. 그들은 온도 측정용 탐침을 이용하여 그곳 수온이 다른 곳과 차이가 난다는 사실을 발견했고, 그것을 바탕으로 하여 뜨거운 온천물의 온도를 추론하였다. 얼음처럼 차가운 심해에 진짜 오아시스가 자리 잡고 있었다. 수온이 약 8℃로 유지되는 그곳에는 흰 조개로 가득한 폭 50미터 정도의 들판이 펼쳐져 있었다. 흘러나온 용암 틈새를 비집고 밖으로 솟구쳐 나온 물이 주변을 푸른색과 우유빛깔로 희미하게 빛나는 안개로 바꾸어놓았다. 희뿌옇게 일렁이는 안개 아래로 크기가 최대 30센티미터에 이르는 조개들이 놓여 있었다. 그 밖에도 그들은 갈색 조개와 유령 같은 흰색 새우, 심지어는 맛있게 조개를 먹고 있는 연보라색 문어도 발견했다. 좀처럼 믿을 수 없는 광경이었다. 수심 약 2500미터의 심해에서 사상 최초로 열수분출공을 발견한 것으로도 모자라 그곳에 생명체가 우글대는 모습을 직접 목격한 것이다.

그들은 이 첫 번째 열수분출공에 '해산물 파티1[clambake1]'이라는 명칭을 붙여주었다. 이후 과학자들은 몇 차례 더 잠수를 하면서 추가로 열수분출공을 몇 개 더 발견하였는데, 그중 하나에 '에덴 정원'이라는 이름을 붙여주었다. 바로 그곳에서 맞닥뜨린 종의 다양성 때문이었다. 그곳에 완전히 매료당한 과학자들은 17℃의 쾌적한 물속에서 블랙스모커 주변을 활기차게 돌아다니고 있는 다수의 다양한 생명체들을 관찰하였다. 이 해저 파라다이스에서 그들은 사상 최초로 관벌레tube worm를 발견하였다. 관벌레들의 모습은 바람에 흔들리는 꽃으로 가득한 들판을 연상시켰다. 그들이 발견한 관벌레는 훗날 자이언트튜브웜Giant tube worm이라는 영어 이름과 함께 리프티아 파킵틸라*Riftia pachyptila*라는 학명으로 알려졌다. 이 기이한 생물체는 최대 길이 3미터에 팔뚝 두께의 흰 관을 형성하여 뜨거운 열수분출공 주변에 촘촘히 붙어 앉아 있었다. 관 끝에는 빗살 아가미가 자리 잡고 있었는데, 새 깃털과 비슷하게 생긴 그것은 위험이 닥칠 때면 관 속으로 쏙 들어가 버렸다. 그런데 관 벌레는 어두운 그곳에서 살아가는 유일한 생명체가 아니었다. 그것은 마치 유령처럼 사방에서 휙 스치고 지나가는 작은 흰색 새우와 화산암에 걸터앉아 있는 달팽이, 그리고 작은 물고기들과 생활공간을 공유하고 있었다. 그때까지 알려지지 않았던 세계를 발견한 과학자들은 그곳을 이리저리 돌아다니면서 마치 자신들이 '콜럼버스가 된 것 같은 기분을 느꼈다.'

이처럼 황량한 환경에서 생명체들이 살아남는 방식을 알아내기 위해서 그들은 동물 표본과 물 표본을 채취하여 수면으로 올라와 모선 실험실에서 연구를 수행했다. 포름알데히드가 바닥나자 그들은 즉석에서 도수가 높은 러시아제 보드카에 동물 표본을 넣어 처리하였다. 그리고 물 표본을 분석하려고 했을 때 그들은 거의 실신할 뻔했다. 왜냐하면 썩은 달걀 냄새가 선상 연구실을 가득 채웠기 때문이다. 이 황화수소 냄새는 바닷물이 해저에 난 틈새를 통해 마그마실 근처까지 스며들었을 것이라고 했던 과학자들의 이론이 사실임을 입증해주었다. 바닷물에 풍부하게 함유된 황 성분이 마그마실 근처에서 열에 의해 황화수소로 바뀐다. 황화수소는 화산암 틈새에서 흘러나온 뜨거운 물과 함께 산소가 풍부한 바닷물과 뒤섞여 열수분출공 위에서 푸른색 안개를 만들어낸다. 박테리아를 비롯한 다른 미생물들이 열수분출공에서 흘러나온 황화수소를 분해한다. 이런 방법으로 그들은 에너지와 영양분을 획득하여 성장하고 번성한다. 화학합성chemosynthesis으로 불리는 이 과정은 대략 심해의 광합성 같은 것이라고 할 수 있다.

이미 드러난 것처럼 다른 유기체들 또한 이런 형태의 에너지 획득 방식을 활용한다. 과학자들은 이런 사실에 크게 놀랐다. 관벌레류는 소화기관도 입도 항문도 없기 때문이다. 하지만 그 대신 특이한 기관을 하나 가지고 있다. 영양원형체trophosome가 바로 그것이다. 크기가 확대된 세포들의 응집체인 이 기관에는 황세균이 가득 차 있고, 미세한 혈관들이 그것을 관통하고 있다. 관벌레류는 전적으로 황세균이 생산하는 영양분으로 살아가는 듯 보이는데, 이렇게 영양분을 제공받는 대가로 그것은 황세균이 화학합성을 하는데 필요한 황화수소와 산소 화합물을 공급한다. 고착생활을 하는 조개들 역시 황세균과 공생생활을 한다. 황세균은 조개로부터 황이 함유된 깨끗하게 여과된 물을 받는다. 그리고 그 대가로 화학합성을 통해 조개에게 필요한 영양성분을 생산한다. 과학자들은 그저 블랙스모커의 존재를 발견한 데서 그친 것이 아니라, 이 해저 오아시스가 가히 생명에 위협적이라 할 만한 환경에서 그처럼 많은 생명체를 산출해낼 수 있었던 방법도 함께 찾아내었다! 이는 콜럼버스의 아메리카대륙 발견에 결코 뒤지지 않는 그야말로 획기적인 발견이라고 할 수 있다.

열수분출공의 유형으로는 블랙스모커 외에 또 다른 한 가지 형태가 존재한다. 화이트스모커white smoker가 그것인데, 화이트스모커의 '연기구름'은 황산칼슘과 경석고anhydrite 같은 황성분을 풍부하게 함유하고 있어 밝은 색깔을 띤다. 이 굴뚝에서 흘러나오는 물의 온도는 고작해야 40℃에서 90℃ 정도로 블랙스모커에서 흘러나오는 물보다 차갑다. 이 심해 열수분출공은 2000년에야 비로소 발견되었는데, 미국과 스위스 연구팀이 대서양 중간의 수심 800미터 지점에서 이것을 찾아내었다. 그곳에서 최대 높이 60미터에 이르는 흰 석회굴뚝 군집을 발견한 연구팀은 이 기이한 형태의 해저 편대에 '잃어버린 도시lost city'라는 이름을 붙여주었다.

그로부터 2년 후 또 한 번의 탐사가 이루어지면서 학자들은 해저에 있는 이 유령 같은 도시가 간직한 비밀들을 최초로 풀어낼 수 있었다. 화이트스모커의 굴뚝은 지구 맨틀 암석에 들어 있는 철 성분을 함유한 광물질과 바닷물이 화학반응을 일으키면서 생성된다. 간단하게 설명하자면, 광물질과 바닷물이 화학반응을 일으킬 때 온기가 외부로 방출되면서 이른바 사문석serpentin이 만들어지고, 이것이 차츰차츰 쌓여서 흰 굴뚝이 만들어진다. 이때 pH 농도가

9~11 정도 되는 부식성 알칼리 용액이 생성된다. 여기서 특별한 점은 '잃어버린 도시'가 약 10만 년 전부터 이미 존재하고 있었으며, 지금도 그 규모가 계속 커지고 있다는 사실이다! 실제로 학자들은 사문석화 작용Serpentization이 시작된 시점이 해양의 나이와 꼭 같을 것이라고 추정한다. 뿐만 아니라 모든 도시가 그러하듯이 '잃어버린 도시' 역시 인구밀도가 높다. 요컨대 그곳에는 수많은 박테리아들이 모여 산다. 이 박테리아들은 지구 내부에서 뿜어져 나온 물질들을 에너지로 전환한다. 때문에 사람들은 이것들을 가리켜 화학독립영양세균Chemoautotrophic bacteria이라고 부른다. 고유의 세균 공동체를 지닌 '잃어버린 도시' 같은 심해 열수분출공은 잠재적인 생명체의 원천으로 간주된다. 왜냐하면 지구가 그곳에 화학 에너지를 부여함으로써 그곳에서 살아가는 유기체들을 변화시켜 바이오매스를 구축하기 때문이다. 이런 호열성(열을 좋아하는) 화학적 자급영양 세균들은 말하자면 심해의 1차 생산자로서 길고 긴 먹이사슬의 시작점에 서 있다.

오늘날의 신기술은 대부분 수명이 짧다. 하지만 잠수정Alvin은 그렇지 않은 것 같다. 왜냐하면 3인 정원의 이 잠수정은 지금도 여전히 작업에 투입되고 있기 때문이다. 그리고 2014년에 이르러 연구팀은 열수분출공을 탐색하던 중에 획기적인 발견을 하게 되었다. 연구자들은 태평양에 접한 코스타리카 해안 앞바다 240킬로미터 지점에서 잠수를 하던 도중에 수심 약 3킬로미터 지점에서 움직이지 않는 100여 개의 담청색 형체와 마주쳤다. 가까이 다가가서 살펴본 결과 그들은 그것이 심해 문어의 일종인 무스옥토퍼스

속Muusoctopus에 속하는 문어라는 것을 알아차렸다. 그 문어들은 흡사 안쪽에서 바깥쪽으로 꺾어 접어놓은 것 같은 형태로 바닥에 흩어져 앉아 있었다. 연구자들이 발견한 곳은 다름 아닌 문어-출산장소였다. 그곳에 있던 문어들은 모두 암컷으로 자신들이 산란한 알을 지키고 있었다. 심해 바닥은 대부분 진흙과 바다눈으로 이루어져 있지만, 심해 문어는 부드러운 바닥에 알을 낳지 않는다. 때문에 적합한 부화장소를 찾아내기가 매우 어렵다. 그러나 이 부근, 그러니까 '도라도 노두Dorado Outcrop'에는 딱딱한 화산암에서 분출되는 왕성하게 활동 중인 심해분출공이 자리 잡고 있었다. 이 딱딱한 토대는 알을 품는 문어에게 최적의 조건을 제공하는 듯이 보였다. 적어도 첫눈에는 그렇게 보였다.

그러던 중 연구자들은 문득 문어들이 스트레스 징후를 내비친다는 것을 알아차렸다. 암컷들이 팔로 자신의 몸과 알을 보호하듯 감싸고 있었던 것이다. 학자들의 추측에 따르자면, 아마도 지나치게 따뜻한 물 때문일 것으로 추정되었다. 왜냐하면 일반적으로 문어는 따뜻한 물보다 산소 함유량이 훨씬 많은 다소 차가운 물에서 살기 때문이다. 탐사 팀은 어떤 알에서도 움직임을 감지할 수 없었다고 보고하면서, 어미 문어들로서는 더 나은 출산 장소를 선택하는 호사를 누리지 못했을 것이라고 추측했다. 왜냐하면 심해에는 좋은 부화장소가 매우 드물기 때문이다.

2018년 초에 미국 탐사선 노틸러스호E/V Nautilus 승무원들이 캘리포니아 앞바다에서 심해 최대의 문어 부화장으로 추측되는 장소를 발견하였다. 그곳에는 무려 1000마리가 넘는 무스옥토퍼스 로

부스투스Muusoctopus robustus가 있었다. 데이비슨 해저산Davidson Seamount 곳곳에 알을 품는 암컷들이 사방으로 흩어져 앉아 있었는데, 여기에서도 그들의 몸통은 안쪽에서 바깥쪽으로 꺾어 접어놓은 것 같은 형태를 취하고 있었다. 해저 틈새에서 흘러나오는 용암 수는 따뜻한 듯 보였다. 왜냐하면 비디오에 녹화된 장면에서 문어 주변의 물이 희미하게 빛을 발하고 있었기 때문이다. 비록 지금까지 유효성이 입증된 온도측정은 이루어지지 않았지만, 학자들은 문어들이 이곳을 출산장소로 선택하게 된 이유가 바로 따뜻한 물 때문일 것이라고 추측한다. 하지만 이런 추측은 2014년 코스타리카에서 이루어진 연구와 모순된다. 미국 연구팀은 도라도 노두의 알을 손상시킨 요인이 온기가 아니라 다른 것일 수도 있다고 생각한다. 심해 문어가 출산장소를 선택할 때 결정적으로 작용하는 요소가 무엇인지, 뜨거운 물인지 아니면 아직 알려지지 않은 또 다른 요소인지의 여부는 일단은 심해가 간직한 비밀로 남겨져 있다.

심해 열수분출공은 새끼 문어들의 요람일 뿐만 아니라 연골홍어과Family Arhynchobatidae에 속하는 저자가오리류Bathyraja spinosissima 후손들을 키워내는 요람이기도 한 것 같다. 2015년 6월, 펠라요 살리나스 드 레옹Pelayo Salinas-de-León을 주축으로 하는 연구팀이 원격조정선체remote operated underwater vehichle, ROV인 심해로봇 '헤라클레스'의 도움을 받아 칼라파고스 군도 해양보호구역에 있는 블랙스모커를 탐사하였다. 그들은 수심 1600~1670미터 지점에서 총 157개의 홍어 난낭egg capsule을 발견하였는데, 그것들은 모두 활발하게 활동 중인 두 개의 심해 열수분출공에서 150미터 이내에 있는 화산암 사이에 박혀 있었다. 연구팀은 추가 연구를 하기 위해 로봇 팔을 이용하여 11센티미터 길이의 난낭 4개를 연구실로 가져왔다. 연골홍어 암컷들이 그들의 알을 부화시키기 위해 뜨거운 열수분출공의 열기를 이용하는 것이 분명해보였다. 연구팀은 이런 행동의 목적이 동물의 세계에서 가장 긴 편에 속하는 심해 홍어 배아의 발육시간을 단축시키는 데 있을 것으로 추정하였다. 베링해에 서식하는 같은 속의 알래스카홍어*B. parmifera* 알은 수온 4.4℃에서 부화될 때까지 걸리는 시간이 자그마치 1290일에 이른다! 저자가오리류의 경우, 주변 수온이 2.8℃로 일정하게 유지된다고 가정한다면, 부화 시간이 1500일에 이른다는 결과가 도출된다. 연구팀이 내린 결론에 따르자면, 온도가 높으면 높을수록 발육 속도 또한 현저히 빨라질 수 있을 것으로 추정된다.

하지만 심해 문어의 일종인 그라넬레도네 보레오파시피카*Graneledone boreopacifica* 암컷에게 있어서 후세의 빠른 발달은 그저 꿈같은 이야기에 불과할 것이다. 작고 귀여운 이 심해 문어는 북태평양과 대서양의 수심 1000~3000미터 사이에 서식한다. 평균 15센티미터 길이의 외투막과 그보다 그리 길지 않은 팔, 크고 둥근 눈, 그리고 흰색에서 적갈색에 이르는 피부색깔을 지닌 이 동물은 어둠 속에서 움직이는 자그마하고 고상한 유령 같은 느낌을 자아낸다. 2007년 4월 미국 연구팀이 캘리포니아 앞바다에서 수심이 꼭 1400미터 정도 되는 지점으로 ROV를 내려보냈다. 이곳은 앞에서 언급한 심해 문어인 보레오파시피카가 알을 품는 장소로 알려진 곳이었다. 또 다시 탐사에 성공한 연구팀은 알을 산란하기에 적합한 장소를 물색하는 듯 보이는 암컷 한 마리를 관찰할 수 있었다.

그로부터 38일이 지난 후 정확하게 동일한 지점에 ROV를 다시 내려보낸 연구팀은 그곳에서 이전에 관찰했던 바로 그 문어를 다시 만나고는 놀라움을 금치 못했다. 그 문어에게는 특징적인 상처가 있었기 때문에 단박에 식별이 가능했다. 그것은 바위 돌출부에 앉은 채로 자신이 낳은 알을 지키고 있는 것이 분명해 보였다. 연구팀에게 있어서 그것은 이 문어 종 암컷이 얼마나 오랫동안 알을 품는지 알아낼 수 있는 절호의 기회였다. 그 결과는 놀라운 동시에 동물의 세계에서는 찾아볼 수 없는 유일무이한 것이었다. 4년 반 동안 연구자들은 총 18회에 걸쳐 그 암컷에게로 되돌아갔다. 그리고 그 기간 동안 문어 암컷은 단 한 치도 움직이지 않은 것처럼 보였다. 새끼가 난낭 속에서 발육하는 동안 암컷은 해가 지날수록 점점 더 야위어가고 색깔도 희미해져갔다. 암컷은 자신에게 가까이 다가오는 게나 새우를 위협하여 쫓아버릴 뿐 먹어 치우지는 않았다. 그 모습을 관찰한 연구팀은 이 오랜 시간 동안 암컷이 먹이를 전혀 먹지 않는 것으로 추정하였다. 심지어는 ROV의 집게발을 이용하여 제공한 게살조차 거부하였다.

일반적으로 사람들은 문어 암컷이 (종류에 상관없이) 알을 품고 자신이 낳은 알에게 산소가 풍부하고 신선한 물을 공급해주는 동안 먹이를 거의 먹지 않거나 아예 먹지 않는다고 추측한다. 그건 그렇다 치고 연구팀은 극도로 긴 부화시간에 놀라지 않을 수 없었다. 문어의 부화시간은 53개월로 동물의 제국을 통틀어 단연코 가장 길다! 2011년 잠수정을 다시 아래로 내려 보냈을 때 더 이상은 그 암컷을 볼 수 없었다. 대신 약 160마리의 새끼들이 알에서 부화해 있었다. 남은 것이라고는 바닥에 흩어져 있는 난낭 잔해뿐이었다. 마지막에 가서 축 늘어진 살갗만 남은 암컷은 추측컨대 죽었을 것이다. 출산 후에 암컷이 죽는다는 것은 문어의 세계에서 특이한 일이 아니지만, 그 암컷이 그처럼 오래 살았다는 것은 분명 이례적인 일이다. 왜냐하면 얕은 바다에 서식하는 대부분의 문어는 고작해야 수명이 1~2년에 지나지 않기 때문이다. 그것도 산란 기간을 포함해서 말이다! 어미 문어는 헌신적인 보살핌으로 새끼들이 가능한 한 최상의 상태로 삶을 시작할 수 있게 해주었다. 새끼들은 알에서 빠져나올 때 이미 상당히 발육이 이루어져 있었기 때문에 곧바로 자신의 일은 스스로 알아서 할 수 있는 상태였다.

2016년에 접어들어 또 다른 작은 심해 문어가 전 세계 미디어 분야를 휘젓고 다니면서 일약 유튜브 스타로 떠올랐다. 미국 국립해양대기국NOAA 소속의 한 연구팀이 잠수 로봇 '딥디스커버러Deep Discoverer'를 이용하여 탐사를 하던 중에 세상을 열광시킬 만한 발견을 하였다. 하와이의 무인도 화산섬인 네커섬Necker Island 앞바다 수심 4290미터 지점에서 어떤 작은 형체가 ROV에 장착되어 있던 카메라를 빤히 쳐다보았다. 훗날 비디오 화면이 온라인에 소개되었고, 네티즌들은 그 작은 문어에게—1990년대 영화에 등장하는 작은 유령의 이름을 따서—캐스퍼casper라는 이름을 붙여주었다. 문어 캐스퍼는 홀로 바닥에 앉아 자신의 알을 지키고 있었다. 캐스퍼가 암컷이기 때문이었다. 자그마한 문어 암컷은 그때까지 알려지지 않은 종이었고, 그런 사실이 이번 발견을 더욱더 흥미진진하게 만들었다. 그 동물은 해부학적인 특징으로 미루어볼 때 그렇게까지 깊은 곳에 서식하지 않는 것으로 추정되는 문어와 비슷했다. 게다가 약 10센티미터 정도 되는 캐스퍼의 몸에서는 이렇다 할 만한 색소침착도 찾아볼 수 없었다. 그것은 유령처럼 흰색이었고 살짝 투명하기도 했다.

뒤이어 같은 해에 또 다른 심해 탐사팀이 또 하나의 놀라운 발견을 하게 되었다. 수심 4000미터 이상의 심해에서 같은 종의 문어 암컷 두 마리가 알을 지키고 있는 모습을 관찰하게 된 것이었다. 당시에도 여전히 종은 알려지지 않은 상태였다. 크고 검은 둥근 눈과 8개의 흰 다리를 가진 그 두족류 동물 두 마리는 사멸한 해면의 줄기에 붙어 있는 30개의 알을 지키고 있었다. 그런데 줄기 달린 해면이 진흙투성이의 바닥에서 자라기 위해서는 딱딱한 토대로 사용할 망간단괴manganese nodule가 필요하다. 실제로 망간단괴를 제거한 후에 해면 개체수가 줄어들었다는 사실이 한 실험을 통해서 입증되었다. 이것은 작은 심해 유령 캐스퍼에게는 좋지 못한 소식이다. 망간단괴를 제거하면 해면이 더 이상 자라지 못하게 되고, 문어들도 알을 낳지 못하게 된다. 그렇다면 도대체 왜 이 단괴를 제거해야만 하는 것인지 그 이유가 자못 궁금할 것이다. 바로 단괴에 함유되어 있는 망간을 비롯한 다른 금속들이 산업 분야에서 점점 더 중요해지고 있기 때문이다. 그리고 그 결과 심해에 존재하는 광물 원료를 찾아내기 위한 탐색 작업이 이미 오래전에 시작되었다.

심해에서 벌어지는 골드러시

인간은 자원을 찾아 점점 더 멀리 떨어진 영역으로 전진하고 있다. 모래와 자갈, 석유, 그리고 가스가 이미 오래전부터 해양에서 채굴되고 있다. 그런데 지금 인간은 또 다른 풍성한 원료의 보고에 눈독을 들이고 있다. 심해가 바로 그 대상이다. 저 아래쪽에 펼쳐진 어둠 속에 수십 억 유로의 값어치가 나가는 자원이 저장되어 있다. 그래서 지금 현재 특히 산업 국가들을 중심으로 다양한 국가들이 그들의 기계에 기름칠을 하고 있다. 스마트폰, 자동차, 태양열 집열판 등을 제작하는 데 필요한 유용한 금속에 대한 수요가 높은 상황에서 때마침 심해에 그런 금속들이 존재한다는 소식이 들려오면서 본격적인 골드러시가 시작될 참이기 때문이다. 다만 여기에는 한 가지 문제점이 있다. 세계자연보전연맹IUCN의 주장에 따르면, 원료 채굴 과정에서 바다 생물들이 입게 될지도 모르는 피해의 규모가 삼림 벌채에 필적할 정도로 크다고 한다. 한마디로 심해에 대한 우리의 지식은 너무나도 보잘것없다. 따라서 채굴에 동원된 기계의 작용으로 말미암아 심해 동식물 세계가 영구적으로 파괴될 수도 있다. 하지만 사람들이 갈망하는 광물질에 대한 수요는 급속도로 증가하고 있는 실정이다. 개발 사이클이 점점 짧아지면서 사용 수명이 더 짧아진 최신 스마트폰이 시장에 쏟아지고 있고 구리, 코발트, 알루미늄 등이 함유된 고장 난 전화기들이 휴지통에 버려지고 있다. 전화기가 고장 나면 새 전화기를 장만할 수밖에 없는데, 여기에도 역시 희귀하고 귀중한 자원들이 들어 있다. 심해에서 채굴을 기다리는 바로 그런 자원들 말이다. 이에 따라 2025년부터 상업적인 채굴이 개시될 예정이다.

알을 품고 있는 캐스퍼 문어 두 마리가 목격되었던 남태평양 페루 해구에는, 이미 언급한 바와 같이 망간단괴가 존재한다. 그러나 이 광물질이 가장 대량으로, 그리고 가장 경제성 높게 매장되어 있는 곳은 적도 부근의 북태평양 지역이다. 사람들은 하와이와 멕시코 사이에 자리 잡은 꼭 500만 제곱킬로미터 크기의 이 구역을 가리켜 '망간단괴벨트'로 부른다. 면적을 비교해보자면 전체면적 438만1324제곱킬로미터의 유럽연합 지역이 이 구역보다 약간 더 작다. 수심이 4000미터와 6000미터 사이인 이 구역에서는 해저의 약 60퍼센트를 망간단괴가 뒤덮고 있다. 그곳에 가보면 망간단괴가 마치 밭에 널려 있는 감자처럼 이곳저곳에 떨어져 있다. 외견상으로도 그것은 감자를 닮았다. 다만 감자보다 성장 속도가 느리다. 평균적으로 망간단괴는 100만 년에 0.5~1센티미터 정도 자란다! 시드결정Seed crystal(결정을 성장시킬 때 핵이 되는 결정 조각-옮긴이)을 중심으로 그 주변에 형성된 단괴는 약 4분의 1이 망간으로 구성되어 있고 그 밖에 철, 니켈, 구리, 코발트 같은 다른 순수 금속이 함유되어 있다. 망간단괴가 성장하기 위해서는 바닷물과 해저에 깔려 있는 퇴적물 내부의 공극수pore water로부터 화학성분을 공급받아야 한다. 이때 바닷물보다는 퇴적물 공극수의 화학성분이 대부분을 차지한다. 3~8센티미터 크기의 단괴는 그 속에 함유되어 있는 이 귀중하고 희귀한 금속들 때문에 점점 더 빠르게 성장하는 하이테크 산업이 눈독 들이는 갈망의 대상이 되었다.

단괴에 접근하기 위해서 각 나라는 반드시 시추권을 공식적으로 승인받아야 한다. 독일도 망간단괴벨트의 한 구역을 확보하였는데, 그 규모가 7만5000제곱킬로미터로 바이에른주보다 조금 더 크다. 2006년 독일 정부가 광물 탐사 용도로 UN에 25만 유로를 지급하고 그 구역을 15년간 임차하였다. 게다가 2015년부터는 채굴 승인까지 받아 오직 출발 신호탄만을 기다리고 있는 상황이다. 채굴 허가를 획득하기 위해서는 각 나라가 국제해저기구International Seabed Authority, ISA에 채굴 신청을 해야 한다.

독일이 임차한 구역에는 수심 4000미터의 해저에 수백만 개의 망간단괴가 놓여 있다. 단괴에 함유되어 있는 원료는 수십억 유로까지는 아니라고 하더라도 최소한 수백만 유로의 가치를 지니고 있다. 순수하게 기술적인 관점에서 보았을 때 단괴 채굴은 충분히 가능한 일이다. 왜냐하면 1978년에 이미 최초의 망간단괴들이 수면 위로 끌어올려진 적이 있기 때문이다. 그러나 환경단체들은 단괴 채굴이 환경에 미치게 될 결과를 '심각한 수준'으로 평가한다. 추정에 따르면, 심해 감자를 채굴할 때 트리어시Trier의 면적에 버금가는 해저 면적이 필요하다고 한다. 그것도 해마다 말이다! 채굴이 시작되면 그 과정에서 퇴적물만 소용돌이쳐 올라가는 것이 아니라 물과 함께 그곳에 사는 생물들, 이를테면 작은 유령 문어들 역시 위로 딸려 올라가게 될 것이다. 그 결과 생태계 전체가 손상을 입게 될 것이고, 당연히 종의 구성도 달라질 것이다. 왜냐하면 해면의 예가 보여준 것처럼 다양한 종들이 사라져버릴 수도 있기 때문이다. 심해에서는 모든 과정이 아주, 아주 긴 세월을 필요로 한다. 따라서 파괴된 것이 다시 복구되는 데 설령 수백 년까지는 아니라도 하더라도 적어도 수십 년의 세월이 필요할 것이다.

산업계의 초점이 된 대상은 망간단괴만이 아니다. 다른 광물성 원료들 역시 탐욕을 부채질하고 있다. 예컨대 블랙스모커 주변에서는 금속을 함유한 광물성 황화합물이 생성되는데, 이것은 괴상형 황화물Massive sulfide이라는 이름으로 불리기도 한다. 엄밀하게 말하자면 블랙스모커 굴뚝이 바로 이 황을 함유한 금속으로 이루어져 있다. 열수분출공에서 분출된 최고 400℃의 뜨거운 물이 화산암을 통과하면서 용해된 금속을 외부로 운반한다. 금속은 해저 바닥에 축적되어 있다가 시간이 흐르면서 차츰차츰 쌓여 굴뚝을 형성한다. 대서양에 있는 블랙스모커들은 금속 황화물 함유량이 미미하기 때문에 경제적으로 별로 의미가 없는 반면 태평양 남서부의 블랙스모커들은 뜨거운 관심의 대상이 되고 있다. 왜냐하면 그곳 해저에는 구리, 아연, 금 등이 다량으로 침전되어 있는 데다 수심도 최대 2000미터로 상대적으로 얕기 때문이다. 뿐만 아니라 그 지역 가운데 일부는 바다에 접한 몇몇 해안 국가들의 경제수역에 속한다. 즉, ISA에 종속되어 있지 않은 것이다. 그래서 이들 국가는 채굴 허가를 염두에 둘 필요가 없다. 사람들은 우선 활동이 멈춘 블랙스모커를 중심으로 금속을 채굴할 생각이다. 그런 곳에는 활동 중인 열수분출공 주변에 형성된 것과 같은 전형적인 생활공동체가 거의 없거나 아예 존재하지 않기 때문이다. 아직까지는 기술적인 한계가 있지만, 계속 발전하고 있는 상황이다. 따라서 심해에서 넓은 면적에 걸쳐 대규모로 산업적인 채굴이 이루어지는 것은 그저 시간문제에 불과하다.

수심 1000~3000미터 사이의 해저 화산 측면에 형성된 코발트 크러스트cobalt crust 또한 경제적인 관심의 대상이 되고 있다. 수백만 년의 시간이 흐르는 동안 망간 침전물과 극소량의 철, 백금, 니켈, 코발트, 구리 침전물이 화산암에 축적되어 그 위에 한 층을 덧씌웠다. 그런데 그 층에서 미량금속trace metal을 의미 있을 정도로 찾아내려면 몇 톤씩 채굴을 해야만 할 정도로 그 함유량이 극도로 미미하다. 그럼에도 불구하고 이런 금속이 매장되어 있는 많은 나라의 불안정한 정치 상황이 심해를 새로운 원료의 매력적인 보고로 여겨지도록 만들고 있다. 예컨대 콩고 같은 나라가 대표적인 예다. 하지만 지금까지는 채굴 기술이 결여되어 있다. 이와는 별도로 이런 나라들에서도 역시 채굴 작업으로 인해 손상을 입게 될 토양생태와 관련하여 크나큰 우려가 자리 잡고 있다.

심해에는 금속만 저장되어 있는 것이 아니다. 어쩌면 미래의 에너지원이 될지도 모르는 물질 역시 심해에 보관되어 있다. 메탄 하이드레이트Methan Hydrate가 바로 그 주인공이다. 지구 전체의 대륙붕 주변에는 풍부한 양의 천연가스 혹은 메탄이 해양 얼음 속에 냉동된 상태로 봉인되어 있다. 추정에 따르자면 심해 메탄 매장량을 이용하면 지구 전체의 석탄, 천연가스, 석유 매장량을 모두 합한 것보다 두 배나 많은 에너지를 생산할 수 있을 것이라고 한다. 물론 메탄을 채굴하면 커다란 경제적인 이익을 얻을 수는 있겠지만, 환경에 가해질 위험이 너무나도 크다. 그 까닭은 우선 메탄을 사용한다면 앞으로도 계속해서 화석에너지에 의존하게 되는 결과가 초래될 것이기 때문이고, 다른 한편으로는 메탄이 이산화탄소보다 약 23배

강력한 효과를 지닌 온실가스이기 때문이다.

따라서 수많은 학술 연구에서 표명된 우려, 즉 채굴 과정에서 메탄이 방출되어 온실효과를 강화할 수 있을 것이라는 우려는 지극히 정당한 것이다. 메탄 방출과 강화된 온실효과로 인한 해양 온난화는 다시금 연쇄작용을 불러일으킬 것이고, 그 과정에서 점점 더 불안정해진 해양 얼음에서 또 다른 메탄이 대기 중으로 방출되어 기후 붕괴를 초래하는 결과로 이어질 것이다. 또한 이와 동시에 기계를 이용한 심해 채굴 작업은 수화물hydrate에 의해 견고해진 해저 급경사 지반을 불안정하게 하는 결과를 초래할 수 있다. 만약 프랑크 셰칭Frank Schätzing의 소설 『더 스웜The Swarm』에서처럼 불안정한 경사면이 미끄러져 내리기라도 한다면, 파괴적인 쓰나미가 발생하여 북유럽을 포함한 전 세계 해안선을 파괴할지도 모른다. 반면 메탄 채굴을 찬성하는 사람들은 메탄을 채굴하는 과정에서 얼음에 생성되는 빈 공간을 산업분야와 발전소에서 발생한 이산화탄소로 메꾸어 다시금 견고하게 만들 수 있다고 주장한다. 그건 그렇고, 바다에서 자연적으로 방출되는 메탄 하이드레이트는 소량에 불과한데, 이것은 어디까지나 메탄을 먹어 치우는 박테리아들 덕분이다. 이 박테리아들이 열심히 메탄을 먹어 치우는 덕분에 얼음에서 새어나오는 메탄의 2~4퍼센트만이 대기 중에 도달하게 된다.

바다에서 얻은 원료를 에너지 공급원으로 이용하려는 아이디어는 결코 새로운 것이 아니다. 1870년에 출판된 쥘 베른Jules Verne의 소설 『해저 2만 리』에서 이미 주인공 네모Nemo 선장이 해양 원료를 동력으로 하는 잠수정을 타고 심해를 탐사한다. 이를 통해서 쥘 베른은 자신이 살았던 시대를 앞서갔으며, 당시에는 허구였던 것이 머지않아 현실이 되었다. 노틸러스호에 몸을 실은 네모 선장과 그의 선원들은 어두운 심해에서 갖가지 동물들을 발견하게 된다. 아마도 베른은 꿈에도 생각하지 못했을 테지만, 여기서만큼은 현실이 그의 허구를 앞서 있었다(그리고 지금도 역시 그러하다). 왜냐하면 심해에 관한 제아무리 기상천외하고 환상적인 문학적인 묘사 혹은 그림이라고 하더라도, 실제로 심해가 감추고 있는 비밀 앞에서는 거의 언제나 빛이 바래버리기 때문이다.

바다 괴물, 심해 괴물, 뱃사람들의 기상천외한 모험담

소위 바다 괴물은 심해의 어두운 물속에 몸을 숨긴 채 이미 수천 년 전부터 사람들의 상상력에 날개를 달아주었다. 대왕오징어 *Archteuthis dux*가 바로 그 주인공이다. 10개의 다리를 지닌 이 거인만큼 수많은 신화로 얽혀 있는 연체동물은 존재하지 않는다. 기원후 77년에 이미 로마 학자 플리니우스가 그의 저서 『박물지 Naturalis historia』에서 대왕오징어를 언급한 바 있다. 하지만 그것이 세계문학 속으로 위풍당당하게 입성한 것은 1870년에 출판된 『해저 2만리』를 통해서였다. 쥘 베른은 대왕오징어를 네모 선장과 생사를 걸고 승부를 벌이는 바다괴물로 묘사하였다. 인간을 공격하는 대왕오징어를 다룬 이야기들은 수십 편에 이르지만, 그것들은 늘 뱃사람들의 기상천외한 모험담쯤으로 치부되었다.

2003년에 접어들어 3동선 trimaran(3개의 평행한 선체로 구성된 범선-옮긴이)인 제로니모호Geronimo 선원들이 또 다른 경로로 대왕오징어를 만나게 되었다. 당시 제로니모호는 요트로 가장 빨리 세계 일주를 하는 팀에게 '쥘 베른 트로피'를 수여하는 경기에 참여하여 지브롤터 해협을 항해하고 있었다. 그러던 도중에 누군가로부터 갑작스런 방문을 받게 되었다. 거대한 대왕오징어가 다가와 단번에 노깃 윗면과 선체 사이에 매달린 것이다. 훗날 한 선원은 그 상황이 매우 위협적이었다고 묘사했다. 왜냐하면 대왕오징어가 힘센 다리로 보트를 뒤흔들었기 때문이다. 그 선원은 대왕오징어의 전체 길이를 약 10미터 정도로 추정했고, 빨판 지름이 약 6센티미터 정도였다고 이야기했다. 불청객을 쫓아버리기 위해서 선원들은 항해 속도를 낮추었고, 대왕오징어는 약 1시간 정도 무임승차를 한 후에 다시 깊은 바닷속으로 사라졌다고 했다. 아쉽게도 이 우연한 장면을 담은 사진 자료 같은 것은 존재하지 않는다. 따라서 팀원들이 쥘 베른의 소설과 트로피의 연관성을 지나치게 진지하게 받아들였던 것은 아닌지 혹은 이 만남이 실제로 진실에 부합하는지 한번쯤 곰곰이 생각해보아야 할 것 같다. 대왕오징어를 실제로 목격할 가능성은 매우 낮다. 지금까지 살아 있는 대왕오징어를 보는 행운을 누린 사람은 극소수에 불과하다.

이 동물에 대해서 알려진 사실의 대부분은 해안으로 쓸려온 사체와 향유고래의 위장에 남겨진 잔해에서 알아낸 것들이다. 1856년 덴마크 학자 야페투스 스텐스트루프Japetus Steenstrup가 해안으로 쓸려온 잔해를 바탕으로 하여 사상 최초로 대왕오징어의 모습을 재구성하였다. 그로부터 150년 이상의 세월이 흐르면서 대왕오징어 사체가 몇 구 더 발견되었고, 이에 의거하여 사람들은 대왕오징어 암컷의 몸길이가 다리를 포함하여 최대 13미터에 육박하는 것으로 추정하고 있다. 반면, 수컷은 몸길이 최대 10미터로 조금 더 작은 것으로 추정된다. 이처럼 거대한 크기에도 불구하고 대왕오징어는 연체동물 가운데 몸집 서열 2위에 불과하다. '몸집 서열 세계 1위 연체동물' 타이틀은 당연히 남극하트지느러미오징어*Mesonychoteuthis hamiltoni*의 차지다. 그러나 남극하트지느러미오징어에 대해서 알려진 것은 대왕오징어보다도 더 적은 실정이다. 왜냐하면 포획되거나 해변으로 밀려오는 일이 거의 없어서 좀처럼 설명의 실마리를 찾을 수가 없기 때문이다. 하지만 그 수컷은 몸무게 750킬로그램에 몸길이 12~14미터로 대왕오징어보다 크기가 더 크고, 무엇보다도 몸무게가 더 많이 나간다. 또한 암컷의 몸무게는 최대 275킬로그램까지 나갈 수 있다. 비록 대왕오징어의 몸길이가 최대 20미터라고 하는 보고가 있기는 하지만, 아직까지는 학문적으로 증명된 바가 없다. 이 두 거대한 연체동물의 몸통은 모두 유선형이지만, 남극하트지느러미오징어가 더 땅딸막하고 다부진 체격을 갖추고 있다.

우리가 몸담고 살아가는 첨단 기술 사회에서는 좀처럼 믿기 힘든 일이지만, 2000년대 초반에 이르러서야 비로소 살아 있는 대왕오징어가 사상 최초로 사진에 담기게 되었다. 2002년 1월 15일 일본 연구자 팀이 교토현 아미노초 해변 근방에서 전체 몸길이 4미터짜리 어른 대왕오징어를 포획하여 사진을 찍는 데 성공하였다. 그들은 연구를 하기 위해 노끈을 이용하여 임시로 그 동물을 부두에 묶어두었지만, 안타깝게도 밤사이에 죽고 말았다. 이후 그들은 죽은 대왕오징어 몸을 표본으로 제작하여 일본 자연사박물관에 전시해두었다. 이어서 2004년에 또 다른 일본 연구팀이 트릭을 이용하여 살아 있는 대왕오징어를 자연적인 환경에서 촬영하는 데 성공하였다. 2년에 걸친 사전 준비작업 후 바다로 향한 그 팀은 도쿄에서 남쪽으로 약 970킬로미터 떨어진 지점으로 방향을 잡았다.

그들이 향한 장소는—대왕오징어의 천적인—향유고래 사냥터로 유명한 곳이었다. 연구팀은 향유고래가 질주하며 돌아다니는 곳이라면 반드시 그 먹잇감도 함께 있을 것이라고 추측하였다. 그들은 미끼, 카메라, 플래시가 장착된 길이 900미터짜리 낚싯줄을 바닷속 깊숙이 떨어뜨렸다. 몇 번의 실패 끝에 마침내 행운이 찾아왔다. 대왕오징어가 작은 새우와 오징어로 이루어진 미끼에 관심을 보였던 것이다. 굶주린 그 동물은 먹잇감과 함께 낚싯바늘을 낚아챘고, 약 4시간 동안 낚싯줄에 단단히 걸려 있다가 마침내 벗어날 수 있었다. 이 시간 동안 그야말로 플래시 번개 세례가 그 불행한 대왕오징어에게 쏟아졌고, 그 덕분에 학계는 약 500장의 사진을 얻게 되었다. 이 획기적인 사건은 전 세계적인 주목을 끌었다! 예인망 어선에서 부수 어획물로 딸려온 것과 죽은 향유고래의 위에 남겨진 잔해를 근거로 하여 사람들은 대왕오징어가 대부분 수심 300미터에서 1000미터 사이에 머무르지만, 경우에 따라서는 더 깊은 곳까지—수심 2.2킬로미터 이상인 지점까지—잠수할 수 있을 것이라고 추정한다. 대왕오징어가 열대지방과 극지방을 제외한 모든 바다에 서식하는 것과는 대조적으로, 지금까지 남극하트지느러미오징어는 남극 지방과 그곳에서 북쪽으로 조금 더 거슬러 올라간 남아메리카 및 남아프리카 바다에 이르는 구역에서만 발견되었다.

이 연체동물들은 그 거대한 몸집과 잠수 기술로만 점수를 얻는 것이 아니라, 또 다른 기록들도 준비해두고 있다. 몇 년 전 나는 슈트랄준트Stralsund 해양박물관을 찾았는데, 그때 보았던 가장 인상 깊은 전시물들 중 하나가 바로 표본으로 제작된 6미터짜리 대왕오징어 수컷이었다. 그 동물을 보면서 가장 인상 깊었던 점은 그것의 거대한 눈이었다. 실제로 대왕오징어와 남극하트지느러미오징어는 동물의 제국을 통틀어 가장 큰 눈을 가지고 있다. 내가 본 대왕오징어 표본만 해도 안구 지름 27센티미터에 동공 지름이 9센티미터였다. 눈 크기가 대략 축구공이나 파스타 접시만 했던 것이다! 이 동물들이 그처럼 큰 눈을 갖게 된 것은 살금살금 접근하는 향유고래의 실루엣을 알아차리기 위한 것으로 추정된다. 어두운 심해에서 실루엣이라니, 그것이 어떻게 가능한지 무척 궁금할 것이다.

이미 언급한 것처럼, 심해에는 수많은 생체발광 생물들이 존재한다. 이 생물들은 예컨대 은밀하게 접근해오는 향유고래 같은 동물들의 방해를 받을 때면 방어 작용의 일환으로 빛을 발산하여 고래의 실루엣을 선명하게 보이도록 만든다. 한 모형 계산model calculation에 따르자면 이 두 연체동물의 시야 반경이 120미터 이상이라고 하는데, 이처럼 거대한 그들의 눈은 아마도 약탈자의 압박에 적응하여 발달된 것으로 보인다. 120미터라는 거리는 향유고래가 먹잇감을 탐지할 때 사용하는 소나sonar의 사정거리에 부합한다.

이런 사실은 진화가 이 두 동물들 간의 상호군비 경쟁을 얼마나 천재적으로 유도하였는지를 보여준다. 이 두 거인들 간의 싸움은 늘 인간의 상상력에 날개를 달아주었고, 향유고래 피부에 새겨진 거대한 빨판 자국은 인간의 호기심에 불을 지폈다. 위장 내용물을 보면 향유고래 측의 승률이 높다는 사실을 미루어 짐작할 수 있지만, 그럼에도 대왕오징어가 무기력하게 항복을 해버리는 것은 아닌 것 같다. 향유고래는 대왕오징어와의 생사를 건 전투에서 곧잘 빨판으로 인한 흉터를 얻곤 한다. 그런 전투가 정확하게 어떻게 진행되는지에 대해서는 지금까지 그저 추측만 난무할 뿐이다. 어쨌거나 그런 싸움이 일어난다는 사실 자체가 일단 또 다른 신화와 이야기들을 만들어낸다.

심해에 서식하는 또 하나의 매우 기괴한 존재가 있으니, 그것은 바로 우리들의 집 지하실에서 찾을 수 있는 쥐며느리의 친척이다. 다만 심해 쥐며느리는 지하실에 사는 자그마한 쥐며느리보다 크기가 몇 배 더 클 뿐이고, 생김새가 영화 「맨 인 블랙Men in Black」에 나오는 외계인을 닮았다. 대형 쥐며느리류*Bathynomus gigantueus*는 몸무게 최대 1.7킬로그램에 크기가 최대 70센티미터에 육박한다! 비교를 해보자면, 여행용 가방이나 한 살배기 어린아이의 크기가 이 정도 범위에서 오간다. 1879년 프랑스 동물학자 알퐁스 밀네-에드워즈Alphonse Milne-Edwards가 멕시코만에서 이 쥐며느리 괴물을 발견하였다. 이 동물은 수심 365미터에서 730미터 사이에 출몰하지만, 훨씬 더 깊은 곳에서도 발견된다. 그들은 주로 해저 바닥에 머무르면서 음식물이 자신들의 머리 위로 혹은 14개의 갈고리 발 중 하나 앞으로 떨어지기를 기다린다.

이 거대한 쥐며느리는 무엇보다도 동물의 사체를 먹고 사는 동물로, 특히 바다눈을 먹고 살지만, 고래 사체 및 다른 동물들의 사체도 마다하지 않는다. 하지만 때에 따라서는 그들 스스로가 능동적으로 사냥에 나서기도 한다. 이때 그들은 해삼이나 해면처럼 속도가 느린 동물이나 고착 동물, 그리고 해저에서 살아가는 생물들을 집중적으로 공략한다. 뿐만 아니라 2015년에 디스커버리 채널에서 「샤크위크Shark Week」 에피소드를 촬영하던 중에 심지어는 돔발상어를 공격하는 대형 쥐며느리류의 모습이 포착되기도 했다. 그것은 상어가 함정에 빠지자 기회가 왔음을 알아차리고는 그 불쌍한 상어의 얼굴을 먹어 치워버렸다.

이 쥐며느리의 생활방식과 식습관에 대한 정보는 심해 탐사를 통해서만 수집할 수 있는 것이 아니다. 수족관에서도 우리는 이 동물의 행동에 감탄하고 그에 관한 연구를 이어나갈 수 있다. 캘리포니아에 있는 퍼시픽아쿠아리움Aquarium of the Pacific에 마련된 거대한 수족관에 이 심해 거주자 네 마리가 둥지를 틀고 있다. 이 동물의 식습관을 최대한 정확하고 꼼꼼하게 기록하던 그곳 사람들은 그들이 가장 즐겨 먹는 먹잇감이 고등어라는 사실을 발견했다. 하지만 거친 자연에서는 당연히 그 같은 호사를 누릴 수가 없다. 왜냐하면 손에 넣을 수 있는 것만을 먹고 살아가야 하기 때문이다. 그러나 수족관의 쥐며느리들은 사육을 당하는 것이나 마찬가지라고 할 수 있다. 왜냐하면—그들이 먹잇감을 매우 불규칙적으로 먹어치우는데도 불구하고—사람들이 매일 한 번씩 그들에게 고등어를 제공하기 때문이다. 동물보호사 디 앤 어튼Dee Ann Auten의 말에 따르자면, 2013년 이곳의 대형 쥐며느리류 가운데 한 마리는 고작 1년에 두 번 먹잇감을 먹는 데 그쳤고, 다른 한 마리는 네 번, 또 다른 한 마리는 열 번, 나머지 한 마리는 일곱 번 먹잇감을 먹었다고 한다. 일본에 있는 한 수족관에서는 동물보호사들이 그곳에 사는 쥐며느리 중 한 마리의 취향을 저격하는 데 명백하게 실패하고 말았던 것으로 보인다. 왜냐하면 모든 종류의 음식물을 거부하던 그 동물이 4년간의 단식투쟁 끝에 죽어버렸기 때문이다. 그러나 일반적으로 쥐며느리들은 먹잇감에 관한 한 그리 까다롭게 굴지 않는다. 그리고 일단 무언가를 먹기 시작하면 더 이상 몸을 움직일 수 없을 때까지 먹어 치운다. 멕시코만에서 세 마리의 대형 쥐며느리를 수집하여 연구한 결과, 위 속에 어마어마한 양의 플라스틱 쓰레기가 들어 있었다.

사람들은 이 쥐며느리들이 산소가 부족한 어두운 생활환경에 적응하기 위해 그처럼 거대한 몸집을 발전시켰을 것이라고 추정한다. 학자들은 이런 현상을 가리켜 심해 생물대형화 현상abyssal gigantism이라고 부른다. 한 이론에 따르자면, 이 쥐며느리들이 그처럼 거대한 몸집을 가지게 된 것은 몸으로 더 많은 양의 산소를 흡수하여 극도로 높은 압력을 견디기 위해서라고 한다. 거대 성장을 불러온 또 다른 가능한 요인은 사는 곳의 수심이 깊을수록 포식자의 수도 적어진다는 사실이다. 이들 쥐며느리에게 있어서 이런 사실이 의미하는 바는 명백하다. 요컨대 그들은 포식자의 위협으로부터 비교적 안전하기 때문에 이처럼 주목할 만한 크기까지 성장할 수 있는 것이다. 어쨌거나 이 쥐며느리는 살점이 그리 많지 않은 데다 (심지어 게보다도 살점이 적다) 몸이 거의 외골격으로만 이루어져 있기 때문에 대부분의 포식자들이 보기에 그리 매력적인 먹잇감이 되지 못한다. 그래도 어쩌다 외부의 공격을 받게 될 때면 그들은 육지에 사는 사촌들과 꼭 마찬가지로 몸을 공 모양으로 동그랗게 말아 상처에 취약한 아랫부분을 보호한다. 이렇게 하면 평평하고 딱딱한 등딱지 체절들이 서로 겹쳐져 쉽게 뚫고 들어가지 못하는 방패를 형성한다. 연분홍색 몸통과 비교하여 상대적으로 크기가 큰 그들의 복안은 서로 멀찌감치 떨어져 있어 가뜩이나 외계인 같은 외모를 한층 더 강조한다. 그들은 이 복안을 이용하여 어둠 속의 고양이처럼 사물을 인지하는 것으로 추측된다. 어둠 속에서 앞으로 나아가기 위해서 그들은 복안 외에도 추가로 더듬이를 지니고 있는데, 그 길이가 대략 전체 몸통의 절반쯤 된다. 그들은 이 거대한 감각기관을 이용하여 더듬더듬 어둠 속을 가로질러 앞으로 나아간다. 여기에 덧붙여 발가락에 달려 있는 작은 발톱들이 해저 바닥에서 좀 더 안정적으로 움직일 수 있도록 해준다.

심해의 끝없는 어둠에 적응한 것은 단지 심해거주자들의 해부학적인 측면만이 아니다. 머리 위로 음식물이 떨어지기만을 기다릴 수 없는 많은 심해거주자들이 사냥을 하기 위해서—혹은 사냥감으로 전락하기 않기 위해서—또 다른 특별한 전략을 발전시켰다. 빛이 바로 그것이다. 빛은 사냥을 할 때와 포식자를 피해야 할 때, 두 경우 모두 큰 도움이 된다.

어둠 속의 반짝임

깊은 바닷속은 칠흑같이 어둡다. 하지만 번쩍이거나 희미하게 가물거리거나 깜박이는 모스부호가 규칙적으로 그 어둠을 깨뜨린다. 조금 더 자세히 들여다보면 심해는 결코 우리가 생각하는 것만큼 어두운 곳이 아니다. 왜냐하면 심해 거주자의 76퍼센트가 자체적으로 빛을 생산할 수 있는 능력을 가지고 있는 것으로 추정되기 때문이다. 그러나 물 아래에는 각기 다른 빛의 파장에 따른 문제점이 존재한다. 470나노미터의 파장을 지닌 파랑-초록 영역이 가장 범위가 넓다. 그리고 대부분의 심해 생물 또한 이 영역밖에 인지하지 못한다. 그들에게는 다른 파장을 보는 데 필요한 생체 내 색소가 결여되어 있다. 따라서 노란 빛을 내뿜는 개똥벌레처럼 지표면에 서식하면서 생체발광을 하는 동물들과는 달리 심해 동물들 대부분은 자체적으로 파란색-초록색 빛을 내뿜는다.

당연히 재미삼아 이렇게 하는 것은 아니다. 왜냐하면 그렇게 하는 것은 에너지 낭비일 것이기 때문이다. 그들은 적들을 교란하고, 파트너나 먹잇감을 유혹하고, 위장을 하기 위해서 이런 행동을 한다. 생체발광을 할 때에는 차가운 빛이 생성된다. 이것은 빛을 생산하는 동물들이 과열되는 사태를 방지하기 위해서이다. 에너지의 약 90퍼센트가 열로 소실되고 나머지가 빛으로 전환되는 인공 광원과는 달리 생체발광을 하는 유기체들은 발광효율luminous efficacy이 거의 100퍼센트에 이른다. 이런 현상은 박테리아와 미세조류에서부터 (제1장의 '바다가 내뿜는 빛' 부분을 참조하라) 갑각류와 불가사리를 거쳐 상어와 다른 물고기들에 이르기까지 수많은 해양 생물들에게서 발견된다. 지금까지 기록된 발광 생물은 약 1500종에 이른다. 비록 육지에서는 개똥벌레와 톡토기 등 비교적 소수의 생물들만 생체발광을 하지만, 그럼에도 빛은 우리 지구상에서 가장 널리 보급된 의사소통 방식일 것이다.

생체발광은 화학반응을 통해서 이루어진다. 산소와 루시페린 Luciferin 분자가 결합되면 에너지가 빛의 형태로 발산된다. 루시페린의 종류는 다양하다('Lucifer'는 '빛 운반자'를 의미한다–옮긴이). 그것은 반응을 수행하는 동물의 종류에 따라서 각기 달라진다. 이런 반응 자체가 일어날 수 있는 것은 수많은 생물들이 루시퍼레이즈 luciferase라는 촉매를 생산하기 때문이다. 이 물질은 반응을 가속화하는 역할을 한다. 이렇게 화학반응 과정에서 생성되는 에너지가 광양자의 형태로 방출되고, 그리고 그 결과 어둠 속에서 빛이 반짝이게 된다! 원칙적으로 이런 반응은 야광막대에서 일어나는 반응과 유사하다. 야광막대를 꺾거나 휘면 얇은 격벽이 파괴되어 그 안에 있던 화학물질들이 한데 뒤섞이면서 막대에서 빛이 난다. 어떤 동물들은 자체적으로 루시페린을 생산하는 반면, 또 다른 동물들은 음식물을 통해서 그것을 섭취한다. 그런데 후자의 경우에는 문제가 발생할 수도 있다. 왜냐하면 바다에 서식하는 동물들 다수가 몸이 투명하기 때문이다. 몸이 투명한 동물들이 빛을 발산하는 먹잇감을 잡아먹게 되면, 순식간에 그들 스스로가 먹잇감이 되어버린다. 흡사 "날 잡아 잡숴"라는 문구가 반짝이는 표지판을 위장 속에 넣고 돌아다니는 꼴에 다름 아니기 때문이다.

하지만 이 대목에서도 어머니 자연은 또 다시 기발한 아이디어를 떠올렸다. 무수한 동물들이 몸통은 투명하지만 공교롭게도 소화관만큼은 불투명하기 때문이다. 문제가 해결되었다! 생체발광을 하는 종의 숫자와 빛을 생성하는 화학반응 양식의 차이는 생체발광 작용이 여러 면에서 서로 독립적으로 발달했다는 것을 보여주는 증거라고 할 수 있다. 지금까지 알려진 화학반응 양식 종류만 최소한 40가지에 이른다.

심해에서 찾아볼 수 있는 가장 널리 알려진 생체발광의 예는 아마도 심해아귀Ceratioidei일 것이다. 이 동물은 빛으로 먹잇감을 속여 넘긴다. 그런데 심해 아귀 암컷은 자체적으로 빛을 생산하지 못한다. 때문에 그들에게는 특별한 세입자들이 있다. 낚싯대에 달린 미끼처럼 그들의 머리 앞에 달려 흔들리는 발광기관 안에 발광 박테리아들이 살고 있는 것이다. 마치 빛을 내는 벌레처럼 보이는 그 미끼는 마법처럼 굶주린 물고기들을 유혹한다. 그러나 빛에 이끌려 가까이 다가간 그들을 기다리고 있는 것은 맛있는 식사가 아니라 바늘처럼 뾰족한 이빨로 가득한 아귀 주둥이다. 이어서 그 이빨들이 굶주린 물고기의 살을 꿰뚫어버린다. 이 임대차 관계는 양쪽 모두에게 득이 된다. 한쪽은 빛을 이용하여 영양분을 공급받고, 다른 한쪽은 안전한 주거를 보장받는다. 발광기관은 여기에서 그치지 않고 잠재적인 파트너를 유혹하는 용도로도 이용된다. 이 부분에 관해서는 '섹스와 바다' 장에서 상세하게 설명하기로 하겠다.

이디아칸서스속Genus *Idiacanthus*의 물고기로 알려져 있는 블랙드래곤피시*I. atlanticus*, black dragon fish는 심해 아귀와 흡측한 외관만 나누어가진 것이 아니라 벌레 모양의 미끼도 나누어가졌다. 그런데 이 경우에는 발광기관이 머리가 아니라 턱에 달려 있기 때문에 턱 촉수라는 명칭으로 불린다. 블랙드래곤피시 암컷의 매우 특징적인 아래 턱에서부터 촉수가 길쭉한 실모양의 무사마귀처럼 자라나와 끝부분에 가서 길쭉하고 두꺼운 생체발광기관이 된다. 몸길이 최대 50센티미터에 길쭉하고 가는 몸통을 지닌 블랙드래곤피시 암컷의 모습은 마치 비정상적으로 거대한 검정색 올챙이처럼 생겼다. 전 세계를 통틀어 남쪽 아열대 바다와 온대 바다의 최대 수심 2000미터 지대에서 출몰하는 이 물고기들은 그 밖에도 거의 머리 전체를 차지하는 거대한 주둥이를 가지고 있는데, 그 안에는 단도 모양의 엄니들이 박혀 있다.

이 물고기 수컷은 암컷보다 몸집이 최대 10배까지 작고, 이빨도, 장기도, 턱 촉수도 없다. 그 대신 그들은 다른 부분이 훌륭하게 무장되어 있다. 그들의 복강 전체를 차지하고 있는 고환이 바로 그 부분이다. 분명한 사실은 블랙드래곤피시 수컷이 오직 번식만을 위해서 살아간다는 것이다. 하지만 그 밖에 이 물고기들의 번식과정에 대해서 정확하게 알려진 것은 아무 것도 없다. 이 동물들은 기이한 외관 외에 또 다른 특별한 특징을 가지고 있다. 이 물고기들의 눈 아래쪽에는 슈퍼맨의 눈 혹은 탐조등처럼 빛을 쏘아 보내는 세포들이 자리 잡고 있다! 이 빛은 파랑-초록색이 아니라 붉은 색인데, 색맹인 먹잇감들은 이 빛을 보지 못한다. 심해 블랙드래곤피시의 탐조등 불빛이 미치는 반경은 약 2미터 정도이고, 이것은 포식자인 그들에게 어마어마한 장점으로 작용한다. 물론 먹잇감들도 가까이 접근해 오는 포식자의 존재를 알아차리기는 한다. 측선을 통해 포식자가 다가올 때 유발하는 물결의 일렁임을 감지하기 때문이다. 하지만 이미 때는 늦어버렸다. 왜냐하면 그때쯤이면 포식자들과의 거리가 고작해야 최대 20센티미터에 불과하기 때문이다. 블랙드래곤피시는 먹잇감에게 잔뜩 눈독을 들이고 있다가 한순간에 쾅하고 덮친다. 그 결과 색맹인 희생자들이 도망가기에는 이미 때가 늦어버리는 경우가 대부분이다.

몸 형태와 색깔이 시거를 연상시키는 한 상어의 사례는 생체발광을 이용한 먹잇감 사냥의 또 다른 예이자 실로 영리한 예라고 할 수 있다. 몸길이가 대략 50센티미터에 불과한 시거상어*Isistius brasiliensis*는 모든 바다에 서식하지만, 특히 열대와 아열대 지대를 선호한다. 보통 시거상어는 낮 동안 수심 1000미터에서 4000미터 정도에서 머무르다가 밤이 되면 수면 쪽으로 올라와 대부분 수심 85미터 아래 지대에서 머무른다. 이 작은 상어는 오징어를 즐겨 먹지만, 뭐니 뭐니 해도 비교적 덩치가 큰 해양 거주자들의 몸통을 물어뜯는 것을 가장 좋아한다. 향유고래, 돌고래, 혹등고래, 바다표범 같은 바다 포유류와 가오리, 크고 작은 상어 및 다랑어, 그 밖의 다른 무시무시한 바다 포식자들의 몸통에서 이미 이 동물의 특징적인 잇자국이 발견된 바 있다.

그 작은 상어는 식사를 즐기기 위해서 간계를 동원한다. 다른 부분에 비해서 조금 더 밝은 빛깔의 상어 배 아래쪽은 생체발광 기관인 발광포photophore로 뒤덮여 있다. 이때 목 주변부에는 발광포가 없다. 몸집이 큰 육식 포식자(말하자면, 시거상어의 먹잇감)가 아래쪽에서 다가오면 역광을 이용한 이른바 카운터셰이딩 원칙에 따라('완벽하게 몸을 감추다' 장을 참조하라) 생체발광을 하는 시거상어의 윤곽이 사라져버린다. 이때에는 달빛이 역광으로 이용되는데, 그 까닭은 상어가 밤에만 빛이 흘러넘치는 지대로 헤엄쳐 올라오기 때문이다. 거의 몸 전체가 밝게 빛을 발하는 것과는 대조적으로 목 주변을 빙 둘러싼 원은 어두운 상태로 남아 있다. 아래쪽에서 보았을 때 그것은 꼭 작은 물고기의 실루엣처럼 보인다. 아마도 그 모양이 굶주린 포식자들을 유인하는 것 같다. 추측컨대 이 작은 상어는 자신의 굶주린 배를 채우기 위해 이런 미끼 속임수를 이용하는 것 같다.

시거상어의 예는 지금까지 밝혀진 사례들 가운데 발광포를 위장 수단으로 사용하는 반면, 생체발광의 부재가 오히려 먹잇감을 유인하는 데 이용되는 유일한 사례일 것으로 추측된다. 시거상어의 이빨은 매우 주목할 만한 형태를 띠고 있어 그 먹잇감들의 살갗에 특징적인 흔적을 남긴다. 아래쪽 이빨은 서로 유착되어 단일 치열을 이루는 반면 위쪽 치열은 바늘처럼 뾰족한 개개의 이빨들로 구성되어 있다. 시거상어는 몸에 비해 이빨의 비율이 전체 상어를 통틀어 가장 긴 편에 속한다. 물린 상처 모양이 반죽에서 찍어낸 타원형 쿠키 모양과 비슷하기 때문에 이 상어를 가리켜 쿠키커터상어cookiecutter shark라고 부르기도 한다. 갈색의 작은 몸집을 지닌 이 상어는 정말이지 성가신 존재인 것 같아 보인다. 몸에 수십 군데에서 수백 군데에 이르는 시거상어 이빨자국이 나 있는 고래들이 해안으로 떠밀려와 발견된 적이 있다.

하와이 앞 바다에 서식하는 거의 모든 긴부리돌고래spinner dolphin들 역시 시거상어를 익히 잘 알고 있다. 그들은 오래된 이빨자국 흉터와 새로 생긴 이빨자국 흉터를 몸에 달고 다닌다. 몇몇 인간들 역시 약간의 살점을 잃는 끔찍한 경험을 해야만 했는데, 최대 2.5센티미터에 이르는 그 상처들은 비록 고통스럽기는 하지만 생명을 위협하지는 않는다. 하지만 그 동물들이 해변 가까운 곳에 머무르는 일이 없기 때문에 이런 우연한 만남은 매우 드문 편이다. 어쩌다 한 번씩 연안 다이버들이 이 성가신 작은 물고기에게 물렸다거나 조난 사고 생존자들이 밤마다 이 물고기들에게 물어뜯겼다는 보도가 들려오곤 한다. 모르긴 해도, 끼니거리에 관한 한 이 동물들은 전혀 까다롭지 않은 것 같다. 왜냐하면 잠수함의 일부분뿐만 아니라 수중 통신케이블까지도 그들의 시식 대상이 되기 때문이다. 무엇이든 먹어 치우는 이 작은 물고기들에게는 시거상어라는 이름보다 '뱀파이어상어'라는 명칭이 훨씬 더 어울릴 것 같다.

흡혈오징어*Vampyroteuthis infernalis*는 빛을 내뿜는 심해 거주자를 대표하는 또 다른 탁월한 예다. 이 학명을 문자 그대로 옮겨보자면 '지옥에서 온 흡혈오징어' 정도의 뜻이 된다. 이런 명칭은 마치 흡혈귀의 망토를 덮어 씌워놓은 듯 여덟 개의 다리 사이로 팽팽하게 펼쳐져 있는 피부 덕분에 붙여진 것이다. 흡혈오징어의 피부는 흡사 돛과 같은 기능을 수행하는데, 이 두족류 동물은 피부를 이용하여 에너지를 크게 절약하면서 수심 600미터에서 최대 900미터 이상에 이르는 지대를 돌아다닌다. 흡혈오징어는 여덟 개의 다리 외에도 실 모양에 가까운 두 개의 다리를 추가로 가지고 있다. 감각기관을 갖춘 그 두 개의 다리는 극도로 멀리까지 뻗어나갈 수 있다. 그 밖에도 이 기이한 동물은 전체 몸길이의 꼭 6분의 1을 차지하는 푸른색 혹은 붉은색의 매우 큰 눈을 가지고 있다. 최대 30센티미터 길이의 몸 색깔은 그때그때 바뀌는데, 장소와 빛의 상태에 따라 벨벳처럼 부드러운 검정색에서 밝은 적색까지 다양한 색깔을 선보인다.

흡혈오징어의 몸통은 거의 전체가 섬광을 방출하는 발광포로 덮여 있고, 그 강도와 지속 시간은 오징어가 자체적으로 통제한다. 흡혈오징어는 위협을 느낄 때 차가운 푸른색 빛을 발산하는 입자 구름을 방출한다. 최대 10분 동안 빛을 발산하는 그 구름은 흡혈오징어가 어둠 속으로 도망칠 수 있도록 공격자를 교란하는 용도로 사용된다. 뒤쪽 외투막 후미에 작은 코끼리 귀를 연상시키는 두 개의 지느러미가 달려 있는데, 흡혈오징어는 이 지느러미를 이용하여 길을 찾아 이동한다. 비록 흡혈오징어라는 명칭이 피를 향한 잠재울 수 없는 욕망을 암시하기는 하지만 실제로 이 동물들은 오직 플랑크톤 침전물, 즉 바다눈만을 먹고 산다. 그들은 빨판으로 바다눈을 빨아들여 소화시킨다.

유령 물고기 혹은 유리머리 물고기는 아마도 세상에서 가장 기묘한 피조물 가운데 하나로 꼽을 수 있는 생물일 것이다. 그것은 비록 자체적으로 빛을 생산하지는 못하지만 빛을 내뿜는 해양 거주자를 사냥하는 특징을 가지고 있다. 유령 물고기는 수심 최대 1000미터에 이르는 중해수층에서 살아간다. 중해수층 지대에는 극소량의 빛밖에 들어오지 않지만, 이 기괴한 물고기는 어두운 생활공간에 천재적이고도 기발하게 적응함으로써 문제를 해결했다. 이름에서 이미 추측할 수 있는 것처럼 이 물고기는 머리가 투명하다. 맞다, 실제로 그렇다! 물론 물고기 머리가 유리로 만들어져 있는 것은 아니다. 그것은 젤라틴으로 구성되어 있는데, 솔직히 말하자면 이 또한 기묘하기는 매한가지다. 때문에 물고기의 머리는 충격에 매우 취약하다. 만약 이 물고기를 수족관에 넣어둔다면, 수족관 벽에 살짝 부딪히기만 해도 물고기에게는 치명적으로 작용할 것이다. 지금까지 유령 물고기를 잡아 수족관에 가두는 데 성공한 적은 딱 한 번밖에 없다. 하지만 이마저도 채 몇 시간이 지나지 않아 죽어버렸다.

그래도 몬터레이만 아쿠아리움 연구소Monterey Bay Aquarium Research Institute 연구팀은 얼마 되지 않는 이 짧은 시간 동안에 물고기 눈에 담긴 비밀을 풀어낼 수 있었다. 유령 물고기의 두 눈은 머리 바깥쪽이 아니라, 머리 내부에 있는 녹청색 반구 모양의 접시 안에 각각 담겨있다. 유령 물고기는 머리 위쪽을 바라보건 아니면 앞쪽을 응시하건 간에 늘 사방을 조망할 수 있다. 왜냐하면 두 눈을 회전할 수 있기 때문이다. 유령 물고기를 보고 있으면 예전에 껌 자판기에서 단돈 몇 페니히에 살 수 있었던 돌아가는 눈이 붙은 우스꽝스럽고 작은 플라스틱 인형이 떠오른다(아직 그것을 기억하는 사람들을 위해서 설명을 하자면 그렇다는 말이다. 그 밖에 다른 사람들을 위해서 설명을 하자면, 『해리포터』에 등장하는 오러auror 앨러스터 무디Alastor Moody의 불가사의한 눈을 떠올려보면 된다). 몸길이가 고작 8센티미터 정도에 불과한 유령 물고기는 눈을 위쪽으로 향한 채 대부분 미동도 없이 물속을 가만히 떠다니면서 빛을 발산하는 생물체를 비롯한 잠재적인 먹잇감을 탐색한다. 그 모습을 보고 있노라면 마치 이 세상의 온갖 문제들에 대해서 깊은 고민을 하는 듯 매우 침울해 보인다.

이 물고기의 둥근 얼굴은 전형적인 어린아이 얼굴형에 부합한다. 다만 뾰족한 주둥이 위쪽에 좌우로 자리 잡은 자그마하고 검은 원은 눈이 아니라 콧구멍이다. 아마도 이 물고기는 그런 콧구멍을 동원하여 우울한 분위기를 연출하는 데 성공한 유일한 물고기가 아닐까 싶다. 이 물고기는 극도로 드물다. 때문에 지금까지 극소수의 연구팀만이 유령 물고기를 발견하는 데 성공했다. 하지만 다행히도 이 기괴한 심해 거주자의 모습이 담긴 몇 장의 사진과 영상이 인터넷에 올라와 있다. 비록 시원찮은 솜씨의 몽타주 사진처럼 보이기는 하지만 그래도 그것을 통해서 우리는 이 특별한 생물의 실제 모습을 볼 수 있다.

연약한 육식동물들과 유리 산호

그사이에 우리는 해면이 결코 눈에 보이는 것처럼 단순한 유기체가 아니라는 사실을 알게 되었다. 자신이 자리 잡은 장소에 묶인 채로 살아가야 하는 해면은 굶주린 포식자들로부터 스스로를 보호하기 위해 효과적인 무기들을 갖춘 무적함대를 고안해내어야만 했다. 해면은 수심이 얕은 곳에서부터 저 아래쪽 심해에 이르기까지 광범위한 지대에 서식한다. 특히 심해에서 해면은 저서생물(바닥, 즉 저생대에 출몰하는 모든 유기체의 총체)들을 통솔하는 지배자들 가운데 하나로 꼽힌다. 심해에 거주하는 다른 모든 생물들과 마찬가지로 심해 해면이 간직한 비밀들 역시 하나씩 하나씩 아주 더디게 벗겨지고 있을 뿐이다. 심해에 서식하는 다수의 해면 종은 물에서 주로 박테리아를 걸러 섭취하는 여과섭식자filter feeder들이다. 하지만 몇몇 종은 건더기가 조금 더 많은 음식물을 선호하는데, 육식 해면이 바로 그들이다. 실제로 욕실에 비치해 된 해면과 거의 아무런 공통점도 없는 해면들이 존재한다.

2000년대 초에 캘리포니아 앞바다의 수심 3316미터와 3399미터 사이 지대에서 한 육식 해면이 발견되었는데, 이것은 생김새도 전통적인 해면과 딴판이었거니와 행동 양식도 전혀 기존의 것에 부합하지 않았다. 하프해면*Chondrocladia lyra*의 몸 형태는 하프나 끝이 거칠고 뭉툭한 빗을 연상시킨다. 등은 바닥을 등지고 놓여 있는 반면 뭉툭한 나뭇가지 같은 부분이 물속에서 수직으로 서 있다. 하프 해면의 등은 라멜라lamella라고 하고, 뭉툭한 빗살은 주근stolon 혹은 가지branch로 불린다. 하나의 중심점에서 별 모양으로 뻗어나가 있는 라멜라로부터—하프 스펀지 하나 당 한 개에서 여섯 개의 라멜라가 있을 수 있다—약 20개의 가지가 위쪽을 향해 곧게 뻗어나간다. 이 가지에는 갈고리와 가시가 장착되어 있어 침투 불가능한 그물망을 형성한다. 각각의 가지는 작은 구 모양으로 끝이 나는데, 거기에는 정포精包, spermatophore가 들어 있다. 물속으로 방출된 정포는 운이 좋으면 다른 자웅동체 하프해면을 만나 수정을 한다. 하프해면의 난세포는 별모양으로 뻗어나가는 라멜라의 중심부에 자리 잡고 있다. 꼭 40센티미터 정도 크기의 하프해면은 돌기들을 이용하여 부드러운 퇴적물 깊숙이 몸을 고정한 채 자라난다. 조류에 휩쓸린 요각류 동물이 하프해면의 촘촘한 갈고리 그물에 걸려들면 그

운명은 결정된 것이나 다름없다. 얇은 막을 지닌 해면이 걸려든 먹잇감을 소화 흡수해버린다. 하프해면은 어둡고 자원이 부족한 조건에 적응하여 성공적으로 살아남는 방법을 주목할 만한 방식으로 보여준다.

이제 심해-악기에서 심해-조명으로 넘어가도록 하겠다. 또 다른 육식해면(그 사이에 33종이 발견되었다) 역시 그 모습이 하프해면 못지않게 기이하다. 육식해면*Chondrocladia lampadiglobus*은 10개에서 20개의 자루 달린 전구가 가운데를 중심으로 방사형으로 배치되어 있는 아트-데코 풍 램프와 놀라울 정도로 닮아 있다. 자루 끝에 달린 램프 형태의 투명한 우윳빛 공속에는 생식세포가 담겨 있다. 램프의 중심은 하나의 막대, 즉 헛뿌리Rhiziod를 통해 바닥에 고정되어 있다. 이 해면 예술작품은 태평양 동부해안의 수심 2600미터에서 3000미터 지대에서 살아가는 것을 가장 선호한다. 영어로 '탁구공 나무 해면ping pong tree sponge'으로 불리기도 하는 이것은 전체 길이가 약 0.5미터 정도인데, 그중 자루 길이가 대략 25센티미터 정도다. 이 예쁘장한 해면은 램프 표면을 뒤덮고 있는 작고 뾰족한 갈고리, 즉 골편을 이용하여 먹잇감을 포획한다. 작은 갑각류 동물이 조류를 타고 해면 근처로 접근해 오면 골편이 책임지고 먹잇감을 찔러서 잡는다.

해면은 부화 장소를 제공하거나 (캐스퍼 문어를 참조하라) 다른 유기체의 생활공간으로 활용되는 등 여러 모로 종의 다양성에 기여하는 바가 크다. 그런데 해면 중에는 건축가들과 엔지니어들을 동시에 열광시키는 매우 매혹적인 해면이 한 가지 있다. 전 세계 모든 바다에 서식하지만 특히 태평양 서부에서 주로 발견되는 새하얀 비너스꽃바구니해면*Euplectella aspergillum*은 예술작품인 동시에 실로 경이로운 건축물이라고 할 수 있다. 유리해면 부류에 속하는 비너스꽃바구니해면은 뼈대가 일종의 규산염Biosilicate으로 구성되어 있다. 간단하게 설명하자면, 살아 있는 동물이 해수에서 가지고 온 성분으로 무기물질을 생산하는 것이다. 이는 산호와 매우 유사하다. 해면의 전체 구조는 형태 측면에서 길이 20센티미터, 두께 4센티미터짜리 야구방망이와 비슷하게 생겼고, 대략 1센티미터 길이의 수많은 바늘Spiculae을 통해 진흙 바닥에 단단히 고정되어 있다. 다른 점이 있다면 심해야구방망이는 나무가 아니라 얇은 유리판과 두께가 제각각인 유리섬유 묶음, 그리고 나선형 능선이 서로 촘촘하게 얽힌 섬유 그물로 이루어져 있다는 것이다. 해면의 뼈대 구조는 믿을 수 없을 정도로 복잡하고, 최소 7개 층으로 이루어져 있다. 이때 유리섬유 층의 두께는 그 범위가 나노미터 영역에서 센티미터 영역까지 걸쳐져 있다.

사실 규산과 유리로 이루어져 있는 섬유는 그 자체로 이미 특별하다. 사람들은 이 섬유가 합성물질이나 유리로 만들어진 통신용 광섬유와 동일한 특징을 가지고 있을 뿐만 아니라 심지어 부분적으로는 빛을 전송하는 능력이 더 뛰어나다는 사실을 발견했다! 여기서 한 가지 짚고 넘어가자면, 해면의 섬유가 인공적으로 제작한 유리섬유보다 훨씬 더 유연하고 훨씬 더 안정적이다. 실제로 해면은 반드시 안정적이어야만 한다. 왜냐하면 심해에서는 수압이 매우 높은 데다 강력한 조류도 견뎌내야 하기 때문이다. 비너스꽃

바구니해면의 섬유 배열은 그 교과서적인 구조로 말미암아, 19세기에 이미 에펠탑 같이 건축학적으로 가치 있는 건축물의 본보기로 활용되었다. 이 해면은 불과 수심 40미터에서 발견되기 때문에, 그 당시에도 이미 널리 알려져 있었다. 도대체 무엇 때문에 해면에게 빛을 전송하는 섬유가 필요한 것인지는 아직은 미스터리로 남아 있다.

해면은 해양 생물들에게 필수적인 존재다. 왜냐하면 그것은 어마어마한 양의 물을 걸러낼 뿐만 아니라 온갖 작은 동물들에게 생활공간을 제공하기 때문이다. 비너스꽃바구니해면은 그 격자구조 때문에 특히 은신처로 삼기에 적합하다. 해로새우과Spongicolidae의 새우 유생 또한 이런 사실을 잘 알고 있다. 이들은 대부분 짝을 지어서 격자구조를 통과하여 해면 내부로 헤엄쳐 들어가 하나는 수컷으로, 다른 하나는 암컷으로 발달한다. 그 후에는 한 쌍의 남녀에게서 흔히 관찰할 수 있는 일이 일어난다. 느긋하고 안락하게 집에 머물면서 함께 식사를 하는 것이다. 이 점에 있어서는 새우도 예외가 아니다. 얼마간의 시간이 흐르고 나면 그 작은 동물들은 더 이상 격자구조를 통과할 수 없을 정도로 몸집이 커진다, 그 결과 그들은 유리로 만들어진 감옥에 갇히게 된다. 하지만 실제로 이것은—해면과 새우—양쪽 모두에게 최상의 배치라고 할 수 있다. 새우는 해면 내부를 청소하고 깨끗한 물과 음식물을 분배받는다. 그리고 감옥이 그들을 안전하게 지켜주는 가운데 부지런히 후세를 생산한다. 이렇게 생산된 후세들은 격자구조를 통과하여 다시 해면 밖으로 나간다. 일본에서 이 해면은 매우 인기 있는 결혼선물인데, 그 까닭은 비록 자발적인 선택은 아닐지라도 새우와의 파트너 관계를 평생 동안 유지하기 때문이다. 일본 사람들은 이 해면을 가리켜 한껏 다정한 어조로 '비너스 꽃다발'이라고 부르거나 다소 다정함이 떨어지는 표현을 사용하여 '결혼의 감옥'이라고 부른다.

사람들은 유리해면이 드물 것이라고 추측하지만, 사실 그것은 그렇게까지 희귀하지는 않다. 심지어는 암초 전체가 유리해면으로 이루어진 경우도 있으니까 말이다. 캐나다의 가장 서쪽 지방인 브리티시콜롬비아 해안 앞에는—심해가 아님에도 불구하고—약 1000제곱미터의 규모를 자랑하는 유리해면 암초가 펼쳐져 있다. 이것은 지금까지 알려진 것 가운데 가장 규모가 큰 유리해면 암초다. 1987년 캐나다의 한 연구팀이 수심 150미터에서 250미터 지대에서 이 암초를 발견하였다. 9000년 묵은 이 오래된 암초의 발견은 학계에서 큰 반향을 불러일으킨 일대 사건이었다. 왜냐하면 당시에는 유리해면 암초가 4000만 년 전에 모두 멸종했다고 생각하고 있었기 때문이다! 유리해면은 이미 5억4500만 년 전부터 지구에 존재하였고, 공룡들이 돌아다니던 2억 년 전 쥐라기에 절정기에 도달했다. 이 기간 동안 선사시대 바다에서는 거대한 유리해면 암초가 번성했다. 현재에는 그저 거대한 석회암층만이, 카프카스 산맥에서 시작되어 폴란드, 독일, 스위스, 프랑스, 스페인, 포르투갈을 거쳐 뉴펀들랜드와 미국 테네시주까지 뻗어 있던 길이 7000킬로미터의 태곳적 암초의 존재를 증언해주고 있을 뿐이다. 프랑켄 알프스산맥과 슈바벤 알프스산맥의 석회암층과 샤프하우젠 지방의 라인폭포 암석은 독일에 존재하는 태곳적 유리해면 암초의 대표적인 예들이다. 하지만 브리티시콜롬비아 지방의 암초는 지금도 여전히 살아서 번성하고 있다. 그곳에서는 꽃처럼 생긴 해면 외에도 꽃받침 모양의 해면과 깔때기 모양의 해면이 자라고 있다. 또한 실제로 8층짜리 건물 높이의 구조물들도 있다. 거기에는 피난처를 찾는 다양한 동물 종을 위한 유리 집이 마련되어 있다.

이 해면 암초는 산호 암초와 마찬가지로 수많은 물고기 종의 요람인 동시에 해양 생태계에서 매우 중요한 위치를 점하고 있다. 그런데 브리티시콜롬비아 해안과 알래스카 지방에서만 발견되는 유리해면 암초는 해저에 깔려 있던 침전물이 어획도구로 인해 위로 소용돌이쳐 올라가기만 해도 손상을 입거나 죽어버릴 수 있을 정도로 약하기 그지없다. 또 걸리적거리는 것은 무엇이건 갈아엎어버리는 예인망 그물 또한 해저에 황량한 파괴의 흔적을 남긴다. 안타깝게도 이미 곳곳에서 그런 일이 벌어지고 있다. 어선에서 던져진 예인망 그물 때문에 이미 암초의 많은 부분이 파괴되어버렸다.

오늘날 유리해면은—암초 형태를 이루고 있건 아니면 개별적으로 존재하건 간에—생존을 심각하게 위협받고 있다. 왜냐하면 그것은 기후에 따른 기온변화에 매우 민감하게 반응할 뿐만 아니라 아주 협소한 염분 범위 내에서만 살 수 있기 때문이다. 그 밖에도 유리해면이 성장하기 위해서는 물속에 다량의 이산화규소가 녹아 있어야 한다. 학계와 환경보호 분야 전문가들은 공룡이 살던 시대가 남긴 이 유물을 보호하기 위해서 안간힘을 쓰고 있다. 왜냐하면 자칫 잘못하다가는 자그마치 9000년의 세월이 걸려 성장한 그

해면이 단 몇 시간 만에 완전히 파괴되어버릴 수도 있기 때문이다. 최근 들어 유리해면이 망간단괴에서도 자랄 수 있다는 사실이 입증되었다. 실제로 해면은 망간단괴 지대에서 가장 빈번하게 출몰하는 대형저서동물macrofauna 가운데 하나로 꼽힌다. 만약 망간단괴가 대규모로 채굴되는 사태가 발생한다면, 채굴로 인해 감소한 유리해면 개체수가 다시 회복하기까지 수십 년에서 수백 년이 걸릴 수도 있다. 그처럼 폭력적인 방식으로 심해에 개입하기에 앞서서 먼저 심해에 존재하는 다양한 생태계에 대해 훨씬 더 많은 것을 알아야만 한다. 만약 그렇게 하지 않는다면 이런 심각한 자연 개입 행위가 우리에게 전혀 예상치 못했던 결과를 가져다줄 수도 있기 때문이다.

제5장

섹스와 바다

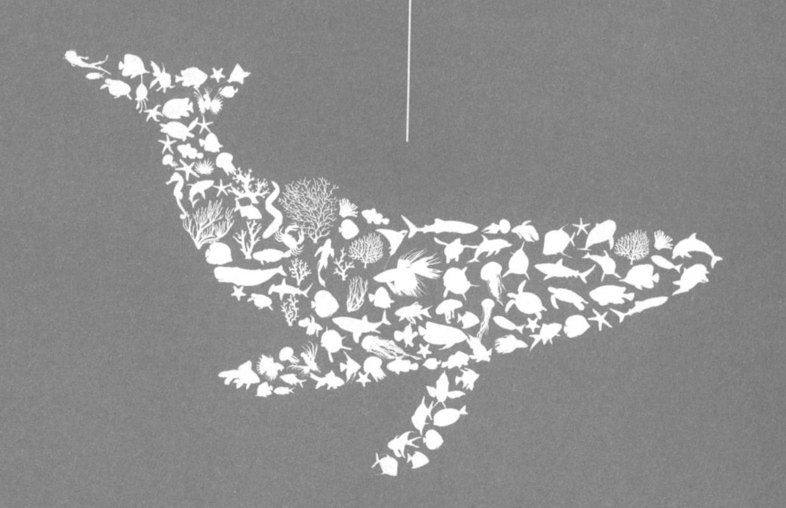

섹스는 자신의 고유한 종을 보존하도록 해준다. 이미 설명한 것처럼 바닷속에는 몇몇 독특한 형태의 섹스 라이프가 존재한다. 니모만 생각해보아도 알 수 있다! 이따금씩 많고 많은 동물들 중에서 하필이면 사랑스럽고 귀엽게만 여기던 그런 동물들이 비열한 유괴범이자 성폭행범으로 커밍아웃을 하고 나설 때가 있다. 그럴 때면 우리 인간들은 적잖이 당황하곤 한다. 이 세상에서 가장 중요한 주제를 이야기할 때, 페니스 전쟁, 낭만적인 성 건축가, 촉수 애무, 자신의 처음이자 마지막을 체험하고야 말겠다는 일념으로 수천 킬로미터를 헤엄치는 물고기 등은 그저 몇 안 되는 작은 예에 불과하다.

해달의 검은 영혼

반짝이는 둥글고 검은 눈, 들창코, 솜털처럼 폭신폭신한 털가죽, 그리고 앞발로 몸을 지탱하고 있는 바다 동물인형을 그 누가 모르겠는가. 해달*Enhydra lutris*은 귀여움의 화신 그 자체다. 느긋하게 물을 등지고 누워 둥둥 떠다니면서 자신의 배 위에 누워있는 솜털 가득한 어린 새끼의 털을 가다듬는 해달 암컷을 보고 있노라면 참으로 사랑스럽기 그지없다. 그 밖에도 해달은 도구를 사용하는 것으로 유명한데, 이것은 해달의 지능이 매우 높음을 짐작케 한다. 진화 과정을 거치면서 그 동물은 열기 힘든 조개를 깨뜨리려면 장시간 바위 위에 배를 깔고 앉아 조개를 바위에 내려쳐야만 한다는 것을 배웠다. 또한 그들은 달팽이, 성게, 갑각류처럼 비교적 단단한 껍데기를 지닌 다른 동물들도 그런 식으로 죽인다. 하지만 그들이 도구로 사용하는 것은 돌이나 바위만이 아니다. 해달은 선박 몸통이나 바닥에 떨어진 유리병 같은 다른 딱딱한 물체들도 이용한다.

이와 함께 해달은 지능이 높은 동물들 중에서도 최상류층으로 분류된다. 왜냐하면 도구를 사용하는 동물은 까마귀, 돌고래, 원숭이 같은 극소수의 동물에 불과하기 때문이다. 최근 들어 호박돔류*Choerodon schoenleinii* 역시 조개를 바위에 내려쳐 쪼갠 다음 안에 들어있는 내용물을 먹어 치운다는 사실이 밝혀졌다. 동물의 단단한 껍데기를 부술 때 어떤 한 가지 도구가, 예컨대 조약돌 같은 것이 특별히 효과적이면서도 앞발로 다루기 좋은 것으로 입증될 때면, 해달은 다음에 사용할 때를 대비하여 그것을 주름진 가죽 속에 고이 넣어 보관한다. 해달의 가죽은 매우 느슨하게 늘어져 있어 겨드랑

이 아래 부분에 주머니 같은 것이 형성되어 있다. 그곳은 음식물과 도구를 보관하기에 그저 그만이다. 해달의 가죽은 그 자체로 매우 특별한데, 이런 특별함은 18세기에서 20세기 사이에 해달이 거의 멸종에 이를 정도로 남획되는 이유가 되기도 하였다. 다른 해양 포유류들과는 대조적으로 해달에게는 블러버blubber(해양 동물의 지방-옮긴이)로 불리는 보호용 지방층이 없기 때문에 전적으로 따뜻한 털가죽에 의존할 수밖에 없다.

해달의 털은 동물의 제국을 통틀어 가장 촘촘하고 섬세하다. 100만 개 이상의 털이 6.5제곱센티미터밖에 되지 않는 면적을 빽빽이 뒤덮고 있다. 이것은 대략 성인 남성의 엄지손톱 두 배 크기에 해당하는 면적이다. 조금 더 정확하게 따져보자면, 피부 1제곱밀리미터 당 1538개의 털이 자라나 있는 셈이다! 방수 기능이 있는 다소 거친 바깥쪽 털과 섬세한 안쪽 털로 이루어진 해달의 털가죽은 추위를 막는 데 최적일 뿐만 아니라, 부력을 얻는 데도 도움이 된다. 엄밀하게 말하자면 해달이 자신의 털가죽 속으로 불어넣는 작디작은 폐 기포가—최대한의 부력을 제공하는 대규모 폐활량과 더불어—단열과 부력을 제공한다. 하지만 이 영리한 도구제작자들은 이것보다 훨씬 더 많은 일을 할 수 있다. 그들은 해조류의 안정성과 내구성을 이용하여 게처럼 날렵한 먹잇감들이 도주하지 못하도록 저지한다. 그러니까 미래의 끼니거리가 도망치지 못하도록 해조류로 단단히 결박해두는 것이다. 그러다 해조류 쌈에 구미가 동하면 해조류를 다시 풀어헤쳐 게를 꺼낸 다음 껍데기를 벗기고 속살을 먹어 치운다. 어미 해달들은 먹잇감을 사냥하는 동안 새끼들에게도 이런 결박전략을 사용한다. 바로 새끼들이 떨어져나가는 것을 방지하기 위해서이다. 해달의 이런 행동은 아이들이 슬쩍 사라지는 일을 방지하기 위해 유모차에 아이들을 태워 끌고 다니는 인간 부모들의 행동과 매우 유사하다.

그러나 이처럼 작고 귀여운 장인에게도 어두운 측면은 있다. 비록 해달이 지구상에서 가장 사랑스러운 동물 가운데 하나일지는 모르겠지만, 그들의 매끄러운 털가죽 아래에는—적어도 해달 수컷의 털가죽 아래에는—어두운 품성이 숨겨져 있다. 해달은 텃세가 매우 심한 동물로, 서식지를 물색할 때 암컷이 많은 곳을 가장 이상적으로 여긴다. 해달의 사랑놀이는 매우 거칠어서 교미 중에 암컷이 코피를 터뜨리거나 심지어는 죽는 경우도 발생한다. 서로 배를 맞대고 교미를 하는 동안 수컷은 매끈한 암컷의 털가죽에서 미끄러지지 않기 위해 암컷의 얼굴과 코를 물어뜯는다. 그 결과 암컷은 코에 심한 부상을 입거나 심지어는 코가 떨어져나가기도 한다. 짝짓기 시간 동안 해달 수컷은 암컷을 무자비하게 압박한다. 수컷의 손아귀에 '사로잡힌' 암컷은 수컷의 거친 접근에 격렬하게 저항한다. 저항하는 암컷을 온순하게 만들기 위해 수컷은 암컷의 머리를 물속으로 짓누르는데, 간혹 이런 물고문에서 살아남지 못하는 암컷들도 있다. 심지어 수컷은 암컷이 죽은 후에도 익사한 암컷과 교미를 하려고 시도한다.

하지만 이런 행동은 그저 시작에 불과하다. 자신만의 하렘을 보유하지 못한 수컷들은 이웃에서 무방비 상태에 있는 희생자를 물색한다. 이때 그들은 그중에서도 가장 가냘프고 힘없는 희생자를 선택한다. 바다표범 새끼가 바로 그것이다. 바다표범 새끼들은 해달 암컷과 마찬가지로 거친 공격과 성폭행을 당한다. 이 고문 과정에서 어린 바다표범이 죽는 일이 다반사로 일어나지만, 해달 수컷에게 있어서 그것은 자신의 행동을 멈추어야 할 이유가 되지 못한다. 심지어는 해달 수컷들이 바다표범 새끼가 죽은 지 최대 7일이 지난 시점까지 썩어가는 그들의 시신을 욕보이는 모습이 관찰된 적도 있다. 이런 모습 때문에 사랑스러운 해양 포유류라는 그들의 이미지는 산산조각이 나버렸다. 설상가상으로 성폭행과 살해만으로는 모자라는지 여기에 덧붙여 그들은 유괴와 협박도 서슴지 않는다. 해달 수컷들은 먹잇감이 부족해질 때면 암컷이 데리고 있던 새끼들을 납치하여 어미가—음식물을 교환 대상으로 가지고 와서—새끼들을 풀어줄 때까지 붙잡아둔다! 제 아무리 풍성하고 부드러운 털을 가지고 있다 하더라도 해달 수컷은 명백하게 지구상에서 가장 역겨운 동물이다!

남극의 소돔과 고모라

언뜻 보기에 너무나도 사랑스러워 보이는 해달 말고도 동물의 제국에는 자석처럼 사람들의 이목을 끄는 또 다른 동물들이 있다. 예컨대 펭귄이 그렇다. 연미복을 빼입은 키 작은 인간 같은 모습을 하고 한껏 즐겁게 뒤뚱뒤뚱 주변을 걸어 다니면서 망가진 부부젤라 소리를 내는 펭귄은 그야말로 매혹적인 동물이다. 펭귄의 세계에는 고도의 질서가 자리 잡고 있는 듯 보인다. 그리고 그들은 흡사 고루한 소시민적인 삶을 연상시키는 환경 속에서 살아간다. 일부일처제와 연립주택과 엇비슷한 구조로 서로 맞닿아 있는 둥지가 그 증거다. 하지만 이런 목가적인 겉모습은 사기에 불과하다. 적어도 아델리펭귄*Pygoscelis adeliae*의 경우에는 그렇다. 매년 여름이면 무릎 크기 정도의 아델리펭귄 수천 마리가 번식을 하고 새끼들을 키우기 위해서 남극으로 몰려든다. 이를 위해서 그들은 흔히 작년의 파트너와 함께 짝을 이루어 돌로 둥지를 건설한다. 그런데 남극에서는 좋은 돌을 구하기가 아주 힘들다. 그래서 연미복을 걸쳐 입은 그들 사이에서 좋은 돌은 가장 중요한 가치를 지닌다.

선망의 대상이 되는 물건들이 모두 그런 것처럼, 여기에서도 활발한 거래가 형성된다. 하지만 거래는 은밀하게 손에서 손으로 이루어진다. 아니, 그보다는 날개에서 날개로 이루어진다고 하는 편이 맞을 것 같다. 부화기가 끝날 때쯤이 되어 기온이 상승하면, 얼음이 녹아내리면서 알이 위험에 처하게 된다. 이때에는 조약돌을 이용하여 둥지를 튼튼하고 안전하게 만들어야 한다. 이런 이유로 암컷들은 적합한 둥지 재료를 구하기 위해 길을 나선다. 돌 도난사건으로 인해 불거지는 갈등을 피하고 이웃 둥지에 아쉬운 소리를 하지 않기 위해서, 많은 펭귄 암컷들은 펭귄 집단거주지 외부 경계까지 뒤뚱뒤뚱 나아간다.

그곳에는 암컷을 구하지 못한 펭귄 수컷들이 독신자 그룹을 형성하여 살고 있다. 아내와 자식들을 돌볼 필요가 없는 그들은 당연히 부를 축적할 시간이 상대적으로 많다. 요컨대, 그들은 많은 자갈을 보유하고 있다. 어떤 독신자들은 제대로 된 성곽 하나를 쌓아 올릴 수 있을 정도로 많은 돌을 가지고 있다. 그러나 짝을 이룰 암컷을 얻지 못했다는 것은 당연히 단점으로 작용한다. 축적된 성적 에너지로 충만한 수컷들은 자신의 정자를 방출하고 싶어 한다. 영리한 암컷들은 그런 사실을 잘 알고 있다. 그들은 자갈 성을 소유하고 있는 펭귄 수컷들에게 교태어린 몸짓으로 짝짓기 준비가 되어 있음을 암시하면서 노골적인 제안을 건넨다. 암컷들은 행위가 완수되고 나면 자신들의 노력에 대한 대가인 자갈 한 개를 입에 물고서 다시 뒤뚱거리는 걸음걸이로, 아무것도 모른 채 집에서 알을 품으면서 참을성 있게 기다리고 있는 남편에게로 돌아온다.

세상에서 가장 오래된 직업인 매춘은 이렇듯 남극에서도 확고하게 확립되어 있다. 그리고 펭귄 사회에서는 이런 행위가 관습적으로 행해진다. 그러나 돌과 섹스를 맞바꾸는 이런 물물교환이 언제나 정직하게 이루어지는 것은 아니다. 펭귄 암컷들은 정교한 교미 의식에 너무나도 심취한 나머지 누가 보아도 주의가 느슨해지거나 민첩하게 행동하지 못하는 독신 수컷들을 이미 여러 차례 관찰한 바 있다. 그래서 교활한 암컷들은 섹스를 보상물로 제공하지도 않은 채 그런 펭귄들의 돌을 덥석 낚아채고는 고향에 있는 둥지 방향으로 재빠르게 사라지기도 한다. 한 펭귄 암컷은 이런 교활한 행동을 통해 자그마치 62개의 소중한 돌을 사취하였다!

그러나 아델리펭귄의 가장 어두운 비밀이 밝혀진 것은 20세기 초 조류학자 조지 머레이 레빅George Murray Levick에 의해서였다. 그는 자신이 관찰한 내용에 너무나도 당황한 나머지 그 내용의 일부를 고대 그리스어로 작성하였다. 이는 그 기록이 부적절한 사람들의 손에 들어갈 경우를 대비한 것이었다. 그는 고대 그리스어에 능통한 소수의 영국 상류층 지식인 남성들만 자신이 관찰한 내용을 볼 수 있도록 하겠노라고 마음먹었다. 이 기록물은 그로부터 수십 년 후에야 비로소 다시 발견되어 2012년 출판되었다. 레빅의 말에 따르면, 펭귄의 변태행위를 상세하게 묘사한 그 기록물에는 자위행위와 폭력행사, 성폭행뿐만 아니라 시신능욕 행위까지도 포함되어 있다고 한다! 그중에서도 그는 다음과 같은 관찰 내용을 특히 충격적으로 받아들였다. 암컷 한 마리가 심하게 부상을 당해 배로 기어서 겨우 움직이는 지경에 처해 있었다. 그 모습이 너무나도 힘겨워 보여 차라리 고통에서 해방시켜주는 편이 낫지 않을까 고민이 될 정도였다. 그런 암컷의 상태를 알아차린 수컷 한 마리가 이를 기회로 삼아 암컷을 성폭행하였다. 레빅은 이렇게 확언한다. "이 펭귄들은 그 어떤 범죄행위도 지나치게 비열하다고 여기지 않는다."

이 대목에서 공정한 판단을 위해 반드시 짚고 넘어가야 할 점이 한 가지 있는데, 어쩌면 레빅이 펭귄 수컷의 행동을 그릇되게 해석한 것인지도 모른다는 것이다. 바닥에 누워 있는 암컷의 모습은 짝짓기 준비가 되었음을 암시하는 신호다. 따라서 수컷은 부상당한 암컷의 자세를 잘못 해석하여 그 기회를 짝짓기에 활용했을 수 있다. 하지만 그 밖에도 레빅은 죽거나 동사한 동족을 욕보이고 어린 새끼들을 성적으로 학대하는 펭귄 수컷들의 모습을 관찰하였다. 이런 행동은 대부분 어린 펭귄들에게 부정적인 영향을 미칠 뿐만 아니라, 심지어는 새끼 펭귄의 죽음으로 이어지기도 한다. 그야말로 남극의 소돔과 고모라와 다름없다.

가끔은 크기가 중요하다

사실 그것들은 어디에나 있는 것이나 마찬가지이지만, 곧바로 눈에 들어오지는 않는다. 왜냐하면 크기가 매우 작기 때문이다. 일단 사람들은 그것을 바위나 선박 몸통 같은 딱딱한 토대나 혹등고래, 거북이, 조개처럼 살아 있는 동물의 몸 표면에서 성장하는 생물로 알고 있다. 동물들의 몸 표면에서 자라난 그것은 외견상 털이 삐죽 솟아 있는 밝은 색깔의 무사마귀와 비슷하게 생겼다. 그런데 사실 이런 비유는 그리 매력적이지도 않을뿐더러 매혹적인 이 동물들에게 정당하지도 않다. 순수하게 해양에 서식하는 따개비는 갑각강Class Crustacea, 만각아강Subclass Cirripedia에 속하는 동물이다. 약 1200종에 이르는 따개비 가운데는 고착생활을 하는 것도 있고 기생생활을 하는 것도 있다.

그중에서 북방따개비류*Semibalanus balanoides*는 매우 널리 알려져 있는 대표적인 종이다. 그런데 이 가련한 동물은 '미친한' '따개비'라는 독일식 명칭 때문에라도 좀처럼 사람들의 마음을 사로잡기가 쉽지 않아 보인다. 그러나 해달과 펭귄이 우리에게 한 가지 좋은 교훈을 전달해 주었으니, 겉으로 드러나는 모습을 근거로 하여 성급한 결론을 내리는 것은 피하는 것이 좋을 것이다. '미친한 작은 따개비'는 유생으로 삶을 시작한다. 그리고 유생으로 지내는 시기 동안 북방따개비류는 두 가지 단계, 즉 노플리우스 유생Nauplius larva 단계와 키프리스 유생Cypris larva 단계를 거친다. 수정란에서 발달한 노플리우스 유생은 약 6개월 정도 부모 품에서 자라다가 첫 번째 탈피를 거쳐 키프리스 유생이 되어 바깥세상으로 떠나간다. 키프리스 유생은 며칠에서 몇 주 동안 집중적으로 거처를 물색한 후에 단단한 껍데기를 지닌 동물이나 선박 몸통, 조간대潮間帶에 위치한 바위, 선착장, 기둥 등 딱딱한 장소에 정착하는데, 특히 다른 따개비들이 이미 자리 잡고 있는 곳을 선호한다. 정착하기에 좋은 장소를 발견한 키프리스 유생은 등과 발을 바닥에 딱 붙이고 변태를 시작하여 성체가 된다. 이어서 작은 따개비는 자그마한 자신만의 요새를 건설하기 시작한다. 원뿔형 석회껍데기로 이루어진 따개비의 요새는 두 부분으로 나뉜 덮개로 닫혀 있다.

미천한 따개비의 발판은 다른 따개비들과는 달리 석회화되어 있는 것이 아니라, 얇은 막으로 이루어져 있다. 따개비 껍데기는 여섯 개의 작은 석회판으로 구성되어 있는데, 그것은 다른 모든 갑각류 동물들과 마찬가지로 성장하는 동안 탈피를 거듭해야만 하는 따개비와 함께 자라난다. 따개비는 건조함과 천적으로부터 스스로를 보호하기 위해 자신의 조그마한 성곽을 두 개의 작은 덮개로 닫아둔다. 달팽이에서부터 게와 성게, 그리고 새에 이르기까지 따개비들에게는 적이 아주 많다. 따개비는 다리가 부채꼴의 작은 빗 모양으로 발달되어 있는데, 이것은 먹잇감을 효율적으로 잡아먹기 위해서이다. 따개비는 넝쿨 발이라고도 불리는 이 다리 사이로 물을 통과시켜 플랑크톤을 비롯한 다른 음식 입자들을 걸러낸다. 대부분 자웅동체인 따개비는 남성 생식기와 여성 생식기를 동시에 지니고 있다. 거의 모든 갑각류가 그러하듯이 따개비 또한 체내수정을 통해 증식한다(비교를 해보자면 산호는 대부분 체외수정을 한다. 이때 바깥에 있는 물속에서 정자와 난자가 수정을 한다).

그런데 고착생활을 하는 따개비는 산호와 마찬가지로 번식과 관련하여 한 가지 문제점을 안고 있다. 적합한 짝을 찾아 나설 수가 없는 것이다. 때문에 어머니 자연은 다른 전략을 고안해내었다. 그 결과 따개비는 긴 페니스를 발달시키게 되었다. 여기서 길다는 것은 정말로 긴 것을 의미한다. 왜냐하면 따개비의 페니스 길이는 실제로 그 작은 갑각류의 몸통보다 8배나 길어질 수 있기 때문이다. 이를 통해서 따개비는 동물의 제국을 통틀어 몸 크기에 비해 페니스 길이가 가장 긴 동물로 등극하였다! 이 같은 사실에 매혹된 저 유명한 자연과학자 찰스 다윈은 작디작은 따개비에게, 특히 그 번식기관에 그야말로 강박적으로 몰두했다. 그는 7년을 고스란히 작은 따개비와 그가 '코끼리 코 모양'이라고 묘사했던 따개비의 남성 생식기를 연구하는 데 할애했다. 실제로 따개비의 페니스는 꼭 코끼리 코처럼 생겼는데, 다만 주변 환경에 따라 조금씩 다른 모양을 취하고 있다. 황량하고 거친 물속에서 살아가는 따개비의 페니스는 상대적으로 작고 땅딸막하고 근육질인 반면, 주변 환경이 조용하고 평화로운 곳에서 살아가는 따개비의 페니스는 길고, 가늘고, 유연하다. 따개비는 번식을 하기 위해 코끼리 코처럼 생긴 페니스를 바깥쪽으로 뒤집은 다음 주변을 더듬으면서 섹스 파트너를 찾는다. 이때 적용되는 원칙은 길면 길수록 좋다는 것이다. 멀리 떨어진 따개비와도 짝짓기를 할 수 있기 때문이다.

그 밖에 다만 크기가 훨씬 작을 뿐, 완두콩처럼 둥글거나 콩팥 모양의 길쭉한 콩처럼 생긴 갑각류도 존재한다. 패충류Subclass Ostracoda가 바로 그것이다. 패충류는 최대 3센티미터까지 커질 수도 있지만, 평균 크기는 고작해야 0.5밀리미터에서 2밀리미터에 불과하다. 그것들은 지하수에서부터 강과 호수, 심해에 이르기까지 수중 생활권 어디에나 존재한다. 조개와 생김새가 비슷하고 두 개의 판으로 구성된 갑각을 가지고 있다는 이유로 그들은 독일에서 '조개 게Muschelkrebs'로 불린다. 머리에서부터 좌우대칭으로 쭉 뻗어 있는 석회화된 두 개의 갑각이 패충류의 몸통을 보호하고 있다. 그들의 먹잇감은 종에 따라 천차만별이다. 플랑크톤을 걸러 먹고사는 종부터 썩은 고기를 먹고사는 종, 해조류를 뜯어 먹거나 식물을 빨아먹는 초식 종, 그리고 화살벌레나 아주 작은 어린 물고기를 사냥하는 육식 종에 이르기까지 매우 다양하다. 대부분 고착생활을 하는 조개나 요각류 동물들과는 달리 갑각을 달고 다니는 이 작은 동물들은 기어서, 때로는 헤엄을 쳐서 앞으로 나아간다.

이 동물들에게서는 번식이라는 사안이 많은 공간을 차지하고 있다. 그냥 말 그대로 이해하면 된다. 왜냐하면 번식기관이 몸 전체 면적의 약 3분의 1을 차지하고 있기 때문이다! 그들은 암수가 구분되어 있다. 수컷의 몸은 두 개의 정자 펌프, 즉 젠커-기관Zenker-Organ이 대부분의 공간을 차지하고 있고, 암컷은 두 개의 질로 이어지는 두 개의 길쭉한 통로가 몸의 대부분을 차지하고 있다. 생식기관이 그처럼 큰 공간을 차지하고 있는 데에는 다 그럴만한 이유가 있다. 동물의 제국에서 가장 널리 보급되어 있는 번식 전략은 가능한 한 에너지를 아끼면서 수많은 작은 정자들을 생산하는 것이다. 그러나 조개 게는 이 전술을 따르지 않는다. 그들에게는 양보다 질이 중요하기 때문이다! 크기가 몇 밀리미터도 채 되지 않는 이 동물들은 자신의 몸통보다 최대 10배나 긴 정자를 생산해낸다! 인간과 비교를 해보자면, 키가 180센티미터인 남성이 패충류를 따라잡으려면 18미터 길이의 정자를 만들어내어야만 한다!

이 작은 조개 게의 거대 정자 생산전략은 명백하게 매우 성공적인 것 같아 보인다. 왜냐하면 1억 년 전 백악기 이후로, 그러니까 공룡이 살고 있었던 시절 이후로 그들의 번식기관이 거의 변하지 않았기 때문이다. 두 개의 페니스를 장착한 수컷과 암컷이 짝짓기를 하고 나면 거대 정자는 산란 시기가 다가올 때까지 따로 마련된 정자 주머니 안에 보관된다. 그런데 암컷이 보관하는 정자는 한 수컷의 것만이 아니다. 그들은 여러 수컷과 교미를 하고 그 정자들을 함께 보관한다. 따라서 정자 크기가 크면 클수록 수정에 성공할 확률도 커진다. 많은 에너지를 쏟아 부어 가장 거대한 정자를 만들어낸 수컷이 성공할 확률이 커지는 것이다. 암컷이 산란을 시작하면 크기를 앞세워 수정 전쟁에서 이긴 정자가 최종 승자가 된다. 따라서 적어도 조개 게에게는 크기가 바로 성공의 비결이라고 할 수 있다. 그들은 수백만 년에 걸친 진화 과정을 거치면서 그리 성공적이지 못했던 종, 그리하여 지금은 멸종해버린 종들을 면전에서 비웃으면서 승승장구해왔다.

작디작은 동물들에게 몸통 크기에 비해 가장 큰 페니스를 마련해주고, 그보다 더 작은 동물들에게 거대 정자를 장착해준 자연은 정말 경이롭기 그지없다. 하지만 생식기관과 관련해서는 지구상에서 가장 덩치가 큰 동물들 역시 마찬가지로 매우 인상적이다. 대왕고래 수컷은 세상에서 가장 큰 생식기를 지니고 있다. 장성한 수컷의 페니스는 길이 2.5미터~3미터에 평균 직경 30센티미터, 무게 170킬로그램에서 450킬로그램을 자랑한다! 평균적으로 대왕고래의 페니스 길이는 몸길이의 약 10분의 1에 해당한다. 두 개의 고환은 각각 무게가 최대 70킬로그램까지 나갈 수 있는데, 이것은 평균적인 몸무게와 신장을 갖춘 성인 인간의 무게와 같다. 그 밖에도 대왕고래의 심장은 크기가 대략 폭스바겐 비틀 정도만 하고, 무게가 약 2000킬로그램 정도 나간다. 이처럼 거대한 심장으로 암컷을 사로잡은 대왕고래 수컷은 그리 오래 지체하지 않는다. 왜냐하면 경쟁자들이 숨어서 호시탐탐 기회를 노리고 있기 때문이다. 교미를 할 때 대왕고래는 최대 0.5리터의 정자를—한번 교미를 할 때마다—사정한다. 이 같은 정자의 양은 수정에 성공할 확률을 높여줄 뿐만 아니라, 다수의 수컷과 짝짓기를 하는 암컷의 몸속에 남아 있는 다른 수컷의 정자를 씻어내는 데 이용되기도 한다. 짝짓기가 성공리에 이루어지고 나면 10개월에서 12개월 후에 새끼가 태어난다. 초기 발달단계의 성장속도에 있어서도 대왕고래는 신기록을 보유하고 있다. 왜냐하면 모든 포유류를 통틀어 배아 성장속도가 가장 빨라 출생 시점에 이미 길이 7미터에 몸무게가 2.5톤이나 되기 때문이다. 이후 새끼는 대략 7개월 동안 어미젖으로 매일 약 600리터의 모유를 섭취한다. 그 결과 젖을 뗄 무렵이 되면 몸길이가 13미터에 도달한다.

그러나 번식과 관련하여 타의 추종을 불허하는 존재는 단지 대왕고래만이 아니다. 남방참고래*Eubalaena australis* 수컷의 고환 크기에 비하면 대왕고래의 고환은 그저 완두콩에 불과하다! 고환 한 쌍의 무게가 최대 1톤인 남방참고래는 동물의 제국 전체에서 가장 크고 가장 무거운 고환을 지니고 있다. 그것도 몸길이 최대 18미터, 몸무게 최대 80~90톤인 조건에서 말이다. 그야말로 압도적이다. 따라서 남방참고래의 고환은 장성한 대왕고래의 난쟁이 같은 고환에 비해 몇 배나 더 크다! 수염고래의 일원인 참고래속Genus *Eubalanea*에는 세 종이 있는데 북대서양참고래*Eubalanea glacialis*, 북태평양참고래*Eubalanea japonica*, 남방참고래이다. 참고래는 영어로 '제대로 된 고래 혹은 적격인 고래right whale'로 불린다. 여기에서 '적격'이라는 단어는 과거에 이 고래가 사냥감으로 '적격'이었다는 사실과 관련이 있다. 요컨대 참고래는 헤엄치는 속도가 느린 데다 높은 지방 함량으로 인해 물 표면에서 헤엄을 치기 때문에 사냥하기에 적격이었다. 포경꾼들은 고래 기름을 얻을 목적에서 특히 집중적으로 참고래를 포획하였고, 그 결과 20세기 중반 즈음에는 거의 멸종되기에 이르렀다. 그리고 오늘날까지도 그 개체수가 회복되지 못하고 있다.

검투사와 독립적으로 헤엄치는 촉수에 관하여

페니스는 단지 짝짓기에만 사용되는 것이 아니라 무기로도 사용된다. 산호초에 서식하는 자웅동체 편형동물들 중 몇몇은 그들의 남성 생식기를 이용하여 치열한 전쟁을 치른다. 사람들은 이 전쟁을 가리켜 '페니스 펜싱'이라고 부르는데, 그 까닭은 자웅동체인 이들의 전투 모습이 서로 검을 치고받으면서, 아니 이 경우에는 페니스를 치고받으면서 싸우는 검투사와 닮아 있기 때문이다. 이 편형동물들은 진화과정을 거치면서 마치 국수방망이로 꾹 눌러 놓은 것 같은 모습을 갖추게 되었다. 요컨대 몸통이 납작하다. 종에 따라 그들은 눈부시게 화려한 빛깔을 하고 있을 수도 있고 단색일 수도 있다. 겉모습 때문에 그들은 이따금씩 연체동물인 바다민달팽이류 또는 나새류Order Nudibranchia와 혼동을 일으키곤 한다. 자유롭게 살아가는 편형동물이 (기생생활을 하는 종류도 있다) 물결 모양으로 우아하게 움직이면서 물을 가로질러 헤엄쳐가는 모습을 지켜보고 있노라면 난기류 속에서 하늘을 날아가는 양탄자가 연상된다.

그 자웅동체 동물들은 후세를 생산해야 할 시기가 다가오면 수컷 역할을 담당할 것인지 아니면 암컷 역할을 담당할 것인지 결정을 내려야 한다. 암컷 역할을 맡아 후세를 출산하는 것이 훨씬 더 많은 에너지와 시간이 필요한 일이기 때문에 그 동물들은 수정 당하는 입장이 아니라 상대방을 수정시킬 권리를 쟁취하기 위해 치열하게 다툰다. 이때 그들은 서로 똑바로 마주보고 서서 서로를 향해 페니스를 내뻗는다. 각각 두 개의 페니스를 가지고 칼싸움에 나서는 편형동물들은 페니스 단도를 상대방의 몸통에 찔러 넣어 정자를 방출하려고 시도한다.

그런데 편형동물 가운데 페르시안카펫웜*Pseudobiceros bedfordi*이라는 종은 수정 방식이 독특하다. 이 동물의 경우에는 수정이 몸속에서 이루어지지 않는다. 그들은 상대방의 피부에 사정을 한다. 사정을 하면 상대의 피부가 녹아내리고, 정자는 이렇게 녹아내린 피부를 통해 난자에게로 향하는 길을 찾아내어 수정된다. 이 과정에서 마지못해 암컷 역할을 수행하는 동물이 영구적인 손상을 입을 수도 있다. 최대 1시간까지 지속되는 지루하고 힘겨운 전투가 끝나고 나면 수정된 동물은 곧장 먹이를 찾아 나선다. 후세를 키우는 데 필요한 자원을 가득 충전해두기 위해서다. 주변에 짝짓기에 필요한 다른 편형동물이 없을 때, 그 고독한 동물은 후세 생산을 확실하게 보장하기 위해서 한층 더 대담한 방법을 동원한다. 예컨대 마크로스토멈 히스트릭스*Macrostomum hystrix*라는 종의 편형동물은 상황이 완전히 절망적일 때면 자체적으로 수정을 한다. 사실 자연에서 자가수정autogamy 자체는 그리 특별한 일이 아니다. 하지만 이 경우는 매우 이례적이다. 왜냐하면 자유롭게 살아가는 히스트릭스가 단도 모양으로 생긴 페니스로 자기 자신의 머리를 꿰뚫어버리기 때문이다! 이어서 이곳에서 출발한 정자가 난자를 수정시키기 위해 몸을 통과하여 난자를 찾아간다.

무수하게 많은 온갖 기괴한 번식방법 중에서도 유독 눈에 띄는 방법이 한 가지 있다. 아르고나우타속Genus *Argonauta*의 집낙지*Argonauta hians*, paper nautilus는 문어와 친족관계에 있는 동물로 문어처럼 여덟 개의 발을 가지고 있다. 광활한 대양에 서식하는 그들은 주로 표해수대, 즉 빛으로 충만한 상부에 머무른다. 비록 드물기는 하지만 그들은 전 세계 열대 바다와 아열대 바다에 서식한다. 집낙지라는 명칭은 마치 종이로 만들어진 것처럼 보이는 암컷의 껍질 때문에 붙여진 것이다. 그 껍질은 무엇보다도 알을 보호하는 용도로 사용되지만, 표면의 공기를 빨아들이는 방식으로 부력과 하향력down force을 조절하는 데 사용되기도 한다. 집낙지는 성적이형gender dimorphism(암수의 형태가 다르게 나타난다는 뜻-옮긴이)을 특징으로 하는 자웅이체 동물이다. 쉽게 설명하자면, 껍질이 없는 수컷은 몸 크기가 고작 2센티미터 정도에 불과하기 때문에 몸 크기가 최대 10센티미터이고 껍질 크기가 최대 30센티미터에 육박하는 암컷보다 훨씬 작다. 그 밖에 수명도 수컷이 암컷보다 훨씬 짧다. 수컷들은 첫 번째 짝짓기를 마친 후에 죽어버리는 것으로 추정된다. 반면 암컷들은 여러 번 짝짓기를 하고, 후세도 자주 얻는다. 집낙지의 사랑놀이가 매우 흥미로운 까닭은 그것이 수컷 없이—혹은 수컷의 육체가 완전체로 참여하지 않은 상태에서—진행되기 때문이다. 모든 두족류들이 그런 것처럼 집낙지 역시 특수한 수정기관, 즉 교접관hectocotylus을 가지고 있다. 이것은 전적으로 암컷을 수정시키는 용도로만 사용되는 촉수다. 교접관이 정포, 그러니까 정자들이 서로 맞붙어 있는 작은 꾸러미를 암컷의 외투강mantle cavity 안에 가져다두면 난관을 빠져나온 난자가 그곳에서 정자를 만나 수정이 이루어진다. 그러나 다른 두족류 동물들과는 달리 집낙지의 경우에는 직접적인 신체 접촉 없이 수정이 이루어진다. 정자를 가득 실은 수정용 다리가 수컷의 몸에서 떨어져 나와 독립적으로 헤엄을 치면서 수정시킬 암컷을 물색하기 때문이다!

이미 언급한 것처럼 두족류의 정자는 작은 꾸러미 형태로 포장되어 있다. 오징어도 마찬가지다. 그러나 정포는 단지 포장된 정자 꾸러미에 그치는 것이 아니라 정자를 삽입하는 데 사용되는 도구이기도 하다. 그 도구는, 2008년 63세의 한 한국 여성이 몸소 체감한 것처럼 매우 효과적이다. 한국 사람들은 오징어를 날것으로 먹거나 살짝 익혀 먹는 것을 즐기는데, 서울에 사는 한 여성도 예외는 아니었다. 그녀는 살아 있는 싱싱한 살오징어*Todarodes pacificus*를 내장까지 통째로 살짝 삶아 조리하였다. 하지만 유감스럽게도 삶는 시간이 너무 짧았던 듯하다. 왜냐하면 오징어를 한입 베어 물자마자 불쾌한 일이 일어났기 때문이다. 오징어를 잠깐 씹은 그녀는 입안에서 찌르는 것 같은 통증을 감지했다. 뿐만 아니라 자신의 구강에서 수많은 작은 동물들이 기어 다니는 것 같은 느낌도 들었다. 이에 그녀는 즉시 병원을 찾았다. 병원에서 의사들은 혀와 뺨 부근의 구강점막에 삽입된 방추처럼 생긴 12마리의 작은 생물체를 발견하였다. 그 '생물체'들은 다름 아닌 다른 부분들과 함께 그 여성의 입속으로 들어간 오징어 정포였다. 삶는 시간이 지나치게 짧았기 때문에 정포는 여전히 본연의 임무를 수행할 만큼 최상의 컨디션을 유지하고 있었다. 다만 이 경우에는 수정 대상이 오징어 암컷이 아니라 한 여성의 구강이었을 뿐이다! 당연히 정자 꾸러미는 의사들에서 의해 즉각적으로 제거되었고 더 이상의 불상사는 일어나지 않았다. 하지만 그 여성이 이후에 오징어를 다시 먹었을지는 심히 의심스럽다. 한국과 마찬가지로 오징어를 날것으로 즐기는 일본에서도 구강 수정 사례가 몇 건 보고된 바 있다.

헌신적인 아버지들

1995년 물 아래에서 기이한 물체가 발견되었다. 일본의 주요 섬 해안에서 몇 백 킬로미터 떨어진 지점에서 다이버들이 해저의 모래 위에 형성된 독특한 원형 구조물을 발견했다. 수수께끼를 풀기 위해 수년 동안 골몰했던 학자들은 마침내 2013년에 이르러 미스터리 서클을 연상시키는 이 좌우대칭 구조물의 정체를 알아냈다. 이 모래성을 건축한 장본인은 바로 몸길이가 약 12센티미터인 토르퀴게너속Genus *Torquigener* 복어의 수컷들이었다. 이들은 지극히 예술적이고 정교한 구조물들을 이용하여 짝짓기 의사가 있는 암컷들의 관심을 끌려고 시도한다. 모래성은 단순히 지구력과 강인함의 징표일 뿐만 아니라 후세를 위한 보금자리이기도 하다. 이 모래성들은 오직 부화 시즌에만 건설된다. 지름 약 2미터짜리 보금자리를 건설하기 위해서 수컷은 7일에서 9일 동안 쉬지 않고 뼈 빠지게 일을 해야 한다.

수컷은 제일 먼저 배를 바닥에 비비면서 지느러미로 모래를 좌우로 흩뿌리는 동작을 반복하여 바닥에 방사형으로 다양한 각도의 골짜기를 판다. 이런 식으로 만들어진 방사형 골짜기들은 모두 하나의 중심부로 이어지고 각각의 골짜기 사이에는 작은 모래벽이 존재한다. 예술작품의 전체적인 모양을 보면 마치 파도 모양의 빛을 사방으로 내뿜고 있는 태양처럼 보인다. 기본 뼈대가 완성되고 나면, 복어 수컷은 여기서 그치지 않고 산호 조각과 고둥류의 껍질, 조개껍질들로 구조물의 융기 부분을 장식한다. 당연히 그런 성을 건축하는 작업은 조류 및 물결과의 싸움이기 때문에 그 작은 수컷은 젖 먹던 힘까지 모두 동원하여 작업을 수행한다. 만약 수컷이 온갖 역경을 극복하고 근사한 보금자리를 건설하는 데 성공한다면, 그것은 그 어떤 성욕증강제보다 뛰어난 효과를 발휘할 것이다. 이것은 곧 수컷이 강인하고 지구력이 있다는 사실을 암컷에게 증명해 보이는 것과 같기 때문이다. 그런 수컷은 암컷에게 새끼들을 낳고 기르기에 완벽한 파트너가 된다.

수컷이 장식까지 모두 끝내고 나면 그제야 비로소 암컷이 관심을 보이기 시작한다. 보금자리를 꼼꼼하게 검사하는 암컷들은 매우 까다롭게 군다. 예컨대 성 중심부에 있는 모래가 너무 거칠기라도 할라치면 그들은 멀리 헤엄쳐 가버린다. 이런 식으로 암컷은 여러 날에 걸쳐 공들여 완성한 예술가의 작품을 깡그리 무시해버린다. 오직 아주 섬세하고 고운 모래만이 그들에게 확신을 심어줄 수 있다. 암컷들은 보금자리 중심부의 고운 모래 위에 알을 낳은 다음 다시 사라져버린다. 그러면 그 후 엿새 동안 수컷이 알을 수정시키고 보호하는 일을 떠맡는다. 이 기간 동안 모래성은 무너져버린다. 수컷이 헌신적으로 후세를 돌보는 일에만 전념하기 때문이다. 새끼 물고기들이 알에서 부화하면 수컷 역시 보금자리를 떠난다. 그들은 새로운 모래성을 짓기에 적절한 장소를 물색한 다음 모든 과정을 처음부터 다시 시작한다.

또 다른 방식으로 깊은 인상을 심어주는 헌신적인 물고기 수컷이 있다. 우리는 그것을 이미 심해에서 만난 적이 있다. 심해 아귀가 바로 그 주인공이다. 사실 우리는 이 심해 괴물에 대해서 거의 아는 것이 없다. 그나마 알고 있는 것들도 보존액에 담겨 정체된 상태로 박물관이나 대학 연구소에 보관되어 있는 죽은 동물들로부터 비롯된 것이 전부다. 예컨대 '부채지느러미 바다악마'로 불리는 카우로프린 조다니*Caulophryne jordani* 같은 종은 오늘날까지 전 세계를 통틀어 알코올 용액에 보존된 견본 14점밖에 없다. 현재 그것들은 여러 자연사 박물관에 나누어 전시되어 있다. 그런데 이 견본들이 모조리 암컷들이었기 때문에 사람들은 지극히 당연하게 아귀 수컷은 도대체 어디에 있는가 하는 의문을 품게 되었다. 2018년 전까지 그 누구도 아귀 수컷을 잡는 것은 고사하고, 그 모습을 본 적조차 없었기 때문이다.

2018년 3월 과학 학술지 「사이언스Science」에 실린 일련의 사진은 과학계를 잔뜩 흥분 상태로 몰아갔다. 아조레스제도 앞바다 수심 800미터 지점에서 심해연구자 키르스텐 야콥센Kirsten Jakobsen과 요아힘 야콥센Joachim Jakobsen이 지금까지 단 한 번도 본적이 없는 장면을 화면에 담는 데 성공한 것이다. 잠수정을 타고 5시간에 걸쳐 상조르주섬São Jorge 앞바다의 가파른 절벽을 따라 잠수를 하던 도중에 두 사람의 눈에 특별한 생물체 하나가 꽂히듯 들어왔다. 잠수정에 부착된 카메라의 도움으로 그들은 영상을 녹화하였고, 물 위로 올라와 그것을 차분히 분석하였다. 기록물에는 놀라운 내용이 담겨 있었다. 비디오 화면에서 두 사람은 심해 아귀인 카우로프린 조다니 한 마리가, 정확하게 말하자면 약 16센티미터 크기의 암컷 한 마리가 어둠을 뚫고 유유히 헤엄치는 장면을 목격할 수 있었다. 아귀 암컷이 전형적으로 그러하듯이 이것 역시 차가운 푸른빛을 내뿜으며 생체발광을 하는 미끼용 발광기관Esca이 장착된 낚싯대Illicium를 가지고 있었다. 그러나 희미한 빛을 내뿜는 것은 단지 미끼용 발광기관만이 아니었다. 몸통에서 방사상으로 툭 튀어나와 있는 실 모양의 부속물들 역시 빛을 내뿜었는데, 그 모습은 관찰자들에게 제대로 된 라이트쇼light show를 보여주었다.

감자 모양으로 생긴 몸통의 배 부분에서 과학자들은 채 몇 센티미터도 되지 않는 작은 부속물을 발견했는데, 거기에는 독자적인 지느러미가 달려 있었다. 바로 그 부속물에서 과학자들은 사라진 수컷의 비밀을 풀었다. 왜냐하면 그들의 눈앞에 있는 그 부속물이 바로 수컷이었기 때문이다. 수컷이 자신보다 덩치가 훨씬 큰 암컷과 짝짓기를 하고 있었던 것이다. 그야말로 획기적인 사건이 아닐 수 없었다. 왜냐하면 그 이전에는 살아서 짝짓기를 하고 있는 수컷의 모습이 포착된 사례가 단 한 건도 없었기 때문이다!

심해 아귀의 짝짓기는 매우 독특하다. 왜냐하면 수컷과 암컷이 정말로 하나로 합쳐지기 때문이다. 말 그대로, 암컷을 만난 수컷은 그 즉시 암컷과 도킹을 한다. 암컷이 만들어내는 페로몬과 빛에 이끌려 수컷이 암컷을 찾아내는 것으로 추정된다. 암컷을 찾아낸 수컷은 그 즉시 암컷의 피부 및 혈액과 자기 자신의 것을 한데 결합시킨다. 그 결과 아귀 암수는 그때부터 계속해서 서로 단단히 결합된 상태로 머무른다. 이와 함께 기생적인 난쟁이 수컷은 암컷에게 완전히 종속되어 암컷의 혈액순환을 통해 영양을 공급받는다. 마치 자신의 고유한 존재를 포기하고 전적으로 난자 수정만을 책임지는 일개 정자 제공자로 축소되어버리는 모양새다. 암컷이 죽으면 수컷도 함께 죽는다. 종에 따라서는 관찰되는 난쟁이 수컷이 한 마리 이상인 경우도 있다(잡혀와 죽은 표본들을 보면 그렇다). 최고 기록은 암컷 한 마리에 여덟 마리의 수컷이 결합되어 있는 경우였다! 이렇게 수컷들은 번식 임무를 수행하는 데 자신을 온전히 희생한다.

다른 해양 종들 또한 후세를 얻는 일과 관련하여 자연을 힘겹게 한다. 예컨대 오마로스속*Homarus*의 바닷가재 같은 십각류Order Decapoda 동물은 번식을 하는 데 결정적인 장애물을 지니고 있다. 껍데기가 바로 그것이다. 대부분의 사람들에게 바닷가재는 아마도 맛있는 음식 정도로만 알려져 있을 것이다. 그러나 극소수의 사람들은 알고 있다. 조금 전 산 채로 요리되어 접시에 오른 식사거리가 사실은 암컷을 극진히 보살피는 배려 깊은 사랑꾼이라는 사실을 말이다. 야행성 독거 동물인 바닷가재는 주로 집안에 틀어박혀 산다. 그들은 바위틈이나 돌무더기, 혹은 동굴에 거처를 마련한다. 이런 동굴 집은 그들에게 안전하게 숨을 수 있는 은신처를 제공한다. 왜냐하면 바닷가재는 무엇보다도 탈피를 할 때 천적들에게 무방비 상태로 노출되기 때문이다. 성장하기 위해서 바닷가재는 반드시 단단한 자신의 외골격exoskeleton을 벗겨내어야만 한다. 경우에 따라서는 생의 첫해에 최대 44번까지 탈피를 해야 할 수도 있다.

탈피가 진행되기에 앞서서 우선 낡은 갑옷 아래에서 새로운 피부가 형성된다. 그것은 처음에는 매우 섬세하고 연약하다. 새로운 피부가 단단해질 때까지 걸리는 시간 동안 바닷가재는 성장한다. 장성한 바닷가재의 경우, 피부가 단단해지기까지 최대 한 달이 걸린다. 그들은 동굴 은신처에 조용히 머무르면서 그 시간을 보낸다. 두 종의 바닷가재, 즉 유럽바닷가재*Homarus gammarus*와 미국바닷가재*Homarus amercanus*는 늦여름과 가을 무렵이 되어 부화 시기가 다가오면 암컷이 수컷의 동굴을 방문한다. 이때 암컷들은 아무 수컷이나 선택하지 않는다. 그들은 다른 바닷가재 수컷에 비해 우세한 수컷을 선호한다. 암컷은 짝짓기 준비가 되어 있다는 것을 알리기 위해 수컷을 향해 오줌을—그것도 머리로—눈다. 암컷 머리 이마 부분에 있는 분비선을 통해 소변이 배출되는 것이다. 그렇지만 암컷과 수컷은 곧장 행동에 돌입하는 대신 일단 서로를 충분히 알아가는 시간을 가진다. 서로를 알아가는 이런 과정은 며칠 동안 지속될 수도 있다. 이 시간 동안 그들은 더듬이로 꼼꼼하게 서로의 몸을 더듬는다. 더듬이에는 매우 민감한 화학수용체가 장착되어 있어 바닷가재는 이것을 이용하여 소변에 담긴 정보들을 정확하게 분석한다. 둘의 캐미가 잘 맞으면 암컷이 수컷을 따라 함께 동굴로 들어간다. 그리고 그곳에서 계속된 공감표명이 이어진다.

며칠간의 동거 생활이 지나고 나면 암컷이 자신의 딱딱한 껍데기를 벗어던지면서 본격적으로 짝짓기가 시작된다. 암컷의 껍데기는 수컷이 먹어 치운다. 약하고 상처에 취약한 처지가 된 암컷이 다시 안전하게 회복하기까지는 얼마간의 시간이 필요하다. 이윽고 결정적인 순간이 다가오면 수컷이 조심스럽게 암컷을 땅에 눕힌다. 배를 맞댄 상태에서 수정이 이루어지기 때문이다. 이 상태에서 수컷이 암컷에게 정자 꾸러미를 넘겨주면 암컷은 다음해 여름에 이루어질 수정을 위해 그것을 정자 주머니에 보관한다. 짝짓기 전체에 필요한 시간은 고작해야 5초에 불과하다. 하지만 암컷의 갑옷이 완전히 단단해지려면 아직 며칠의 시간이 더 필요하기 때문에 암컷은 그 시간 동안 수컷의 동굴에 머무른다. 이 기간 동안 수컷은 암컷에게 늘 세심한 주의를 기울이면서 천적들과 흥미가 동한 다른 수컷들로부터 암컷을 지킨다. 갑옷이 단단하게 굳으면 암컷은 수컷을 떠나 자신의 거처를 향해 길을 떠난다. 암컷이 동굴을 나간

지 얼마 지나지 않아 그 다음 바닷가재 암컷이 동굴 안으로 들어온다. 새 암컷은 짝짓기를 고대하면서 수컷의 동굴 앞에서 끈기 있게 자기 차례를 기다린다.

교미를 마친 암컷은 몸에 품고 있던 정자로 다음해 여름에 난자를 수정시키는데, 수정란이 부화하여 유생으로 발달하기까지는 그로부터 다시 9개월에서 11개월이 필요하다. 그때까지 암컷은 최대 10만 개에 이르는 알을 몸 아래쪽에 달고 돌아다닌다. 이때 그들은 꼬리로 규칙적으로 부채질을 하여 신선한 물을 공급하고, 환기를 시키고, 청소를 한다. 그 많은 알 중에서 끝까지 살아남는 것은 고작 0.005퍼센트에 불과하다(전체 알 무더기에서 다섯 개만이 살아남는 셈이다). 살아남은 작은 유생은 플랑크톤 상태로 살아가면서 세 번 탈피를 한다. 이어서 그들은 해저로 내려가 돌과 해초 사이에 위치한 안전한 장소를 물색하여 그곳에서 그 다음 2~3년을 보낸다. 이 시기 동안 그들은 규칙적으로 탈피를 한다.

약 4살에서 6살이 되면 바닷가재들은 성적으로 성숙해진다. 그때부터 앞서 설명한 생애주기가 시작된다. 바닷가재는 고둥, 조개, 불가사리, 성게 같은 무척추동물과 그 밖에 다른 작은 갑각류와 벌레들을 먹고 살아간다. 바닷가재는 유생 단계에서 그들 자신이 다른 물고기에게 잡아먹히기도 하고, 성체가 되어서는 인간들의 접시 위에 오르게 된다. 이 경우 그들은 끔찍한 죽음을 맞이하게 된다. 왜냐하면—너무나도 고통스런 운반 과정을 겨우 참고 견딘 끝에—산 채로 펄펄 끓는 소금물 속으로 던져지기 때문이다. 실제로 2007년에 바닷가재가 학습능력이 있고, 고통과 불안, 스트레스를 감지할 수 있다는 사실이 입증되었다. 그리고 2017년 베를린 행정 재판소는 바닷가재를 비롯한 다른 갑각류 동물들의 고통 감내 능력을 공식적으로 인정하였다. 동물을 죽이는 행위와 최종 소비자에게 전달될 때까지 사용되는 운송수단 및 보관에 관한 부실한 동물보호규정을 감안할 때, 해산물 애호가들은 동물들의 고통을 생각하면서 미래에는 바닷가재 식사를 포기해야 할 것이다.

방랑을 즐기는 뱀장어

단 한 번, 처음이자 마지막으로 짝을 지은 후 자신이 태어난 장소에서 죽음을 맞이하기 위해 수천 킬로미터를 여행하는 물고기들이 있다. 그들은 삶을 살아가는 동안 외모와 형태, 이름은 물론이고 심지어는 생활공간까지 바꾼다. 뱀장어의 여행은 까마득한 옛날부터 생물학자들을 매혹시켰다. 왜냐하면 바다에서 태어난 이 동물은 생의 대부분을 호수에서 보내다가 알을 낳을 때가 되어서야 비로소 바다로 돌아오기 때문이다. 지금까지 공식적으로 인정된 뱀장어 종은 21가지로, 그들 모두가 이런 이동 습성을 보여준다. 뱀장어의 생활방식은 하강을 뜻하는 강하성catadromous으로 특징지을 수 있다. 왜냐하면 뱀장어는 하천을 따라 아래쪽으로 향하는 습성이 있기 때문이다. 이와는 대조적으로 여행을 하는 수많은 다른 종의 물고기들, 예컨대 연어 같은 물고기는 소하성anadromous, 즉 위로 올라가는 특징을 보여준다. 소하성 물고기들은 바다에서 살다가 알을 낳기 위해 강을 거슬러 위로 올라간다.

유럽산 뱀장어*Anguilla anguilla*는 늦가을인 9월과 11월 사이에 바다를 향한 여행을 시작한다. 고된 여행길에서 그들은 군데군데 짧은 육지 구간을 견뎌내기도 하고, 젖은 풀숲을 구불구불 통과하기도 하며, 작디작은 실개천과 물웅덩이를 가로질러 건너기도 한다. 그러다 마침내 큰 강에 도착하면 에너지를 아끼면서 강물에 몸을 맡긴 채 바다를 향해 흘러간다. 바다에 도착한 그들은 다시금 활발하게 헤엄치기 시작한다. 그들을 목적지는 사르가소해다. 사르가소해는 대서양의 버뮤다제도와 아조레스제도 사이에서 시계 방향으로 회전하는 거대한 해류 지대를 말한다. 그곳까지 가는 데 성공한 뱀장어들은 도중에 수많은 위험을 극복해야만 했다. 그들은 수력발전소의 터빈을 피해 다녀야 했고, 오염된 물을 가로질러 헤엄쳐야만 했으며, 무엇보다도 어마어마한 식욕을 가진 맹수(인간)를 피해 달아나야만 했다. 뱀장어는 전 세계적으로 진미로 정평이 나 있는 데다 높은 지방 함량 덕분에 훈제용으로 최고이기 때문이다. 그 사이에 유럽산 뱀장어는 멸종 위기종이 되고 말았다. 아직까지는 뱀장어를 인공적으로 번식시켜 키우는 것이 불가능하다. 비록 몇몇 연구소가 유생을 배양하는 데 성공하기는 했지만, 그마저도 감금 상태에서 최장 22일밖에 살아남지 못했다. 뱀장어의 번식방법과 초기 발달과정은 예나 지금이나 여전히 커다란 수수께끼로 남아 있다.

믿을 수 없을 정도로 매혹적인 동물인 뱀장어의 생애주기에 대해서 우리가 조금이나마 알고 있는 것은 전적으로 덴마크 출신 해양생물학자 요하네스 슈미트Johannes Schmidt 덕분이다. 슈미트는 20

세기 초에 뱀장어를 둘러싼 수수께끼를 풀고 그들의 번식지를 찾아내기 위해서 길을 떠났다. 결과는 성공이었다. 유럽 서부 해안에서 5000킬로미터 떨어진 지점에서 마침내 탐사에 성공한 그는 사르가소해가 유럽산 뱀장어의 가장 유력한 번식지임을 확인하였다. 바로 그곳에서 막 부화한 뱀장어인 이른바 '버드나무잎 유생Leptocephalus'을 잡았기 때문이다.

길고 납작한 모양에 투명한 몸통을 지닌 이 유생은 버드나무잎과 비슷한 생김새 덕분에 버드나무잎 유생이라는 이름을 얻게 되었다. 작은 유생들은 곧바로 유럽 연안 해역을 향해 길을 떠난다. 그곳에 도착한 그들은 외모가 바뀐다. 약 7센티미터 크기의 새끼 뱀장어Glass eel로 변신하는 것이다. 이 단계에서도 여전히 몸이 투명하기는 하지만, 이미 그 모습은 완연히 뱀장어를 연상시킨다. 대부분의 새끼 뱀장어들은 초봄에 유럽의 하천을 거슬러 올라가는데, 이때 그들은 '상류 장어upstream eel' 또는 배 부분이 노란 색깔을 띠고 있기 때문에—몸의 나머지 부분은 녹갈색이다—'노랑 장어yellow eel'로 불린다. 일단 정착할 하천을 결정하고 나면 그들은 성적으로 성숙해질 때까지 몇 년을 그곳에서 보낸다. 수컷은 평균적으로 6년에서 9년 정도가 지나면 성적으로 성숙해지고, 암컷은 12년에서 15년이 지나야 비로소 성체가 된다. 원칙적으로 유럽산 뱀장어의 성적 성숙 시기는 각기 다르며, 각각의 생활공간에 따라 4년에서 20년 사이에 걸쳐져 있다. 생활공간이 남쪽에 가까우면 뱀장어의 성숙 시기가 조금 빨라지고, 북쪽에 있으면 더 오래 걸린다.

생활방식에 해부학적으로 적응하는 유럽산 뱀장어는 생활공간이 제공하는 음식물에 따라 두 가지 종류로 나뉜다. 주로 작은 게와 벌레, 곤충 유생을 먹고 사는 뱀장어들은 머리가 좁고 주둥이가 뾰족하다. 그래서 '뾰족 머리 뱀장어'로도 불린다. 반면 물고기, 게, 개구리 등 비교적 몸집이 큰 동물들을 주식으로 삼는 뱀장어들은 널찍한 주둥이와 넓은 머리 때문에 '넓적 머리 뱀장어'로 불린다.

번식을 할 시기가 되어 자신이 태어난 장소로 다시 여행을 떠나야할 때가 되면 뱀장어의 형태와 외모가 또 다시 바뀐다. 이전에 녹갈색이었던 몸 색깔이 은회색으로 바뀌고 눈이 커진다. 그리고 머리끝이 뾰족해진다. 또 약 1개월 안에 전체 소화관의 크기가 줄어들면서 점점 자라나는 생식기를 위한 공간이 마련된다. 이제 '은 뱀장어'라는 이름으로 불리게 되는 그들은 사르가소해에 도달하는 데 소요되는 시간 내내 아무 것도 먹지 않는다. 이때 그들은 살아오는 동안 갑각류와 물고기를 먹어 치우면서 장만해둔 비축지방을 소비한다. 사르가소해에 도착한 후 뱀장어들은 흔적도 없이 사라져버린다. 이제껏 뱀장어 짝짓기 장면은 단 한 번도 야생에서 관찰된 적이 없다. 이런 이유로 정확한 짝짓기 과정은 지금까지도 어둠 속에 묻혀 있다. 다만 이들의 경우에는 첫 번째 짝짓기가 곧 마지막 짝짓기가 될 것이라고 추측할 뿐이다. 그럼에도 불구하고 뱀장어를 둘러싼 최후의 비밀은 아마도 한동안은 미스터리로 남겨질 것이다.

제6장

위태로운 청색 기적

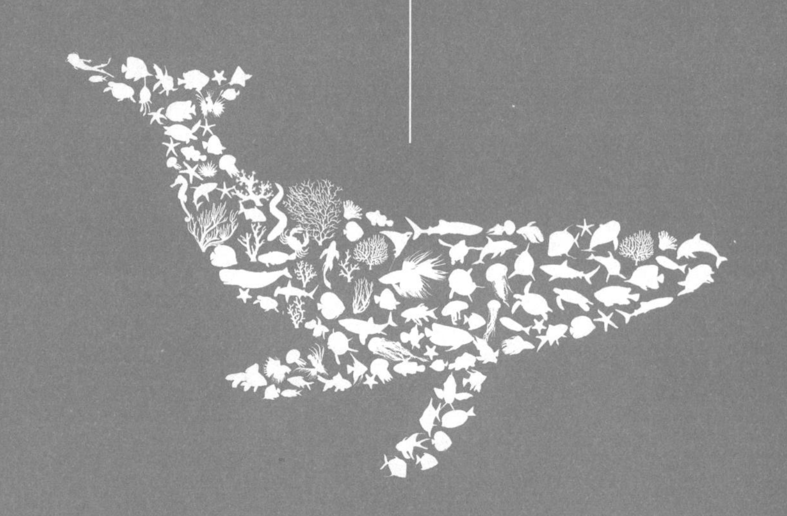

바다는 거칠고, 너무나 아름답고, 결코 길들여지지 않고, 끝없이 무한하게 펼쳐져 있는 것만 같다. 하지만 안타깝게도 이런 첫인상은 착각에 불과하다. 왜냐하면 바다는 지금 현재 최대의 위기에 처해 있기 때문이다. 열대 산호초에서부터 남극해와 북극해에 이르기까지, 표해수층에서부터 심해 해구에 이르기까지, 그리고 플랑크톤부터 고래에 이르기까지, 수천 년 전부터 정교하게 조화를 이루며 운행되었던 모든 해양생태계가 수십 년 전부터 위협을 받고 있다. 그 원인은 바로 우리들, 인간 때문이다. 수백 년 동안 바다는 결코 마르지 않는 자원의 보고로 여겨졌다. 인간이 필요로 하는 물고기와 해산물, 그리고 석유 비축량이 무제한으로 넘쳐나는 것처럼 보였고, 사람들은 필요 이상으로 그리고 자연이 공급해줄 수 있는 한도 이상으로 그것들을 흥청망청 마구잡이로 취해왔다. 그리고 지금도 여전히 그렇게 하고 있다. 그러면서도 그 과정에서 발생하는 자연 훼손이나 쓰레기 따위에는 전혀 신경조차 쓰지 않았다. 1년 중 하루, 즉 '지구 생태용량 초과의 날Earth Overshoot Day'은 이 같은 인간의 탐욕을 되돌아보게 한다. 이 '지구 과부하의 날' 혹은 '생태부채의 날'은 세계생태발자국네트워크Global Footprint Network라는 기구가 추진하는 캠페인이다. 이 캠페인의 목적은 이날을 기준으로 그 이후에 이어지는 원료소비가 그해 지구의 자원 공급능력을 초과한다는 점을 주지시키는 데 있다. 1987년만 하더라도 12월 19일이었던 지구 생태용량 초과의 날이 2018년에는 8월 1일로 앞당겨졌다. 이것은 2018년 현재 우리가 1.7개의 지구를 소비하고 있다는 사실, 달리 말하자면 생태계가 원래 상태로 회복하는 데 필요한 시간보다 1.7배 빠르게 자연을 소모하고 있으며 생태학적인 관점에서 보았을 때 분수에 넘친 삶을 살고 있다는 사실을 분명하게 말해준다. 미래에 이런 상황이 달라지리라고 기대하기는 어렵다.

우리는—나무, 가축, 광물, 해산물을 막론하고—지구가 재생할 수 있는 양 이상을 소비하면서 우리의 자원예산을 초과하는 삶을 살고 있다. 동시에 우리는 점점 더 빠른 속도로 점점 더 많은 양의 이산화탄소를 대기 중으로 내뿜고 있다. 그리하여 삼림과 바다도 더 이상은 그 모두를 감당할 수 없는 지경에 이르렀다. 그리고 이런 사태가 초래하는 광범위한 결과는 단지 식물과 동물들에게만 영향을 미치는 것이 아니라, 우리 인간들에게도 영향을 미친다. 만약 인류가 몇백 년 안에 자멸하지 않는다면, 살아남은 후손들이 우리가 남긴 흔적들을 발견하게 될 것이다. 우리가 과거로부터 전해진 선사시대의 유물을 발견하는 것과 꼭 마찬가지로 말이다. 심지어 사람들은 그런 상황을 대비하여 이미 고유한 개념까지 마련해두었다. 인류세Anthropocene가 바로 그것이다. 이 개념은 인간을 뜻하는 고대 그리스어 '안스로포스ánthropos'에서 유래하였다. 인류의 존재는 이 행성에 깊은 영향을 미쳤다. 당연히 좋은 의미에서가 아니다. 거대한 생태계인 바다는 그저 겉으로만 끝이 없는 것처럼 보일 뿐, 실제로는 여러모로 위협적인 상황에 처해 있다. 석유 및 플라스틱으로 인한 해양오염, 기후변화의 영향, 남획과 해양 생활권 파괴로 인한 해양생물의 멸종 위기 등 다양한 위협에 직면해 있는 것이다. 지금은 이런 위험 요소들을 하나하나 명확하게 거명하면서 가능한 한 그것들을 제거하고 위기를 미연에 방지해야 할 절체절명의 순간이다.

검은 황금의 저주

그것은 자동차를 비롯한 다양한 기계들이 움직일 수 있도록 동력을 제공하고, 우리의 몸을 따뜻하게 덥혀주고, 우리 주변을 밝게 만든다. 그리고 그것은 바다를 오염시킨다. 그 물질은 이미 수천 년 전부터 잘 알려져 있었고 고대에도 이미 사용된 바 있지만, 19세기 후반부에 이르러서야 비로소 그 물질에 대한 대규모 상업적 채굴이 시작되었다. 산업화된 우리 사회를 떠받치는 가장 중요한 원료인 그 물질은 수백만 년 전에 만들어졌다. 그 물질은 다름 아닌 석유다. 지금처럼 검은 덩어리가 되기 이전에 석유는 무수한 작은 생물체의 형태로, 특히 해초의 형태로 태곳적 바다를 가로질러 떠다녔다. 그것들이 해저로 가라앉아 완전히 분해된 후에 부니腐泥(바다나 호수 밑바닥에 쌓인 유기물이 썩어서 검게 변한 진흙-옮긴이)가 생성되었고, 시간이 흐르면서 다른 침전물들이 그 위를 뒤덮었다. 거기에 기온과 압력의 상승 같은 다양한 화학적, 물리적 과정이 더해져 마침내 오늘날 전 세계 육지와 바다에서 채굴되고 있는 검은 황금이 만들어졌다. 그리고 그 결과는 환경에 지대한 영향을 미쳤다.

2010년 4월 20일 멕시코만에서 석유시추선 딥워터호라이즌호 Deepwater Horizon가 폭발하면서 인류 역사상 가장 참혹한 대재앙이 발생했다. 영국 석유기업 브리티시 페트로리엄 컴퍼니 The British Petroleum Company, 약칭 BP에 소속되어 있던 석유시추선의 폭발은 파괴적인 대형화재로 이어졌을 뿐만 아니라, 모든 시대를 통틀어 가장 지독한 석유 유출로 인한 해양오염 사태를 불러일으켰다. 바다 한가운데에서 발생한 화재를 진압하기 위해 온갖 노력을 기울였음에도, 36시간 동안 고온에 시달린 금속 구조물은 끝내 무너져 내리고 말았다. 4월 22일, 시추선은 11명의 사람들과 함께 바닷속으로 가라앉았다. 시추선이 물속으로 사라진 후에야 비로소 사람들은 다수의 균열 부위를 통해 석유가 바다로 걷잡을 수 없이 흘러나가고 있다는 사실을 알아차렸다. 화재가 일어난 지 3개월이 흐른 후 균열 부위가 임시로 밀봉될 때까지 약 7억8000만 리터의 원유와 천연가스가 해저 1500미터에서 바다로 유출되었다. 룩셈부르크 면적의 4배 크기만 한 기름띠가 75킬로미터에 이르는 미국 루이지애나주 연안을 오염시켰다. 수천 마리의 새, 해양포유류, 물고기, 바다거북, 산호를 비롯한 모든 해양생물에게 있어서 이것은 곧 사형선고를 의미했다. 게다가 균열 부위에서 분수처럼 치솟은 석유가 물기둥에서 흘러나와 바닥에 떨어지면서 1만8000제곱킬로미터 면적의 해저를 오염시켰다. 그것은 해저 퇴적물 위에 자리를 잡고 앉아 모든 생명체를 파묻어버렸다. 왜냐하면 산소도, 또 그 어떤 영양소도 끈적끈적한 타르 매트를 뚫고 안으로 들어갈 수는 없기 때문이다. 그와 동시에 미생물 작용을 통한 석유 분해도 불가능해져 버렸다.

물 표면의 기름띠를 제거하고 해안으로 기름이 계속 떠밀려오는 사태를 방지하기 위해서 BP는 논란의 여지가 있는 화학물질을 동원했다. 약 9만5000리터의 코렉시트Corexit 9500을 투입하여 물 표면을 뒤덮은 끈적끈적한 기름 덩어리를 분산시킨 다음 아주 작은 물방울로 만들어 멕시코만 깊숙이 가라앉게 한다는 것이 BP의 계획이었다. 그 밖에도 많은 사람들이 물 표면에서 기름을 걷어내고 해변을 뒤덮은 타르 필름을 거둬들이기 위해 각고의 노력을 기울였다. 그러나 학자들과 환경운동가들은 유출된 석유의 상당량이 여전히 해저에 깔려 있을 것이라고 추측한다. 왜냐하면 오늘날까지도, 특히 폭풍이 지나간 후에 타르 볼tar ball이 피해를 당한 다섯 개 연방주의 해변으로 밀려오기 때문이다. 동물들 역시 예나 지금이나 대재앙이 남긴 처참한 결과에 고통 받고 있다. 2014년 한 해 동안만 대재앙이 발생하기 전보다 네 배나 많은 돌고래 사체가 해당 지역 해안으로 밀려왔다. 그 동물들 대부분이 폐질환과 신장질환, 그리고 치아 탈락의 결과로 죽음을 맞이하였다. 이 증상들은 모두 석유와 접촉한 후에 나타난 것들이었다. 석유 오염을 제거하기 위해 도움의 손길을 내밀었던 사람들 또한 화학물질인 코렉시트 9500의 영향으로 인해 질병에 걸리게 되었다. 그것만으로는 부족하다는 듯, 어업 종사자 2만2000명이 일자리를 잃었다. 물고기가 폐사하거나 먹을 수 없는 상태가 되었을 뿐만 아니라 굴 양식을 비롯한 다른 해산물 양식까지도 모두 파탄 나버렸기 때문이다.

딥워터프라이즌호 폭발사고는—너무나 처참했음에도 불구하고—그저 빙산의 일각에 불과하다. 소규모 유조선 사고가 일정한 간격을 두고 일어나면서 지금은 거의 일상이 되어버렸다. 학자들은 이런 식으로 자연에 방류되는 석유 양이 연간 10만 톤에 이를 것으로 추정한다. 그러나 바다를 오염시키는 것은 단지 원유만이 아니다. 석유에서 추출하여 더 이상 우리의 일상과 떼어놓고 생각할 수 없는 한 가지 물질 또한 수십 년 전부터 바다를 오염시키고 있다. 플라스틱이 바로 그 장본인이다.

플라스틱 시대

우리는 어디에서나 그것과 마주친다. 아침에 이빨을 닦을 때, 이어서 샤워기 아래에서 머리를 감을 때, 그리고 한 손에는 리필 가능한 보온 커피 잔을 들고 다른 한 손으로는 스마트폰에서 새로운 이 메일을 확인할 때, 그리고 마지막으로 자동차나 기차 혹은 자전거를 타고 일터로 향할 때 등등 우리는 거의 언제나 그것과 함께 한다. 기술을 기반으로 한 오늘날의 세계에서 그것은 필수불가결한 요소다. 그리고 만약 그것이 없다면 아마도 이런 형태의 진보와 성장이 불가능할 것이다. 흔히 플라스틱으로 불리는 이 합성물질은 어디에나 항상 존재한다. 그리고 여러 가지 측면에서 그것은 위대한 발명품이다. 필요에 따라서 강철처럼 강하지만 무게가 훨씬 더 가볍고, 유리처럼 투명하지만 쉽게 깨지지 않고, 유연하지만 쉽게 찢어지지 않는, 독보적인 특징을 지닌 플라스틱은 다양한 용도로 사용된다. 플라스틱은 제조비용이 저렴하고 온도, 빛, 화학물질에 대해서 안정적인 성질을 띨 뿐만 아니라 첨가물 혼합을 통해 경도와 강도, 유연성을 조절할 수 있다.

석유를 기반으로 한 플라스틱의 개선행진은 산업적으로 대규모 생산이 시작된 1950년대 초부터 시작되었다. 그 이후로 전 세계의 플라스틱 생산량은 지속적으로 증가하였고 2016년에는 3억3500만 톤에 이르렀다. 그중 절반이 중국을 필두로 한 아시아 국가들에서 생산되고 있고, 유럽 국가들(더하기 노르웨이와 스위스)이 6000만 톤으로 그 뒤를 쫓고 있다. 이런 추세는 점점 더 강화되고 있다. 독일과 EU에서 플라스틱은 무엇보다도 포장 산업분야에서 가장 많이 사용되고 있고, 건축자재와 자동차 산업이 그 뒤를 잇는다. 생산량이 증가하면서 당연히 쓰레기양도 함께 증가하고 있다. 2018년 9월에 발표된 세계은행 연구보고서에 따르면 2016년 한 해 동안 전 세계에서 2억4200만 톤의 플라스틱 폐기물이 발생했다. 이것은 전체 도시 폐기물의 12퍼센트를 차지하는 양이다. 물론 플라스틱 쓰레기양만 늘어난 것은 아니다. 일반 쓰레기양도 함께 늘어났다. 전 세계적으로 연간 20억 1000만 톤의 쓰레기가 생성되고 있다. 상상조차 할 수 없는 이 어마어마한 양의 쓰레기를 화물차에 모두 실으려면, 지구를 24바퀴 돌고도 남을 정도로 많은 숫자의 화물차가 필요하다. 연구보고서에 따르면, 만약 이런 상황이 앞으로도 계속된다면 2050년까지 쓰레기양이 70퍼센트 증가할 것이라고 한다. 쉽게 설명하자면, 대략 30년 후가 되면 전 세계 쓰레기 발생량이 연간 34억 톤으로 증가할 것이라는 말이다.

수입이 늘어나면서 플라스틱 같은 무기물 쓰레기가 증가하고 유기물 쓰레기는 감소하고 있다. 독일 연방환경청에 따르자면, 독일만 하더라도 2016년 한 해 동안 산업분야와 가정에서 1820만 톤의 포장 쓰레기가 발생했다고 한다. 이것은 인구 1인당 220.5킬로그램에 해당하는 양이다. 이와 함께 독일인들의 포장 쓰레기 배출량은 EU 평균인 1인당 167.3킬로그램을 훌쩍 뛰어넘는다! 말하자면 포장 쓰레기 배출에 관한 한 독일인들이 EU 내에서 챔피언인 셈이다. 최하위는 1인당 54.7킬로그램에 불과한 불가리아 사람들이 차지하고 있다.

그나마 독일에는 쓰레기를 집하하여 처리하거나 재활용하는 시설이 갖추어져 있지만, 저개발 국가들은 이를 위한 기반설비가 결여되어 있다. 개발도상국에서는 전체 쓰레기의 90퍼센트 이상이 적절하지 못한 방식으로 처리되어 환경을 오염시키고 인간과 동물에게 광범위한 결과를 초래한다. 하지만 유럽 내에서도 플라스틱 쓰레기 처리와 관련하여 거대한 차이점들이 존재한다. 독일, 네덜

란드, 벨기에, 스위스, 오스트리아와 스칸디나비아 국가에서는 쓰레기 집하장에서 플라스틱 폐기물이 차지하는 비율이 10퍼센트 이하이거나 반입이 완전히 금지되어 있는 반면, 남부 유럽국가에서는 그 비율이 50퍼센트를 넘어선다.

예컨대 독일에서는 플라스틱 쓰레기를 한데 모아 재활용하거나 에너지원으로 활용한다. 연방환경청에 따르면 2017년 한 해 동안 독일에서 (가정과 산업분야에서) 모두 615만 톤의 플라스틱 쓰레기가 발생했다고 한다. 그중 46.7퍼센트에 해당하는 287톤은 재활용되었다. 이때 독일 내에서 재활용되거나 새로운 플라스틱 제품 생산에 사용된 폐기물뿐만 아니라 재활용을 위해 해외로 수출된 폐기물도 재활용된 것으로 간주한다. 그리고 꼭 53퍼센트에 해당하는 플라스틱 쓰레기는 (324만 톤) 화석연료 대신 연소시켜 에너지를 얻는 데 활용하였다. 약 0.6퍼센트에 해당하는 나머지 4만 톤의 플라스틱 쓰레기는 쓰레기 집하장에 보관해 두었는데, 그중 대부분이 건축 폐자재였다. 비록 대부분의 플라스틱 쓰레기가 독일에 남겨진다고는 하지만, 쓰레기를 해외로 수출하는 일은 분명 지적되어야 할 문제점이다. 독일은 2016년 한 해에만 (금속 폐기물, 폐지, 플라스틱 폐기물을 포함한) 전체 포장재 쓰레기의 약 11퍼센트를 해외로 수출하였는데, 그중 절반 이상이 '세계의 쓰레기 하치장'으로 불리는 중국으로 향했다. 그러나 2018년 초를 기점으로 하여 중국은 심각한 환경문제를 근거로 내세워 분류되지 않은 플라스틱 폐기물에 대한 수입 금지를 선포하였다.

이에 독일은 쓰레기 더미 위에 올라앉는 사태를 방지하기 위해서 말레이시아, 인도네시아, 태국, 베트남 같은 나라들을 대안으로 모색하고 있다. 2018년 8월 베트남에 머물던 당시 나는 폐기물 처리산업을 연구하는 지방 관청 직원들 및 대학 직원들과 이야기를 나눌 기회를 가졌다. 그들로부터 나는 다수의 베트남 항구에 EU, 일본, 미국에서 온 컨테이너선이 플라스틱 폐기물과 금속폐기물, 폐지를 가득 실은 채 처리를 기다리고 있다는 말을 전해 들었다. 베트남은 그 상황을 통제할 수 있을 정도로 충분한 설비를 갖추지 못했기 때문에 2018년 5월을 기준으로 2만 8000개의 컨테이너가 항구에 쌓여 있다고 했다. 베트남에서 가장 큰 선박 터미널인 호치민시티 떤깡까이라이[Tan Cang Cai Lai] 터미널만 하더라도 폐지와 플라스틱 폐기물로 가득 찬 8000개의 표준 컨테이너(8000 TEUs)가 쌓여 있는 실정이었다. 그러나 안타깝게도 베트남 역시 심각한 쓰레기 문제를 겪고 있으며 자국에서 발생하는 쓰레기를 적절하게 처리하는 일만으로도 이미 크게 버거워하고 있다. 대부분의 쓰레기 처리 공장들이 필수적인 기술적, 생태학적 기준을 충족시키지 못하고 있다. 이런 상황을 감안할 때 수출된 우리의 쓰레기에 과연 어떤 일이 일어날지 의문을 갖는 것은 지극히 당연한 일이다. 왜냐하면 중국과 마찬가지로 베트남 역시 쓰레기 처리의 투명성과 국외로 반출된 쓰레기의 행적을 쫓을 수 있는 방법이 결여되어 있기 때문이다.

바다에 플라스틱 쓰레기를 가장 많이 배출하는 국가의 순위를 살펴보면 중국(1위), 인도네시아(2위), 필리핀(3위)에 이어 베트남이 4위를 차지하고 있다. 메콩강은 전 세계에서 가장 많은 플라스틱 쓰레기를 바다로 운반하는 10대 하천들 가운데 하나로 꼽힌다(사진 31쪽을 참조하라). 이들 국가에게 손가락질을 하는 것은 쉬운 일일 것이다. 하지만 앞에서 말한 것처럼, 어쩌면 당신이 조금 전에 노란색 봉투나 노란색 통에 던져 넣은 요구르트 용기가 그 언제쯤인가 바로 이런 나라들로 향하게 될지도 모른다.

플라스틱 용기가 자연 속에 던져지면 플라스틱 자체도 위험천만하지만, 그 속에 함유된 내화제, 가소제, 안정제, 희석제 같은 첨가물들도 위협적이기는 마찬가지다. 그런 물질들은 환경으로 옮아가서 동물세계와 식물세계를 훼손하고 마지막으로 인간의 몸속으로 파고든다. 널리 알려진 예로 비스페놀A(이하 BPA)가 있는데, 이것은 인간의 체내에서 에스트로겐과 유사한 작용을 한다. 전 세계적으로 가장 많이 생산되는 공업용 화학물질 가운데 하나인 BPA는 장난감이나 CD/DVD-디스크 같은 일상 용품, 매출 전표와 영수증에 사용되는 감열지, 폴리카보네이트로 만들어진 음료수 병, 화장품, 통조림, 전기 주전자, 유아용 고무젖꼭지, 식료품 포장재, 플라스틱 식기 등에서 검출된다. BPA는 플라스틱의 경도와 내구성을 강화하는 작용을 한다. 비록 플라스틱 산업계에서는 성인과 아동의 BPA 섭취량이 무시해도 좋을 정도로 매우 미미한 양이라고 주장하지만, 의학 전문가들과 학계 전문가들은 이미 오래전부터 경고를 보내고 있다. 왜냐하면 다수의 연구 결과, 참치, 토마토, 옥수수, 야자유, 양배추 절임 같은 인기 있는 통조림 식품에서 인체에 해로운 이 화학물질이 검출되었기 때문이다.

실제로 이것은 매우 우려할 만한 일이라고 할 수 있다. 왜냐하면 2018년 3월 EU의 신화학물질관리규정REACH이 BPA를 '매우 우려되는 물질substance of very high concern'로 분류했기 때문이다. 세계보건기구WHO 역시 BPA를 내분비계 교란물질endocrine disruptor로 분류하였다. 이 말은 곧 BPA가 호르몬 작용을 하는 물질이라는 뜻이다. 동물실험 결과, 무엇보다도 성기능 발달장애와 뇌 발달장애 및 당뇨, 불임, 심장질환 등이 확인되었다. BPA가 주변 환경에 노출되면 물고기 수컷이 여성화되면서 물고기 개체수를 유지하는 데 큰 위협이 될 수 있다. BPA가 인간에게 미치는 영향을 살펴보자면, 특히 아동의 발육장해와 정자수 감소, 그리고 급기야는 불임까지 유발할 수 있다. 여성들의 유방암 발병률 상승도 마찬가지로 논란의 대상이 되고 있다. 또한 BPA가 함유된 물건을 정기적으로 접촉하는 사람들의 경우, 혈중 BPA 농도가 상승한 것을 확인할 수 있었다. 매일 수도 없이 감열지를 만져야 하는 슈퍼마켓 계산대 직원들이 그 대표적인 예다. 여기서 알 수 있듯이 BPA는 직접적인 피부 접촉을 통해 곧장 혈액 속으로 전달될 수 있다. 다행스럽게도 그 사이에 BPA가 검출되지 않는 감열지 대체품이 고안되어 사용될 날만 기다리고 있다. 일본에서는 20년 전부터 BPA가 검출되지 않는 통조림 제품이 생산되고 있고, 프랑스에서는 2015년 1월부터 식료품과 접촉하는 모든 재료에 대해서 BPA 사용이 금지되었다.

플라스틱 폐기물과 거기에 포함된 첨가물이 주변 환경으로 흘러 들어가면 환경에 매우 유해한 영향을 미친다. 플라스틱은 시간과 환경의 영향을 받아 부서지기 쉬운 상태로 변해 점점 더 작은 조각으로 쪼개지다가 마침내 완전히 해체된다. 하지만 이것은 시간이 걸리는 일이다. 한 개의 플라스틱 병이 완전히 분해되기 위해서는 350년에서 400년의 시간이 필요하다. 그 사이에 플라스틱 조각은 독성 물질들을 방출하기만 하는 것이 아니라 축적하기도 한다. 액체를 흡수하는 스펀지처럼 플라스틱은 환경독성물질들을 한데 묶어 한쪽 생태계에서 다른 생태계로 운반한다. 환경독성물질은 예컨대 DDT 같은 살충제나, 지금은 금지되었지만 1980년대까지 사용되어 아직까지도 전 세계의 대기와 땅, 하천에서 검출되는 발암물질인 PCB(폴리염화 바이페닐Poly Chlorinated Biphenyl) 같은 물질처럼 작용할 수도 있다. 잔뜩 쌓인 플라스틱 쓰레기를 음식물로 착각한 동물들이 플라스틱과 함께 화학폭탄을 집어삼킨다. 이때 플라스틱과 결합되어 있던 유해물질들이 동물의 몸속에서 용해되어 신체 조직에 축적될 수 있다. 이어서 그 동물들이 우리의 식탁에 오르게 되면, 결과적으로 우리 자신이 맹독성 유해물질을 섭취하는 결과로 이어진다. 여기에 덧붙여 또 다른 문제점을 하나 짚고 넘어가자면, 플라스틱 중에서도 우리가 가장 빈번하게 사용하는 폴리에틸렌과 폴리프로필렌은 자연에서 분해되는 과정에서 기후에 악영향을 끼치는 온실가스를 생산해 지구온난화에 일조한다.

바이오 플라스틱이 해답일까?

전통적인 플라스틱에 대한 대안은 현재 어디까지 진행되었을까? 바이오 플라스틱이 과연 해답이 될 수 있을까? 그렇다면 바이오 플라스틱이라는 것은 도대체 무엇일까? '생물 고분자물질Biopolymer'로도 불리는 바이오 플라스틱은 그 개념 자체가 이미 오해의 소지가 다분하다. 왜냐하면 독점 사용을 승인받은 적이 없는 관계로 일관성 있게 사용되지 않기 때문이다. 현재 상황을 이야기하자면, 꼭 재생 가능한 원료로 제작된 고분자물질이 아니라고 하더라도 생분해가 가능하기만 하면 바이오 플라스틱으로 분류된다. 뿐만 아니라 재생 가능한 원료를 사용한 고분자물질이기만 하면 반드시 생분해가 되지 않아도 마찬가지로 바이오 플라스틱에 포함된다. 정말이지 복잡하고 혼란스럽기 짝이 없다!

생분해가 가능한 것으로 표기된 제품과 퇴비화 인증 라벨을 사용하는 제품들은 반드시 유럽 규격 기준 13432항에 따른 퇴비화 인증 절차를 충족해야 한다. 이것은 무엇보다도 3개월이 지난 후 퇴비를 2밀리미터 간격의 체로 걸렀을 때 잔류물이 10퍼센트를 넘어서면 안 된다는 것을 의미한다. 그 밖에도 화학 잔류물 한계치가 반드시 준수되어야 하고, 동물계와 식물계에 유해한 영향을 미쳐서도 안 된다. 그리고 물기가 많은 환경에서는 유기물의 90퍼센트가 6개월 안에 이산화탄소로 변환되어야 한다. 슈퍼마켓에서 퇴비화가 가능한 쓰레기봉투를 찾을 때면 흔히 생분해가 가능하다고 표시된 제품들이 눈에 들어온다. 그러나 인쇄된 내용을 좀 더 자세히 들여다보면 실제로는 폴리에틸렌 같은 산화분해성oxo-degradable, 감광성photo sensitive 플라스틱 제품인 경우가 허다하다.

이런 종류의 쓰레기봉투는 위에서 설명한 조건들을 충족하지 못한다. 그런 제품에는 그저 조금 더 빠른 시간 안에 작은 조각으로 분해되도록 만들어주는 첨가물이 함유되어 있을 뿐이다. 따라서 이런 제품을 사용하면 온 사방으로 흩어지는 작은 플라스틱 조각과 함께 그 속에 함유된 독성 첨가물이 환경을 오염시킨다. 반면 바이오 플라스틱으로 만들어진 쓰레기봉투를 구입하여 그 안에 유기물 쓰레기를 담아 음식물 쓰레기통에 버리게 되면 나중에 손으로 일일이 쓰레기봉투를 따로 선별해 내어야 하는 번거로움이 있다. 첫째 바이오 플라스틱 쓰레기봉투는 유기물 쓰레기보다 분해되는 속도가 느린데다가 특정한 물리적 조건 하에서만 미생물이나 균류에 의해서 분해가 가능하고, 둘째 결코 퇴비로서 부가가치를 지니지 못하며, 셋째 퇴비화가 불가능한 쓰레기봉투와 구분하기가 힘들기 때문이다. 따라서 바이오 플라스틱 쓰레기봉투는 실제로 다른 쓰레기와 함께 폐기처분할 수밖에 없다. 어쨌거나 이 경우도 에너지적인 측면에서 보자면 유용하기는 하다.

자연 속에 발을 내디딘 바이오 플라스틱 제품은 '일반적인' 플라스틱 제품과 마찬가지로 커다란 골칫덩이가 된다. 이미 언급한 것처럼, 바이오 플라스틱이 분해되기 위해서는 특정한 온도와 습도, 산소, 미생물 같은 특수한 조건들이 필요하다. 하지만 그런 조건들이 갖추어진다고 하더라도 분해되기까지는 몇 달의 시간이 소요된다. 그리고 주변에 나뒹구는 쓰레기를 먹고 죽은 동물들의 입장에서 보자면 자신들이 삼킨 빨대와 병뚜껑, 요구르트 용기 혹은 비닐봉투가 바이오 플라스틱으로 만들어졌는지 아니면 일반 플라스틱으로 만들어졌는지의 여부는 전혀 중요하지 않다. 왜냐하면 어쨌거나 결과는 동일하기 때문이다.

쓰레기로 더럽혀진 파라다이스

강기슭, 도로 가장자리, 북해 해변, 또는 멀고 먼 열대의 파라다이스 등 어느 곳을 막론하고 모두 한 가지 공통점을 가지고 있다. 바로 플라스틱 쓰레기가 사방에 어지럽게 흩어져 있다는 것이다. 하는 일 덕분에 나는 지구상에서 아름답기로 소문난 몇몇 장소에서 일을 할 수 있는 기회를 얻을 수 있었다. 그리고 그럴 때마다 대부분 머리를 물속으로 집어넣고 있었다. 나는 몰디브에서 지내던 시절을 즐거운 마음으로 거듭 떠올리곤 한다. 암초 지붕 위에서 스노클링 하기, 짝짓기에 열중하고 있는 문어 관찰하기(사진 27쪽을 참조하라), 암초 바깥쪽 가장자리에서 호기심 가득한 흉상어류 무리와 마주보면서 헤엄치기 혹은 테이블 산호 아래에서 잠자고 있는 대모거북hawksbill turtle(사진 6쪽을 참조하라) 관찰하기 등등 결코 잊을 수 없는 순간들이다. 하지만 그곳에 속하지 않는 물건들이 수중에 펼쳐져 있는 아름다운 장면 속으로 교묘하게 끼어들어오는 일이 너무 자주 일어나곤 했다. 아기 기저귀, 플라스틱 봉지, 낡은 낚싯줄 따위가 산호초를 휘감고 그 숨통을 죄는 모습이 얼마나 슬프고 안타까운지는 굳이 설명하지 않아도 짐작할 수 있을 것이다. 솔직하게 말하자면, 몰디브의 수중 세계는 부분적으로 쓰레기매립장이나 다름없다. 수중 탐사에 나설 때면 나는 언제나 쓰레기를 모아 와서 육지에 버리는 일에 열중했다. 당연히 이런 장면은 여행사에서 제작한 고광택 책자에 나오는 그림과는 전혀 일치하지 않는다. 때문에 쓰레기로 난장판이 되어버린 파라다이스의 모습을 처음 맞닥뜨리게 되면 정말이지 너무나도 큰 충격을 받게 된다. 몰디브에는 효율적으로 쓰레기를 처리할 수 있는 시스템이 없다. 대부분의 쓰레기가—관광업으로 인한 쓰레기가 그중 상당 부분을 차지한다—소각되거나 그대로 바다에 버려진다.

하지만 이것은 비단 몰디브에만 국한된 일이 아니다. 세계 곳곳에서 플라스틱 쓰레기 처리가 부적절하게 이루어지고 있다. 플라스틱 쓰레기가 바로 해양에 던져지기도 하고, 바람에 떠밀려 바다로 흘러들어가기도 하고, 육지에서 강을 거쳐 바다로 운반되기도 한다. 해마다 전 세계적으로 480만 톤에서 1270만 톤의 플라스틱 쓰레기가 바다로 흘러들어간다. 평균 1분마다 쓰레기차 한 대 분량의 플라스틱이 바다에 버려지는 셈이다! 쓰레기 배출량이 극적으로 줄어들지 않는다면, 이 어마어마한 수치가 2030년이 되면 두 배로 늘어나고 2050년이 되면 심지어 4배로 늘어날 것이라고 한다. 이해하기 쉽게 설명하자면, 2025년이 되면 약 2억5000만 톤의 플라스틱 쓰레기가 바다에 떠다니게 될 것이다. 요컨대 물고기 3톤에 플라스틱 1톤이 될 것이라는 말이다. 상황이 계속 이렇게 진행된다면, 2050년에는 바다에 물고기보다 플라스틱이 더 많아질 것이다! 좀처럼 상상하기 힘든 일이지만, 머지않아 슬픈 현실로 다가오게 될 일이다. 유입된 플라스틱 쓰레기의 95퍼센트 이상은 육지에서 비롯된 것으로, 강을 경유하여 바다로 흘러들어온다. 특히 10개의 하천이 주요 오염원 역할을 하는데, 이 강들은 모두 합쳐 연간 최대 400만 톤의 플라스틱을 바다로 흘려보낸다. 10개의 하천 중 8개가 아시아에 있고(중국 양쯔강이 선두를 차지하고 있다), 2개는 아프리카에 있다. 나머지 5퍼센트에 해당하는 플라스틱 쓰레기는 주로 선박에서 온 것들인데, 적절치 못한 쓰레기 처리나 화물 분실 등 원인은 다양하다.

바다로 유입된 이런 플라스틱들은—모든 수류를 경유하여—온 사방으로 흩어진다. 그리하여 일본 학자들은 마리아나 해구의 수심 1만898미터 지점에서 플라스틱 봉지 하나를 발견하게 되었다. 그곳은 가장 가까운 육지와 자그마치 1000킬로미터나 떨어져 있는 곳이었다! 지난 30년간 무인잠수정을 이용한 5000건이 넘는 탐사활동을 통해 수집한 데이터와 사진자료들을 보면 3425개의 플라스틱을 찾아낼 수 있는데, 그중 89퍼센트가 1회용품이었다. 특히 2016년 인도네시아 해안에서 잡힌 실러캔스Coelacanth의 위장에서 사람들은 감자 칩 포장지를 발견했다. 실러캔스는 살아 있는 화석이다. 지금까지 남아 있는 것은 단 두 종밖에 없고, 두 종 모두 수심 100미터에서 400미터 사이에 머무른다. 그들은 4억 년 이상 신체적인 변화가 거의 없는 상태로 바다를 가로질러 헤엄쳤다. 그런 그들이 지금 고작해야 몇 십 년 전부터 만들어지기 시작한 플라스틱 쓰레기로 인해 고통 받고 있다.

대부분의 플라스틱 쓰레기는 바다 깊은 곳으로 가라앉는다. 그럼에도 불구하고 바다 표면에만 최소한 5조 2500억 개의 플라스틱 조각이 떠다닌다. 그 무게를 모두 합하면 26만 9000톤에 이른다. 바다 표면에 떠 있는 플라스틱 조각들은 해류를 타고 수백 킬로미터를 이동하여 쓰레기 섬 혹은 쓰레기 띠라고도 불리는 해양 회오리oceanic eddies 안에 쌓이게 된다. 이것에 대해서는 잠시 후에 좀 더 자세히 알아보도록 하겠다. 물 표면과 물기둥 속에 있는 플라스틱 대부분은 소위 말하는 '버려진 유망ghost nets'으로 이루어져 있다. 버려진 유망이란 불법적으로 바다에 버려지거나 거친 바다에서 소실된 어망과 낚싯줄을 말한다. UN 보고서에 따르면, 연간 약 6만 4000톤의 그물이 바다로 흘러 들어간다고 하는데, 이것들은 바다에 흘러 들어간 이후에도 작업을 멈추기는커녕 계속해서 어획활동을 이어나간다. 결과적으로 그것들은 떠다니는 죽음의 덫이 되어 무수한 바닷새와 해양포유류, 바다거북, 상어를 비롯한 다른 많은 물고기들을 죽음으로 몰고 간다. 덫에 걸린 동물들은 서서히 고통스럽게 죽어간다. 흔히 축구장 크기만 한 그물들은 때때로 산호초에 매달려 장시간 머물면서 산호초를 덮어 질식시켜버린다. 산호초에서 그물을 제거하는 일은 여간 힘든 일이 아니다. 왜냐하면 이미 다른 산호들이 그물을 빙 둘러싸고 자라나는 바람에 그물을 제거하면 산호도 함께 꺾여버리기 때문이다.

안타깝게도 몰디브에서 일을 하던 시절에 나는 툭하면 이리저리 떠돌아다니는 그물을 자르고 그 안에 갇힌 동물들을 구해내는 일을 해야만 했다. 특히 북동계절풍이 부는 기간 동안은 그 횟수가 더욱 빈번해졌다. 그런데 그 그물들은 몰디브 자체에서 온 것들이 아니었다. 왜냐하면 몰디브에서는 그런 방식의 어업이 금지되어 있었기 때문이다. 그 그물들은 인도, 스리랑카, 태국 같은 남동아시아 국가로부터 몰디브 해역으로 흘러들어온 것들이었다. 몰디브에서 이루바니Iruvani로 불리는 북동계절풍은 인도양에 접한 그 열대 국가의 건기를 특징짓는다. 보통 11월에서 4월까지 이어지는 건기는 쏟아지는 태양빛과 잔잔한 바다를 앞세워 수많은 관광객들을 유혹한다. 하지만 쾌청한 날씨와 함께 그물도 같이 밀려온다. 그리고 바다거북들이 특히 빈번하게 그 그물에 걸려든다. 멸종 위기에 처한 일곱 종의 바다거북 가운데 다섯 종이 몰디브에 서식하고 있다.

버려진 유망에 가장 많이 걸려드는 종은 바다거북 중에서도 가장 크기가 작은 종에 속하는 올리브각시바다거북*Lepidochelys olivacea*이다. 나는 처음으로 내가 그물에서 구해낸 동물 두 마리를 아직도 잘 기억하고 있다. 어느 날 오후 내가 일하던 해양기지가 소속되어 있는 호텔 직원이 내게 급히 구조요청을 해왔다. 우리는 올리브 각시바다거북 두 마리가 속수무책으로 걸려 있는 그물 하나를 해변으로 끌어올렸다. 그런 다음 아주 조심스럽게 약 5미터 길이의 그물을 자르고 그 녀석들을 끄집어내기 시작했다. 그물은 너끈히 몇 킬로그램은 나가 보였다. 그들은 완전히 지쳐 있었다. 잔뜩 겁을 집어먹은 바다거북들은 거의 저항조차 하지 못했다. 다이빙센터에 설치된 인공수조로 녀석들을 데려간 후에 우리는 혹시 몸에 상처가 있는지 면밀하게 살폈다. 덩치가 작은 녀석은 피부 표면에 찰과상만 입었지만, 덩치가 큰 녀석은 훨씬 더 심각한 부상을 입은 상태였다. 그물이 살을 깊숙이 파고들어 앞발이 심하게 곪아 있었다. 목에도 깊은 찰과상이 나 있었다. 모르긴 해도 그물을 벗어나려고 필사적으로 시도하는 과정에서 생긴 것으로 보였다.

우리는 상처를 소독하고 난 후 덩치가 작은 녀석을 다시 바다로 떠나보냈다. 그것은 물속으로 잠수하여 인도양의 푸르름 속으로 사라졌다. 심각한 부상을 입은 거북은 다음 날 올리브 리들리 프로젝트Olive Ridley Project(인도양에 서식하는 바다거북과 그 서식지를 보호하는 프로젝트-옮긴이)가 운영되고 있는 다른 섬으로 데리고 가 그곳에서 치료를 받게 할 작정이었다. 그러나 안타깝게도 녀석은 그날 밤을 넘기지 못했다. 바다거북의 죽음을 헛되이 만들고 싶지 않았던 우리는 죽은 바다거북을 모래에 묻어두었다가 몇 달 후에 다시 파내어 박제 처리를 한 다음 에코센터Eco Centre에 전시하였다(사진 25쪽을 참조하라). 또 다른 바다거북 구조는 다행스럽게도 비교적 무사히 마무리되었다. 첫 번째 구조작업이 있은 지 몇 주 후에 우리 잠수정 한 대가 물속에서 그물에 걸린 바다거북 한 마리를 발견했다. 그물이 왼쪽 앞발을 너무 깊숙이 파고들어간 바람에 앞발이 조그만 살점 하나에 의지하여 겨우 몸에 붙어 있는 상태였다. 그뿐만이 아니었다. 엄청나게 부풀어 올라 심하게 곪아 있기까지 했다. 수의사가 아닌 나는 감히 앞발을 절단할 엄두를 내지 못했다. 결국 의료팀이 바다거북에게 진정제를 주사하고 최선을 다해 응급처치를 시행했다. 바로 다음날 아침 우리는 스피드 보트를 타고 몰디브의 수도인 말레섬으로 향했다. 그리고 그곳에 마중 나와 있던 다른 보트가 우리를 바다거북 병원으로 데리고 갔다. 이어서 현지 여성 해양생물학자가 앞발 절단을 시행했다. 상처에서 분수처럼 뿜어져 나오는 혈액 양을 보면서 나는 바다거북이 수술을 견뎌내지 못할 것이라고 확신했다. 하지만 2주 후, 거북은 마치 기적처럼 다시 바다로 떠나갔다. 발은 하나 없지만, 그래도 살아서 돌아갔다.

바다거북에게 위협이 되는 것은 단지 대형 그물만이 아니다. 그들이 음식물 대신 섭취하는 작은 플라스틱 조각들 역시 바다거북을 위험에 빠뜨린다. 바다거북에게 있어서 플라스틱 조각은 시한 폭탄이나 다름없다. 크리스 윌콕스Chris Wilcox를 주축으로 한 연구팀이 2017년에 계산한 바에 따르면, 작은 플라스틱 조각을 딱 하나만 삼켜도 죽음에 이를 수 있는 확률이 1:5나 된다고 한다. 삼킨 플라스틱 조각 숫자가 14개로 많아지면 사망 위험 역시 50퍼센트로 높아진다. 플라스틱 조각 200개를 삼키면, 그 동물은 더 이상 죽음을 면할 수가 없다. 연구보고서 저자들은 전 세계 바다거북의 절반 정도가 이미 플라스틱을 삼킨 것으로 추정한다. 브라질 해안 앞바다에 서식하는 어린 초록 바다거북들은 심지어 그 비율이 90퍼센트나 된다. 바다거북은 소화기관의 해부학적인 구조 때문에 섭취한 플라스틱을 되새김질하거나 게워내지 못한다. 바다거북의 체내로 들어간 플라스틱은 소화관을 막을 수도 있고, 내상을 유발하여 죽음에 이르게 할 수도 있다.

바다거북에게는 버려진 유망 및 다른 수많은 플라스틱 제품과 더불어 무엇보다도 비닐봉지가 특히 위험하다. 왜냐하면 딱딱한 갑옷을 입고 다니는 이 해양 파충류가 곧잘 비닐봉지를 그들의 주식인 해파리와 혼동하기 때문이다. 그로 말미암아 바다거북은 비참하고 고통스럽게 죽음을 맞이한다. 기괴한 모습을 한 개복치Mola mola 또한 비닐봉지를 해파리와 착각하여 비극적인 운명을 맞이하곤 한다. 그들은 비닐봉지 때문에 질식사하는 것이 아니라 비닐봉지가 그들의 위장을 막아버리는 바람에 아무것도 먹지 못해 굶어 죽는다.

2018년 말 인도네시아 해변에 죽은 향유고래 한 마리가 물에 떠밀려왔다. 부검 결과, 그 동물의 위에서 비닐봉지 25개, 플라스틱 용기 115개, 발가락 샌들 2짝, 나일론 포대 1개, 그리고 그 밖에 잡다한 플라스틱 조각 1000개 등, 모두 6킬로그램의 플라스틱이 발견되었다.

플라스틱으로 만들어진 섬

바다로 흘러들어간 쓰레기는 해류를 타고 분산된다. 이미 언급한 것처럼, 대부분의 플라스틱 쓰레기는 심해로 가라앉는다. 쓰레기 중 일부는 다시 해변으로 밀려오고, 나머지는 수면에서 떠다니다가 몇몇 지점에 집중적으로 쌓이게 된다. 이것을 가리켜 언론매체들은 '쓰레기섬'이라고 부른다. 이런 명칭은 쓰레기로 가득한 하천 사진과 비슷하게 끝없이 이어진 면적이 온통 플라스틱 쓰레기로 뒤덮여 있는 광경을 떠올리게 한다. 하지만 쓰레기 섬을 바닥이 견고한 쓰레기 더미라고 생각해서는 안 된다. 오히려 그것은 수면 바로 아래에 흩뿌려진 작은 플라스틱 조각 혹은 플라스틱 스모그에 가깝다; 큰 조각은 찾아보기 힘들다. 이런 플라스틱 집적대 중에서도 가장 규모가 큰 것은 캘리포니아와 하와이 사이에 형성되어 있는 북태평양 쓰레기 섬이다. 태평양 거대 쓰레기 지대Great Pacific Garbage Patch, GPGP로 불리는 이 쓰레기 섬 한 곳에만 최소 7만9000톤의 플라스틱 쓰레기가 떠다닌다.

이처럼 어마어마한 양의 쓰레기가 160만 제곱킬로미터에 이르는 지대에 분산되어 있다. 이것은 프랑스 국토 면적의 3배에 해당하는 크기다. 이 쓰레기 가운데 거의 절반은, 그러니까 47퍼센트는 버려진 유망과 로프, 그리고 잡다한 낡은 어구들로 이루어져 있다. 1조 8000억 개의 플라스틱 조각 중에서 나머지 부분은 주로 미세플라스틱이 차지하고 있다. 다른 해양 회오리에서도 이곳과 마찬가지로 플라스틱 조각들과 버려진 유망이 넓은 면적에 걸쳐 대규모로 떠다니고 있다. 해양 회오리란 회전운동을 하는 해류를 가리키는데, 전 세계적으로 다섯 개의 대형 해양 회오리가 존재한다. 북태평양, 남태평양, 북대서양, 남대서양, 그리고 인도양에 각각 하나씩 존재한다. 빅 파이프로 불리기도 하는 그 해양 회오리들은 해수를 전 세계로 확산시키는 해양 컨베이어벨트ocean conveyor belt를 가동하는 데 도움을 준다. 그런데 바로 이런 Big Five에 쓰레기가 축적되어 '쓰레기섬'을 형성한다.

미세플라스틱, 거의 눈에 보이지 않는 위험

바다에 떠다니는 시간이 길어질수록 플라스틱은 구멍도 더 많아지고, 더 쉽게 부서진다. 그리하여 기계적인 마찰, 파도의 움직임, 생물학적인 과정, UV-광선 등에 의해 점점 더 작은 조각으로 쪼개진다. 이른바 미세플라스틱이 되는 것이다. 학계에서는 5밀리미터 미만의 플라스틱 조각을 미세플라스틱으로 분류한다. 하지만 화장품과 의학용품, 보트나 도로 표지판 도료에 첨가되는 작은 플라스틱 알갱이와 샌드블래스팅에 사용되는 플라스틱 알갱이, 자동차 타이어 파편, 그리고 세탁기 배수구로 빠져나가는 물과 함께 자연으로 씻겨 내려가는 합성 의류용 플라스틱 섬유도 미세플라스틱이라고 부른다. 안타까운 일이지만, 대부분 육안으로는 보이지 않는 극도로 작은 입자들을 정화시설에서 완전히 걸러내는 것은 불가능한 일이다. 그리하여 그것들은 우리의 하천으로 흘러들어가 결국 바다에 닿게 된다.

일단 물속으로 들어간 미세플라스틱은 전략적으로 흩어져 그 곳에 서식하는 플랑크톤과 뒤섞인다. 바다에 도달한 전체 플라스틱의 90퍼센트 이상이 결국 심해로 가라앉아 다시는 볼 수 없게 자취를 감추어버린다. 저 아래, 깊디깊은 해저의 플라스틱 밀도는 해수면보다 몇 배나 더 높다. 그리고 해저에 도착한 플라스틱 입자는 새로운 퇴적층을 형성하여 침전된다. 지구에서 가장 수심이 깊은 지점인 마리아나 해구 침전물을 분석한 결과 물 1리터당 200개에서 2200개의 미세플라스틱이 발견되었다! 그런데 심해지역 딱 한 곳에서 이것보다 더 많은 양의 미세플라스틱이 발견되었다. 이른바 하우스가르텐 관측소Housgarten Observatory로 불리는 그곳은 스피츠베르겐제도 서쪽의 그린란드해에 위치하고 있다. 그곳에서 중국과학원Chinese Academy of Science 연구팀이 물 1리터 당 자그마치 3400개의 미세플라스틱을 발견했다. 이것은 노골적인 암시 정도가 아니라, 명백한 넉 아웃 펀치다!

우리의 바다에 이처럼 어마어마한 양의 플라스틱이—크기가 크건 아니면 미세한 입자이건 간에—존재한다는 사실은 좀처럼 상상하기 힘든 일이다. 이런 이유로 우리는 2015년 환경운동가와 윈드서퍼들로 이루어진 '아쿠아파워-익스페디션Aquapower-Expedition'

이라는 그룹을 결성하였다. 그것은 자르란트 출신의 윈드서핑 전문가이자 환경운동가인 플로리안 융Florian Jung의 아이디어였다. 우리는 워터스포츠와 과학을 혼합한 탐사활동을 통해 언뜻 보면 잘 보이지 않는 북대서양의 쓰레기 섬을 사람들에게 분명하게 보여주고, 웹 에피소드와 매일 현장 상황을 업데이트 하는 방법을 통해 바다라는 생활권의 실상과 그것을 위협하는 요소들을 가급적 이해하기 쉽게 설명하려고 했다. 이 탐사 여행은 여러 관점에서 지금껏 내가 경험할 수 있었던 가장 아름답고, 가장 박진감 넘치고, 가장 매혹적인 일들 중 하나였다. 그리고 그것은 바다가 우리 인간들에게 얼마나 중요한지, 그리고 우리가 우리 존재의 근원인 바다에 대해서 얼마나 무관심한지 다시 한번 분명하게 알려주었다. 우리는 서핑장비와 잠수장비, 그리고 각종 과학 기자재를 가득 실은 50피트짜리 쌍동선catamaran을 타고 72일 간에 걸쳐 카리브해의 과들루프섬을 출발하여 버진제도까지, 그리고 그곳에서부터 도미니카 공화국과 버뮤다제도로, 이어서 북대서양 쓰레기섬을 가로질러 아조레스제도까지 5290해상마일을 항해한 후 바다의 날인 6월 8일에 마지막으로 마르세유에 상륙했다.

탐사 기간 동안 우리는 정기적으로 플랑크톤 네트를 바다에 던졌다(사진 28쪽을 참조하라). 카리브해, 북대서양, 지중해 등 표본을 수집한 장소가 어디이건 간에 모든 표본들이 미세플라스틱으로 가득 차 있었다. 비교적 크기가 큰 플라스틱 파편, 스티로폼, 비닐 랩 조각, 합성섬유 등이 플랑크톤과 마구 뒤섞여 있었다(사진 29~30쪽을 참조하라). 플랑크톤을 먹고 사는 유기체들은 이런 뒤범벅에서 플라스틱을 따로 선별해낼 능력이 없기 때문에 그들의 천연 먹잇감인 플랑크톤과 플라스틱을 함께 섭취할 수밖에 없다.

2015년 첼시 로크만Chelsea Rochman을 주축으로 한 연구팀이 인도네시아와 미국의 수산물 시장에서 팔리는 생선들을 서로 비교하는 연구를 실시하였는데, 매우 흥미로운 결과가 도출되었다. 인도네시아 생선에서는 주로 플라스틱 조각들이 발견된 반면, 미국에서 팔리는 생선의 위장과 조개에서는 대부분 플라스틱 섬유가 발견되었다. 연구팀의 의견에 따르면, 이런 차이는 두 나라의 폐기물 처리 전략의 차이를 반영한다고 한다. 베트남과 유사하게 인도네시아에서는 플라스틱 쓰레기의 대부분이 바다로 흘러들어가 그곳에서 작은 조각으로 해체된다. 반면 미국에서는 플라스틱 쓰레기 대부분을 재활용하거나 쓰레기 집하장에 쌓아두거나, 소각 처리한다. 미국 수산물 시장에서 판매하는 생선 위장과 조개에서 검출된 미세플라스틱은 의류에서 비롯된 것으로 추측된다. 왜냐하면 세탁을 한 번 할 때마다 2000개에 가까운 미세플라스틱 섬유가 물속으로 흘러들어가기 때문이다.

미세플라스틱은 각종 독소와 병원체의 전달자다. 이런 미세플라스틱이 동물의 체내에서 용해되어 세포조직에 축적될 수 있다는 사실을 상기한다면 접시에 담긴 생선 맛이 절반으로 뚝 떨어져버릴 것이다. 해산물을 정기적으로 섭취하는 사람들은 연간 최대 1만 1000개의 미세플라스틱 입자를 먹게 된다고 한다. 비록 인체가 음식물과 함께 몸속으로 들어온 미세플라스틱을 대부분 자연적으로 배출하기는 하지만, 아직까지는 미세플라스틱이 인간의 건강에 미치는 잠재적인 영향을 완전히 배제할 수 없다.

탐사 활동을 하던 도중에 우리는 버뮤다제도에서 혹등고래를 관찰하기 위해 생물학자이자 영화제작자인 초이 에이밍Choy Aming과 함께 항해를 하였는데, 그때 나는 매우 인상적인 체험을 하게 되었다. 매년 봄이 되면 수천 마리의 혹등고래가 새끼를 낳은 장소인 카리브해를 떠나 먹잇감을 찾아 버뮤다제도를 통과하여 북대서양으로 이동한다. 혹등고래는 주로 크릴새우 같은 플랑크톤을 먹고 살지만, 수염을 이용하여 작은 물고기들을 걸러 먹기도 한다. 혹등고래를 찾아 작은 보트를 타고 버뮤다제도를 이리저리 가로지르던 바로 그날 우리는 모자반속Genus *Sargassum*에 속하는 갈조류가 가득한 장소를 지나가게 되었다.

자세히 들여다보니 모자반 군집에 알록달록한 반점이 찍혀 있었다. 그 물체의 정체를 밝히기 위해서 우리는 양동이로 물 표본을 채취했다. 물과 해초가 가득 담긴 양동이에서 양손을 빼내자, 아주 작고 알록달록한 플라스틱 입자들이 손등을 뒤덮고 있었다. 그곳에서 먹잇감을 찾는 혹등고래들 또한 틀림없이 천연 먹잇감과 함께 바로 이런 플라스틱 입자들을 먹어 치웠을 것이다. 그리고 플라스틱 입자들이 고래의 몸속에 들어가 유독물질을 방출한다고 가정한다면, 젖을 먹는 새끼들도 모유와 함께 이런 독성물질을 섭취한다는 추정이 가능하다. 2018년 방영된 BBC 시리즈 〈블루플래닛Blue Planet II〉 4회를 보면 여러 날 동안 죽은 새끼를 입에 물고 이리저리 돌아다니면서 비통해하는 거두고래 암컷의 모습을 볼 수 있다. 여기서 자연 과학자이자 동물 영상제작자인 데이비드 애튼버러 경

Sir David Attenborough은 오염된 모유를 먹은 새끼가 독에 중독되어 죽었을 것이라고 추측하였다. 그는 이 독성물질이 오염된 플라스틱 입자나 다른 환경독소를 통해 바다에 도달했을 것이라고 했다. 비록 과학적으로 검증되거나 입증되지 않은 추측에 불과하지만, 다른 학문적 연구들을 바탕으로 미루어 짐작해보면 그것은 충분히 가능성 있는 이야기로 여겨진다.

미국의 해양거대생물재단Marine Megafauna Foundation은 쥐가오리, 고래상어, 수염고래처럼 먹잇감을 여과하여 섭취하는 덩치가 큰 동물들에게 미세플라스틱이 미치는 영향을 연구하였다. 모르긴 해도 그 동물들은 매일 수백 개의 (미세)플라스틱 입자를 먹어 치울 것으로 추정된다. 재단의 연구 결과에 따르면, 소화가 되지 않는 플라스틱 입자가 영양분 흡수를 방해하고 동물들의 소화관을 손상시킬 수 있다고 한다. 그뿐만이 아니다. 플라스틱 속 화학물질과 유해독소들이 수십 년이 넘는 세월 동안 동물들의 세포조직에 축적 되어 생물학적 과정을 변화시키고, 이어서 성장과 발육, 재생산 기능을 저해하는 결과를 초래할 수도 있다. 논문의 주저자인 엘리차 게르마노프Elitza Germanov 박사는 오염된 미세플라스틱 섭취로 말미암아 특히 수명이 긴 동물 종들의 개체수가 지속적으로 급감하고 있다고 확신한다. 왜냐하면 생산 가능한 후세의 숫자가 크게 줄어들었기 때문이다. 그 밖에도 그녀는 미세플라스틱이 바다 거인들의 건강에 미치는 영향을 이해하는 것이 매우 중요한 일이라고 덧붙였다. 왜냐하면 거의 절반에 이르는 쥐가오리와 물을 여과하여 먹잇감을 섭취하는 상어의 3분의 2, 그리고 수염고래의 4분의 1이 세계자연보전연맹이 지정한 전 세계적 멸종 위기종으로 분류되어 있고, 그들을 보호하는 것이 무엇보다도 시급한 일이기 때문이다.

이리저리 떠다니는 플라스틱은 단지 상어와 고래, 그리고 어패류에게만 위해를 가하는 것이 아니다. 해마다 100만 마리가 넘는 바닷새들도 위장이 플라스틱으로 막혀 고통스럽게 죽어간다. 심지어 다수의 추정에 따르면, 이런 추세가 바뀌지 않을 경우 2050년이 되면 전체 바닷새의 99퍼센트가 플라스틱을 먹게 될 것이라고 한다. 사실 이것은 그리 놀라운 일도 아니다. 왜냐하면 일부 바다에서는 이미 플랑크톤보다 미세플라스틱이 더 많이 떠다니고 있기 때문이다.

기후변화와 바다

소비가 빠르게 증가하면서 쓰레기 생산량도 점점 늘어나고 있다. 그 결과 바다는 쓰레기로 몸살을 앓고 있고 동시에 전 세계의 대기 중 온실가스 농도도 상승하고 있다. 여전히 많은 사람들이 그 심각성을 충분히 인식하지 못하는 것 같아 보이지만, 기후변화는 더 이상 허상이 아니다. 그리고 그 영향력은 이미 또렷하게 감지되고 있다. 다수의 기후연구소가 측정한 바에 따르면 대기 중 온실가스 농도가 그 어느 때보다도 높다고 한다. 제네바에 있는 세계기상기구World Meteorological Organization, WMO의 기록에 따르면 2017년 전 세계 평균 이산화탄소 농도는 405.5피피엠으로 산업화 이전(1750년 이전) 시대의 280피피엠보다 146퍼센트나 높아졌다고 한다. 이것은 충분한 데이터 확보가 가능한 지난 40만 년의 세월을 통틀어 가장 높은 이산화탄소 수치다. 비록 호모 사피엔스가 지구상에 출현한 것이 20만 년 전이기는 하지만 기후학자들은 남극과 그린란드 대륙 빙하를 3킬로미터 이상 뚫고 들어가 그곳에서 가져온 빙하코어ice core를 근거로 과거의 대기 상태를 귀납적으로 추론해낼 수 있다. 이 빙하 표본에는 태곳적 기포가 포함되어 있는데, 그것은 우리를 저먼 과거로 데려가 그 당시의 지구 대기와 기후 상태가 어땠는지, 그리고 시간이 흐르면서 어떻게 변했는지를 보여준다(이것은 나무를 횡단면으로 잘랐을 때 드러나는 나이테에 견줄 만하다).

빙하기가 지속되는 동안 이산화탄소 함량은 대략 200피피엠이었고, 조금 기온이 올라가는 간빙기 동안에는 그 함량이 약 280피피엠이었다. 2015년에 이르러 대기 중 이산화탄소 함량이 사상 처음으로 400피피엠을 넘어섰고, 2018년 5월에는 412피피엠을 살짝 넘어섰다. 최근 들어 가차 없이 급상승하고 있는 이산화탄소는 화석연료 연소와 놀라울 정도로 일관된 상관관계를 지니고 있다. 그것은 인간들의 건강뿐만 아니라 지구 자체에도 파괴적인 영향을 미친다. 현재의 추세가 지속된다면, 장기적으로 지구의 평균 온도가 4℃~5℃ 정도 높아지는 위협적인 상황이 도래할 것이다. 산업, 난방, 전기 생산, 교통, 농업 부문에서 화석 연료가 대규모로 사용되면서 자연이 흡수할 수 있는 것보다 많은 양의 이산화탄소가 방출되고 있다. 공기 중 이산화탄소는 일반적으로 우주 공간으로 다시 발산되는 장파의 복사열을 흡수한다. 따라서 대기 중에 이산화탄소가 지나치게 많아지면 점진적인 지구온난화가 초래된다. 인간이 만들어낸 온실효과의 대략 4분의 3정도가 이산화탄소로 인해 유발되었다. WMO 사무총장 페테리 탈라스Petteri Taalas는 "이산화탄소를 비롯한 다른 온실가스를 신속하게 감축하지 않는다면 기후변화는 지구의 생명체에 더 파괴적이고 돌이킬 수 없는 영향을 미치게 될 것이다. 행동 가능성의 창이 거의 닫혔다."라고 말한다. 각종 연구는 통제에서 벗어난 높은 이산화탄소 함량이 수만 명을 환경변화에 의한 죽음에 이르게 할 수 있고, 혹서와 슈퍼 태풍을 몰고 오는 데 일조하고, 바다를 산성화하고, 해수면 상승을 계속해서 부추긴다는 사실을 분명하게 보여준다.

국제사회는 이 같은 위험을 인식하고 1995년부터 회합을 가져오고 있다. 2015년 파리에서 개최된 유엔기후변화협약 당사국총회Conference of the Parties, COP 연례회의에서 195개 회원국이 2100년까지 지구온난화를 산업화 이전 수준보다 2℃ 이내로, 가능하면 1.5℃ 이내로 제한하는 데 합의하였다. 이 합의는 국제법적인 구속력을 지닌다. 합의에 의거하여 모든 나라가 의무적으로 기후보호 목표치를 제시해야 한다. 이때 목표치는 개별 국가들이 자체적으로 협의를 거쳐 확정한다. 지구온난화 억제와 관련하여 더 큰 진전을 이루기 위해서 모든 국가는 5년마다 조금 더 야심찬 새로운 목표치를 제시하여야 한다. 유감스럽게도 독일은 설정해 두었던 온실가스 감축 목표치를 달성하는 데 실패하고 말았다. 2018년 연방정부 기후보고서에 따르면, 원래 독일은 2020년까지 이산화탄소 배출량을 (1990년 대비) 40퍼센트 감축하기로 했지만, 32퍼센트밖에 감축할 수 없게 되었다고 한다. 이와 함께 독일은 28개 EU 국가들 가운데 기후보호 순위가 고작 8위에 불과하게 되었다. 독일 환경부장관 스벤야 슐체Svenja Schulze는 "기후보호와 관련하여 독일은 에너지 사용 부문에서 지난 몇 년간 약간의 진전이 있기는 했지만 여전히 목표에서 벗어나 있었다."라고 확인하면서 "독일이 기후 목표를 달성하지 못하는 일이 결코 일어나지 않도록, 우리는 과거의 태만함에서 교훈을 얻을 것이다. 기후정책에 있어서 우리는 더 많은 용기와 책임이 필요하다. 그런 이유로 나는 우리의 기후 목표 달성을 더욱 구속력 있게 만들어줄 기후보호 법안을 제시할 것이다."라고 약속했다.

2018년 12월 폴란드 카토비체에서 개최된 제24회 유엔기후변화협약 당사국총회(이하 COP24)의 결과물은 성공과 실망감을 동시에 안겨주었다. 파리 기후보호협약을 실행에 옮기는 데 마침내 합의했다는 점에서는 성공이었다. 카토비체에서 만들어진 규정은 이산화탄소 배출량을 측정하는 데 어떤 방법을 사용해야 하는지, 그리고 그 결과를 언제 공개해야 하는지를 각 국가에게 미리 지정해주는 일종의 사용 설명서라고 할 수 있다. 그 규정은 투명성을 제고하고, 각국이 제시한 기후보호 계획의 실현을 2020년까지 뒷받침하기 위해서 만들어졌다. 그러나 다른 한편으로 기후변화에 관한 정부 간 패널Intergovernmental Panel on Climate Change, IPCC이 작성한 최신 보고서를 단지 '승인'하는 데 그쳤을 뿐 '환영'할 준비가 되어 있지 않았다는 점에서 COP24의 결과물은 실망스러웠다. IPCC의 특별 보고서는 파리 기후협약에 서명한 국가들의 요청으로 40개국 출신의 주요 과학자 91명이 작성한 것이었다. 보고서 작성을 위해 전문가들은 6000건이 넘는 연구를 검토하고 이를 정리 요약하였다. 그 결과는 암울했다. 신속하고 단호하게 행동할 때에 한해서만 지구온난화를 산업화 이전 수준과 비교하여 1.5℃ 이내로 제한할 수 있다는 것이었다. 따라서 이산화탄소 배출을 극적으로 감소시키기 위한 조치가 즉각적으로 도입되어야만 한다. 쉽게 설명하자면, 2030년까지 이산화탄소 배출량을 2010년 대비 45퍼센트 줄여야만 한다. 그리고 2050년까지는 인간이 만들어내는 이산화탄소 배출량이 0으로 줄어들어야 한다.

현재 지구 온도는 산업화 이전 수준보다 약 1℃ 높아졌다. 이런 상황에서 이미 우리는 지구온난화의 영향을 직접적으로 체험하고 있다. 지난 몇 년간 독일 한 곳만 하더라도 극단적인 기후현상이 빈번하게 나타나고 있다. 세계기상기구WMO에 따르면, 관측을 시작한 이후로 가장 더웠던 20개 연도가 지난 22년 사이에 집중되어 있고, 그중에서도 지난 4년이 최상위를 차지한다고 한다. IPCC 보고서에 따르면, 기온이 동일한 비율로 계속 상승할 경우, 지구 온도가 2030년과 2052년 사이에 1.5℃ 상승할 것이라고 한다. 이렇게 되면 전 세계에 걸쳐 '고온기Heat age'가 도래할 것이다. 이런 전망은 우리의 간담을 서늘하게 한다. 왜냐하면 지금까지 단 한 번도 겪어본 적이 없는 기후 조건에서 살아가게 될 것이기 때문이다!

그린란드와 남극의 대륙빙하도 진땀을 흘리고 있다. 왜냐하면 대륙빙하가 녹아내리는 속도가 지난 5년간 자그마치 5배나 빨라졌기 때문이다. 3000미터 두께의 그린란드 대륙빙하가 녹아내린다면, 이것만으로도 향후 200~300년 동안 해수면이 7미터 정도 상승할 수 있다. 아직 까마득하게 먼 미래의 일처럼 여겨지겠지만, 지금 이미 점점 높아지는 해수면으로 인해 고통 받는 국가들이 생겨나고 있다. 해수면보다 고작 몇 센티미터 높은 곳에 자리 잡은 몰디브 같은 나라들은 자신들이 일으키지도 않은 문제들 때문에 그 해결책을 찾아 고심해야만 하는 처지로 내몰렸다.

지난 몇 년간 몰디브섬 주민들 중 일부는 다른 섬으로 이주를 해야만 했다. 왜냐하면 그들의 고향이었던 섬이 사람이 살 수 없는 곳으로 변해버렸기 때문이다. 더욱 강력해진 폭풍해일이 해변 침식을 가속화하고 섬의 담수 저수지를 염류화하면서 그 섬을 사람이 살 수 없는 곳으로 만들어버렸다. 몰디브의 섬들은 크기가 그리 크지 않다. 그리고 그곳에 사는 사람들은 매우 긴밀한 혈연관계와 연대관계로 이어져 있다. 그런데 다른 섬으로의 이주는 이런 공동체를 해체시키는 결과로 이어졌다. 여기에 덧붙여 새롭게 이주해온 사람들과 원래 거주하고 있던 현지 주민들 사이에 갈등이 발생했고, 지금도 여전히 발생하고 있다. 또한 사람들에게 충분한 거주공간을 제공하기 위해서는 어떻게 해서든 바다를 개간하여 땅을 마련해야만 한다. 그런데 새로운 땅을 마련하기 위해 모래를 쌓아올려 땅을 북돋우면서 바다로부터 섬을 보호해주던 산호초가 파괴되고 있다. 사실 그것은, 산호초들에게는 너무나 유감스러운 일이지만, 여러 호텔이 그곳에서 늘 해오던 일이었다. 하지만 독일에서도 기후변화의 영향이 이미 오래전부터 감지되고 있다. 강우와 홍수로 인해 독일에서도 많은 사람들이 갈 곳 없는 신세로 전락하였고, 무더위와 가뭄이 사람들의 건강과 농업에 심각한 결과를 초래하고 있다. 극단적인 기후현상은 점점 더 예측불가능하고 위협적인 양상으로 진행되고 있다.

모두가 힘을 합쳐 2℃ 목표, 즉 파리협약을 준수한다고 하더라도, 그것이 곧 기후변화를 멈출 수 있다는 의미는 아니다. 오히려 상황은 더 악화할 수도 있다. 왜냐하면 몇몇 지역에 있는 이른바 티핑요소Tipping Element(인간의 활동으로 인해 급격한 기후변화를 겪고 있는 지역이나 생태계-옮긴이)가 돌이킬 수 없을 정도로 심각한 결과를 불러일으킬 수도 있기 때문이다. 그리고 그 과정에서 기후가 크게 변화하여 도저히 멈출 수 없는 연쇄반응이 일어날 수도 있기 때문이다. 북반구의 영구동토층, 그러니까 최소 2년 동안 얼어 있는 땅이 녹아버린다면, 그곳에서 어마어마한 양의 온실가스가 대기로 방출될 것이다. 영구동토층은 마치 아이스박스처럼 수천 년 전의 식물과 동물, 그리고 병원체를 냉동상태로 보관하고 있다. 만약 그 땅이 녹는다면 그 속에 있는 유기물이 분해되면서 이산화탄소와 메탄가스를 배출하여 기후변화를 한층 더 가속화할 것이다. 극지방의 빙하 해빙 같은 또 다른 티핑요소들 역시 마찬가지로 기후변화를 부추겨 해수면 상승을 불러올 것이다. 또 기온이 상승하면서 그 결과로서 산불이 증가하고 또 다른 산소저장고인 숲의 열 스트레스heat stress가 상승할 것이다. 숲이 불타면 그 안에 저장되어 있던 이산화탄소가 다시 대기로 방출되어 기후를 추가로 덥히게 된다. 이것은 결코 먼 미래의 일이 아니다. 왜냐하면 지금 벌써 빙하와 빙산이 녹아내리고 있고, 땅이 해동되기 시작하고, 나무들이 죽어가고 있기 때문이다. 만약 전 세계의 대기 온도가 계속해서 상승한다면, 우리는 이런 연쇄반응을 결코 멈추지 못할 것이다.

이산화탄소 농도를 증가시키는 또 다른 요인은 전혀 예상치 못했던 곳에서 비롯된다. 플라스틱 쓰레기가 바로 그 장본인이다. 플라스틱 제품 생산과정에서도 온실가스가 발생하지만, 훗날 쓰레기통에 안착한 플라스틱 자체도 온실가스를 생산한다. 학자들은 가장 빈번하게 사용되는 플라스틱 소재인 폴리에틸렌과 폴리프로필렌이 태양광선을 쬐게 되면 두 가지 온실가스, 즉 메탄과 에틸렌을 만들어낸다는 사실을 발견했다. 특히 전 세계적으로 가장 많이 생산되고 버려지는 합성고분자 물질 폴리에틸렌은 이 두 가지 가스를 가장 많이 만들어내는 핵심적인 오염물질 배출원이다. 요컨대 플라스틱은 지금껏 알려지지 않았던 기후 관련 미량가스trace gas의 원천이다. 만약 플라스틱 생산량과 자연에 축적되는 플라스틱 양이 계속 늘어난다면 미량가스 역시 늘어나게 될 것이다.

기후변화가 가져온 결과는 이미 물 위에서뿐만 아니라 물 아래에서도 분명하게 확인할 수 있다. 무엇보다도 석회를 만들어내는 해양생물들이 기후변화에 신음하고 있다. 바다는 숲과 더불어 가장 중요한 탄소 흡수원carbon sink이다. 산업화가 시작된 이후로 바다는 인류가 배출한 이산화탄소의 약 30퍼센트를 흡수해왔다. 이것은 대략 이산화탄소 5250억 톤에 해당하는 양으로, 하루치로 환산하면 약 2200만 톤이 된다. 이런 이유로 바다는 세계 기후에 핵심적인 역할을 수행한다고 할 수 있다. 바다는 이산화탄소를 흡수함으로써 기후변화의 속도를 늦추어준다. 흡수된 이산화탄소는 바닷물과 반응하여 탄산을 만들어낸다. 그 결과 바닷물이 산성화된다. 즉, 바닷물의 pH-수치(산도 수치)가 낮아지는 것이다. 이 과정을 가리켜 해양산성화ocean acidification라고 부른다. 산업화가 시작된 이후로 해수면 평균 pH-수치가 0.1 낮아져 현재 8.1을 기록하고 있는데, 이것은 산성 농도가 거의 30퍼센트 정도 상승한 것과 맞먹는 수치다. 산성화가 진행되면서 탄산염 이온carbonate ion 농도가 떨어지고 있다. 탄산염 이온은 조개, 고둥, 산호 같이 석회를 만들어내는 유기체들과 콕콜리토포리드처럼 석회를 만들어내는 해조류의 생존에 있어서 매우 중요한 요소다. 석회를 만들어내는 이 해양생물들은 껍질을 만들고 석회 뼈대를 세우기 위해서 탄산염 이온이 필요하다. 사용할 수 있는 탄산염 이온 분자가 줄어들면 이 생물들은 몹시 힘든 상황을 맞이하게 된다. 가지고 있는 에너지를 한층 더 까다로워진 석회 생산과정에 투입해야 하기 때문에 다른 곳에 사용할 에너지가 부족해지기 때문이다. 한편 석회를 생산하지 않는 유기체들도 어려움을 겪는다. 그들 역시 해양 산성화에 고통 받으면서 신체기능을 제대로 유지하기 위해 더 많은 에너지를 소모해야만 한다. 이런 상황은 발육과 성장, 번식, 질병 및 환경오염에 대한 저항력과 관련하여 많은 문제점을 야기한다.

인류가 '평소와 다름없이 산다business-as-usual'는 가정하에 미래 시나리오를 그려본다면, 즉 우리가 계속해서 현재와 같은 수준으로 이산화탄소를 배출한다면, 2100년이 되었을 때 대기 중 이산화탄소 농도는 현재의 400피피엠을 훌쩍 뛰어넘어 거의 930피피엠에 육박하게 될 것이다. 그리고 만약 앞으로도 상황이 바뀌지 않는다면, 2100년까지 바닷물의 pH-수치가 0.3-0.4 정도 낮아질 것이다. pH-척도는 로그log 값이기 때문에, pH 수치가 7.7이 되면 실제

바닷물은 지금보다 약 100퍼센트에서 150퍼센트 정도 산성화된다. 그렇다고 해서 바다가 부글부글 끓어오르는 산성용액으로 변해 모든 생명체가 그 안에서 녹아버릴 것이라는 말은 아니다. 다만 1800년보다 바닷물이 더 신맛을 띠게 된다는 것을 의미할 뿐이다. 왜냐하면 pH 7.7이라고 해도 아직은 여전히 염기성 영역에 속하기 때문이다.

그러나 해양생물들에게 닥친 불행은 해양산성화뿐만이 아니다. 수온 상승과 산소 함유량 하락도 마찬가지로 해양 거주자들을 괴롭히고 있다. 이 세 가지 요소들을 각각 해결하는 것만으로도 이미 힘에 부친다. 따라서 이 세 가지 문제가 한꺼번에 몰려온다면, 수많은 생물들이 새로운 생활조건에 적응하는 데 큰 어려움을 겪게 될 것이다. 누가 그 일을 해내고, 누가 해내지 못할지는 앞으로 지켜보아야 할 일이다. 동물들이 변화된 상황에 적응하기 위해서는 무엇보다도 많은 시간이 필요하다. 하지만 바로 그 시간이 부족하다!

산호초의 죽음

산호초는 지구에서 가장 풍성한 생물종을 보유한 생태계 중 하나다. 그런 산호초가 해양산성화와 수온 상승 등 변화하는 주변 여건들로 인해 특히 큰 고통을 받고 있다. 그런데 천국 같은 느낌을 자아내는 바로 이런 바다의 요람에서 우리는 여러 가지 스트레스 인자들이—기후변화, 어업, 각종 질병, 관광산업, 해양오염 등—얼마나 효과적으로 서로 협력 작용을 하는지 분명하게 관찰할 수 있다. 이와 더불어 산호의 죽음이 전체 해양생태계는 물론이고 궁극적으로 우리 인간들에게 매우 광범위한 결과를 초래한다는 사실 또한 분명하게 인지할 수 있다.

지구 온난화로 인해 바다 수온이 상승하고 있다. 살아남기 위해 특정한 최적의 온도가 필요한 산호 폴립 같은 동물들에게 있어서 수온 상승은 그야말로 치명적인 영향을 미친다. 산호는 열 스트레스를 받으면 하얗게 탈색된다. 이 같은 산호 백화현상이 일어나면, 산호는 유령처럼 새하얀 석회뼈대만 앙상한 돌 산호 공동묘지를 남긴다. 산호 백화현상이 발생하면 도대체 어떤 일이 일어나는 것일까? 바닷물이 너무 따뜻해지면 산호 폴립이 한집에서 살아가는 해조류 동거인, 즉 황색공생조류를 밀쳐낸다. 왜냐하면 열 스트레스를 받은 해조류들이 스스로를 보호하기 위해 독성물질을 생산해내기 때문이다. 이런 이유로 산호 폴립은 평상시에는 매우 온화하게 행동하는 세입자를 문전박대한다.

해조류는 산호에 색깔을 입혀주는 역할을 한다. 따라서 공생 파트너가 없어진 산호는 하얀 색깔을 띠게 된다(사진 7쪽을 참조하라). 하지만 하얗게 탈색이 되었다고 해서 산호가 곧장 죽어버리는 것은 아니다. 폴립이 필요로 하는 에너지의 최대 90퍼센트를 조달해주는 동거인들이 없어도 산호는 적어도 며칠은 너끈히 살아남는다. 그러나 스트레스 수위가 점점 더 높아지면 사망률도 함께 상승한다. 몇 주 안에 바닷물 온도가 내려가지 않으면 산호폴립은 더 이상 새로운 해조류를 받아들이지 않는다. 그리하여 결국 굶어 죽는다. 여름 평균 바닷물 온도가 1℃만 상승해도 대규모 산호 백화현상을 유발하기에 충분하다. 수온 상승이 유발하는 이런 산호 백화현상은 기후변화로 말미암아 그 강도와 발생 범위가 점점 더 증가하고 있다. 뿐만 아니라 산호 백화현상이 일어나는 간격도 점점 더 줄어들고 있다. 1980년대 초부터 평균 25년에서 30년 주기로 발생하던 산호 백화현상이 2010년부터는 6년으로 간격이 줄어들었다. 이것은 2018년 호주 타운스빌에 있는 제임스 쿡 대학의 테리 휴즈Terry Hughes 교수 연구팀이 내놓은 결과다. 그들의 말에 따르자면, 산호 공동체가 완전히 복구되기에는 산호 백화현상 간의 시간이 지나치게 짧다고 한다. 성장 속도가 빠른 산호 종들이 회복을 하는 데는 평균 10년에서 15년이 소요되지만, 전체 산호 공동체가 복구가 되려면 더 많은 시간이 필요하다는 것이 이 연구의 결과다.

산호가 사멸하면 그 결과로서 물고기와 바다거북, 갑각류 동물들, 그리고 그곳에서 살던 다른 수많은 생물들이 점차 사라져버린다. 그러나 산호의 죽음으로 득을 보는 종들도 있다. 산호가 죽고 나면 해조류들이 성가신 물고기들에게 뜯어 먹힐 걱정 없이, 그 누구의 방해도 받지 않고 권력을 장악한다. 그리하여 그곳에는 끈적끈적한 갈색 수중 사막만 남게 된다. 어쩌다 한 번씩 작은 물고기가 그 안으로 들어와 길을 잃고 헤맨다.

기후변화가 불러온 또 다른 위험 요소 한 가지도 산호초의 죽음에 관여한다. 해양산성화 또한 수온 상승과 마찬가지로 석회를 생산하는 산호를 성가시게 한다. pH-수치가 떨어지면 산호가 석회 뼈대를 만드는 데 사용하는 재료인 탄산염 이온이 부족해진다. 그 결과 산호 뼈대가 약해져서 무너져 내릴 수 있다. 이뿐만 아니라 산성화된 바닷물은 특히 예민한 산호 유생을 괴롭혀 이들이 건강하게 성장하지 못하도록 방해를 한다. 그 결과 제대로 뿌리를 내리고 성체로 성장하여 군집을 형성하는 산호 유생의 숫자가 줄어든다. 지금 이미 연안에 서식하는 전체 산호의 3분의 1이 돌이킬 수 없을 정도로 소실되어 버렸고, 3분의 1은 심하게 훼손되었으며, 겨우 3분의 1정도만 전체적으로 온전한 상태로 남아 있다.

1998년 몰디브 역사상 최악의 산호 백화현상이 발생했다. 수면 근처에 서식하던 산호의 98퍼센트가 하얗게 변해버린 것이다. 그 당시 몇 달 동안 수온이 평균보다 1~3℃ 정도 높은 상태로 유지되었다. 대부분의 산호는 지금까지도 완전히 회복하지 못했다. 거듭되는 산호 백화현상이 산호의 재생을 방해하면서 회복을 한층 더 어렵게 만들고 있기 때문이다. 산호 종 가운데는 신속하게 재정착하여 빠르게 성장하는 것들도 있다. 그것들은 10년에서 15년 내에 새로운 암초를 형성하거나 오래된 암초에 다시 정착하여 완전한 산호 공동체 재건을 위한 초석을 마련할 수 있는 능력을 갖추고 있다. 몰디브에 서식하는 산호 가운데는 특히 아크로포라속Genus *Acropora*에 속하는 석산호가 거기에 해당한다. 그러나 2014년부터는 몰디브에 산호 백화현상이 빈번하게 발생하면서 전체 산호의 60퍼센트에서 최대 90퍼센트가 영향을 받고 있다.

2014년은 비단 몰디브의 산호뿐만 아니라 전 세계의 모든 산호에게 견디기 힘든 해였다. 미국 국립해양대기청NOAA은 2016년 말까지 전 세계적인 산호 백화현상이 지속될 것이라고 밝혔다. 호주의 대보초에서는 2016년 3월에서 11월까지 이어진 9개월간의 혹서 기간 동안 3863개의 개별 암초로 이루어진 보초를 뒤덮고 있던 산호의 30퍼센트가 백화현상으로 인해 파괴되어버렸다.

산호 백화현상은 흔히 기후현상인 엘니뇨현상과 함께 나타난다. 엘니뇨현상은 2년에 한 번씩 많은 해안 지역의 수온을 평균 이상으로 끌어올린다. 그런데 기후변화로 인한 기온상승과 엘니뇨현상이 한데 결합되면서 산호초가 회복할 시간이 점점 줄어들고 있다. 기후변화가 가속화함에 따라 열대 산호초의 미래가 너무나도 암울해 보인다. 만약 지구 공동체가 전 세계의 기온 상승 폭을 2℃ 이하로 제한하지 못한다면, 2100년까지 바닷속 열대우림 대부분이 사멸해버릴 것이다. 이와 함께 산호초도, 또 산호초에서 사는 무수한 유기체들도 함께 죽음을 맞이하게 될 것이다.

그 밖에도 인간이 만들어낸 각종 위험요소가 산호초의 생존을 위협하고 있다. 특히 관광산업은 산호에게 있어서 커다란 위험을 의미한다. 마치 도자기 상점에 뛰어든 황소처럼 거칠게 산호를 향해 돌진하거나 스노클링과 다이빙을 하면서 산호를 부러뜨리는 사람들이 너무나 많은 것도 문제이지만, 피부를 보호하느라 자신도 모르는 사이에 작은 산호 폴립들을 죽이는 일도 벌어지고 있다. 옥시벤존, 옥토크릴렌, 파라벤 같은 자외선 차단제에 함유된 특정 물질들은 소량만으로도 산호와 산호에 거주하는 다른 생물들에게 치명적인 영향을 미친다. 특히 이 세 가지 물질은 어린 산호 폴립과 그 유생들의 체내에 축적되어 발육장해와 성장장해, 그리고 탈색을 불러올 수 있다. 열광적인 바다 팬들 덕분에 해마다 4000톤에서 6000톤의 유해물질이 바다로 흘러들어가고 있다!

플라스틱 쓰레기 또한 산호에게는 큰 골칫거리다. 이런 사실에 놀랄 사람은 분명 더 이상은 없을 것이다. 믿거나 말거나이지만, 캘리포니아 대학의 졸리 램Joleah Lamb 교수 연구팀이 아시아 태평양 지역에 서식하는 159개의 산호초를 조사한 결과 산호 틈새에 끼어 있는 플라스틱 조각을 자그마치 111억 개나 발견했다고 한다. 이 어마어마한 수치는 지난 7년 동안에만 40퍼센트 상승했다고 한다! 12만 4000개 정도의 산호를 조사한 연구자들은 그중 90퍼센트의 산호가 플라스틱 쓰레기와 물리적으로 접촉을 하게 되면 각종 질병에 더욱더 취약해진다는 사실을 발견했다. 플라스틱은 황색공생조류가 생명을 유지하는 데 있어서 중요한 역할을 수행하는 햇빛을 차단해버렸을 뿐만 아니라, 산호 폴립이 산소를 흡수하는 것도 방해하였다. 뿐만 아니라 산호 폴립은 플라스틱 관련 독성물질들 때문에 크게 허약해져 바이러스와 박테리아가 유발하는 각종 질병에 취약해진 상태였다. 전문 학술지 「마린 폴루션 불테인Marine Pollution Bulletin」에 실린 또 다른 연구에 따르면, 2017년 오스틴 알렌Austin Allen과 그 동료들은 산호 폴립들이 물에 떠다니는 크기가 아주 작은 플라스틱 입자들을 적극적으로 잡아채 먹어 치운다는 사실을 발견했다고 한다. 심지어 그들은 자연산 먹잇감보다 플라스틱을 더 선호했다! 비록 약 6시간이 지난 후에 폴립들이 플라스틱을 다시 뱉어내기는 했지만, 그럼에도 몇몇 산호 폴립에는 여전히 플라스틱 입자가 박혀 있었다. 하지만 플라스틱이 산호 폴립에 미치는 영향을 보다 자세히 설명하기 위해서는 아직 더 많은 연구가 필요하다. 그리고 무엇보다 중요한 것은 산호에게 그처럼 매력적으로 작용하는 화학 물질들이 무엇인지 알아내어 미래에는 더 이상 그런 물질들을 사용하지 않도록 하는 것이다. 어쨌거나 크나 큰 우려를 자아내는 연구 결과가 아닐 수 없다!

한층 더 집약적으로 변모하는 농업분야와 산업폐수 및 생활하수 유입으로 인한 질소 투입은 산호를 위협하는 또 다른 위험인자다. 질소로 인해 산호는 각종 질병에 더 취약해질 뿐만 아니라 자리 경쟁자와 천적에 대한 저항력도 떨어질 수 있다. 또 해안과 근접한 지역에 많은 건물들이 들어서면서 (여행사 사무실만 생각해보아도 알 수 있을 것이다) 그로 인해 발생한 침전물들이 마치 먼지 층처럼 연약한 산호 폴립 위에 쌓여 그들을 질식시킨다.

불가사리와 물고기, 고둥 같은 자연적인 천적(사진 21쪽을 참조하라) 외에 다이너마이트가 장착된 물고기들이 산호를 위협한다. 오늘날에도 여전히 다수의 아시아 국가와 카리브해, 아프리카, 그리고 드물게 지중해 지역에 이런 파괴적인 어업 방식이 확산되어 있다. 물속으로 던져진 수제 폭약이 바닥으로 가라앉아 폭발하면서 산호에 할퀸 듯 깊은 상처를 낸다. 폭약이 폭발하면서 발생하는 폭풍파blast wave는 대상을 가리지 않는다. 식용 물고기와 관상용 물고기, 바다거북, 그리고 산호에 거주하는 다양한 생물체 등 그 대상이 무엇이건 간에 폭풍파는 주변에 있는 모든 동물들을 그야말로 갈기갈기 찢어버린다. 폭약이 터지고 죽은 물고기가 수면으로 떠오르면 사람들은 시장에 내다 팔 수 있을 만한 것들을 한데 모은다. 그 나머지는 이른바 '부수적 피해collateral damage'에 해당한다.

특히 해수 수족관 애호가들이—알면서 그러는 것이건 아니건 간에—산호 백화현상과 열대 산호초 멸종에 크게 기여하고 있다. 극소수의 예외를 제외하고는 열대 물고기들이 수족관에서 증식하는 것은 불가능한 일이다. 때문에 수족관 열대 물고기의 99퍼센트가 자연에서 포획된 것들이다. 특히 스리랑카, 몰디브, 필리핀, 인도네시아, 피지, 호주, 팔라우 등지에서는 청산 같은 값싼 맹독성 시안화물로 관상용 물고기들을 마취하여 잡아들이는 경우가 흔하다. 예를 들자면, 맹독성 물질을 병에 담아 물 아래로 내려 보낸 다음 길쭉한 호스 같은 것으로 산호 틈새에 끼워 넣는다. 물고기들이 마취되어 무방비상태가 되면 그것들을 모아 육지로 가지고 온다. 육지로 올라온 물고기들은 산소가 부족한 바닷물 양동이 속에서 근근이 살아가다가 수많은 다른 물고기들과 함께 산소가 한층 더 부족한 작은 비닐봉지에 넣어진 채로 다른 곳으로 운반된다. 잡힌 물고기의 최대 80퍼센트가 마취에서부터 목적 국가의 전문 상점으로 운송되는 과정에서 겪게 되는 고문을 견뎌내지 못한다.

살아남아 목적지에 도착한 물고기들은 '애호가'들의 수족관 속에서 헤엄을 치게 되지만, 그렇다고 해서 결코 위험에서 벗어난 것은 아니다. 흔히 몇 주 동안 지속되는 모험 여행 중에 이루어지는 잦은 물 교체로 인한 스트레스와 그들이 섭취한 독성물질이 그 흔적을 남기게 되어 결국 그들은 몇 주 혹은 몇 달 후에 죽음을 맞이하게 된다. 작은 물고기가 죽으면 다시 새 물고기를 사들이면 그만이다. 이런 식으로 연간 약 5억 마리에서 6억 마리의 관상용 물고기가 산호초에서 사라진다. 독일 수족관 업계는 수요 부족을 탓할 겨를이 없다. 연간 약 8000만 마리의 관상용 물고기가 독일 수족관에 도착한다. 왜냐하면 니모를 찾아서 혹은 도리를 찾아서 같은 영화들이 큰 성공을 거둔 후에 열대어 거래가 붐을 이루고 있기 때문이다. 그런데 흰동가리(니모)가 번식이 쉬운 물고기에 속한다면, 청색쥐돔Blue surgeonfish(도리)은 그렇지 못하다. 청색쥐돔이 낚싯바늘에 걸려 물 밖으로 사라지고 나면 생태계에는 커다란 구멍이 생긴다.

시안화물을 이용한 어획활동은 당연히 잡힌 물고기에게만 해를 입히는 것이 아니라, 산호와 산호초에 서식하는 다른 생물들에게도 해를 입힌다. 그 독성물질은 산호의 공생체인 해조류에 유해한 영향을 미친다. 때문에 결국에는 산호도 빛이 바래 죽어버린다. 그럼에도 불구하고 취미생활을 포기하고 싶지 않은 사람이라면, 그리고 해양보호를 정말로 중요하게 생각하는 사람이라면 본인이 키우는 물고기의 유래를 철저히 알아보고 오직 양식으로 기른 것만 구입해야 할 것이다.

비록 시안화물과 다이너마이트를 이용한 어획활동이 대부분의 나라에서 금지되어 있기는 하지만, 거의 통제가 이루어지고 있지 않을 뿐만 아니라 어부들의 불법적인 활동이 적발되는 사례 역시 매우 드문 것이 현실이다. 때문에 빈곤한 형편과 짭짤한 이익을 생각하면 건강상의 위험과 사고 위험, 그리고 처벌위협에도 불구하고 불법적인 어획활동은 너무나도 달콤한 유혹으로 다가온다. 하지만 그것은 도저히 흉내 낼 수 없는 이런 독특한 해양생태계를 파괴한다. 그리고 장기적 관점에서 보자면 인간의 삶의 기반을 대가로 요구한다. 왜냐하면 건강하고 생산적인 산호에게 인간의 생존이 달려 있기 때문이다.

식용 물고기와 관상어만 매력적인 수입원이 되는 것은 아니다. 다른 동물들을 대상으로 한 거래 역시 큰 수익을 창출한다. 중국에서 진미로 사랑받는 해삼(사진 19쪽을 참조하라)은 이미 다수의 자연 서식지에서 거의 자취를 감추어버렸다. 전 세계에서 연간 약 3만 톤의 해삼이 포획되는데, 특히 남동아시아, 카리브해, 홍해 등지에서는 해삼과 함께 손쉽게 거둬들일 수 있는 다른 해양 동물에 대한 포획활동이 성행하고 있다.

예를 들어 베트남에서는 거의 모든 슈퍼마켓에서 말린 해삼을 구입할 수 있는데, 수축 포장된 해마, 불가사리, 말린 상어지느러미가 해삼과 함께 진열대에 나란히 자리를 잡고 있다. 심지어는 직원 교육을 위해서 찾았던 해양보호구역 쿠 라오 참Cu Lao Cham 시장에서도 모든 가판대에서 이런 제품들을 찾아볼 수 있었다. 특별한 맛이 나지 않는 말린 해삼은 중국에서 성욕증강제로 간주되는 한편 고혈압, 암, 치매를 치유하는 것으로 알려져 있다. 수요가 많고 킬로그램 당 가격이 비싸기 때문에 전 세계에서 불법어획이 성행할 뿐만 아니라 많은 곳에서는 이미 물품이 소진되어 버린 상태다. 호스 모양의 이 생물이 사라지면서 생태계에 큰 구멍이 생겼다. 가뜩이나 영양결핍에 시달리는 열대 산호초에게 해삼은 매우 중요한 존재다. 왜냐하면 해삼이 해저에 있는 유기물질을 재활용하는 과정에서 부분적으로 그것을 각각의 구성성분으로 분해하여 다시 배출하기 때문이다. 해삼의 배설물은 산호초에서 살아가는 생물들에게 매우 소중한 거름이 된다. 그들은 석회 뼈대를 만드는 등 성장에 필요한 요소들을 해삼 배설물을 통해서 마련한다.

나는 보통 금요일에만 식탁에 생선이 오르고, 특별한 날에만 연어*Salmo salar*를 먹었던 그 시절을 아직도 기억한다. 그런데 어느 사이엔가 모든 슈퍼마켓 냉장식품 진열대에서 포장된 연어를 볼 수 있게 되었다. 많은 사람들에게 있어서 연어는 이미 오래전부터 더 이상 특별한 날을 위한 생선이 아니다. 통조림 참치가 생겨났고, 길모퉁이마다 초밥 음식점이 자리 잡고 있다. 원하기만 하면 날마다 전 세계에서 온 신선한 생선이나 급속 냉동된 생선을 먹을 수 있다. 이것은 당연히 세계 물고기 개체수와 동물복지 그리고 환경에 부담이 될 수밖에 없다. 영양보조제로 생선기름을 섭취하고 말린 생선가루를 수족관 사료로 사용하는 등 물고기와 어류 관련제품에 대한 늘어나는 수요를 충족시키기 위해서 사람들은 점점 더 많은 물고기를 잡아들이고 있다. 첨단 기술이 적용된 포획방법으로 물고기 떼를 찾아내어 무차별적으로 싹쓸이해버린다.

심지어는 수심 2000미터의 심해에서도 이런 일이 벌어지고 있다. 바다의 진미를 향한 인간의 굶주림으로 말미암아 상업적으로 이용되는 전 세계 물고기의 33퍼센트가 남획당하고, 60퍼센트가 생물학적 한계에 이를 정도로 마구잡이로 포획당하는 지경에 이르렀다. 앞으로 늘일 수 있는 어획량이 이론적으로 7퍼센트밖에 되지 않는다고 한다. '남획'이란 자연적인 증식을 통해서 다시 자라나거나 외부에서 이주해오는 것보다 더 많은 수의 물고기를 잡아들임으로써 물고기 개체수가 과도할 정도로 대폭 감소하는 것을 말한다. 유엔식량농업기구FAO 보고서에 따르자면, 1961년을 기준으로

1871만 톤이었던 전 세계 어획량이 1995년에는 9236만 톤으로 늘어났다. 그 이후로 어획량은 계속 이 수준에서 정체되어 있다(2016년 9091만 톤). 이것은 바다가 어업 활동에서 비롯된 높은 압박을 더 이상 견디지 못한다는 사실에 대한 명확한 징조다. 미국 중앙정보국CIA이 펴낸 『월드팩트북World Fact Book』에 따르면 독일의 해안선 길이는 고작 2389킬로미터밖에 되지 않는다(비교를 해보자면 캐나다의 해안선 길이는 20만2080킬로미터다). 그럼에도 불구하고 우리 독일인들의 식탁에는 각종 생선과 해산물들이 매우 자주 올라온다. 2015년을 기준으로 독일인들이 소비한 생선과 해산물의 양은 115만 톤이었다. 이것은 일인당 14.1킬로그램에 부합하는 수치다. 이때 바다 생선이 전체 생선의 4분의 3을 차지했다.

지중해 국가로 여행을 떠날 때면 석쇠로 구운 정어리와 오징어 등등을 먹어야 성공적인 휴가를 보냈다고 할 수 있다. 그림같이 아름다운 항구에서 훌륭한 하우스 와인을 곁들이면 그야말로 금상첨화다. 지중해식 요리는 건강에 좋은 것으로 알려져 있고, 그곳 사람들은 까마득한 옛날부터 물고기와 해산물, 올리브 오일, 신선한 채소와 과일을 각 지역마다 그 특유의 양식으로 다양하게 요리하여 먹었다. 비록 레스토랑 메뉴판을 보면 그 지역의 물고기가 감소하고 있다는 인상을 전혀 받지 못하지만, 실제로는 지중해 물고기의 약 93퍼센트가 남획당하고 있다. 지난 50년 동안에만 지중해에 서식하는 바다포유류의 41퍼센트와 전체 물고기의 34퍼센트가 남획과 환경오염, 기후변화로 인해 사라져버렸다.

지중해 지역에 있는 대부분의 어선은 최대 길이가 10미터 정도

되는 작은 보트다. 이들이 잡아들이는 물고기가 전체 어획량의 4분의 1을 차지한다. 그리고 대형 예인망 어선이 곧잘 불법적인 방법을 동원하여 나머지 4분의 3을 바다에서 끌어올린다. 2016년 유럽연합위원회는 물고기 개체수 보존을 위한 10년 의무조항을 가결했다. 이것은 생물의 다양성이 계속해서 줄어드는 사태를 막고, 물고기 개체수를 복원하고, 그리고 무엇보다도 어업에 생존이 걸려 있는 30만 명이 넘는 사람들이 앞으로도 오랫동안 어업으로 생계를 꾸려갈 수 있도록 하기 위한 조치였다. 이에 지중해 남부와 북부의 13개 이웃국가들이 '메드피시포에버Medfish4Ever(지중해 지역의 해저 어업에 대한 지속가능성 보장-옮긴이)' 선언을 통해 물고기 개체수에 대한 지속적인 관리와 불법어업 저지에 합의했다. 이 합의가 성공적으로 이행된다면, 미래에도 지중해로 휴가를 떠나 마음 놓고 신선한 생선을 즐길 수 있을 것이다.

EU 국가들은 북해와 대서양 북동부 지역에 대해서도 각 나라가 매년 잡을 수 있는 총 어획량을 지정해 두었다. 하지만 환경보호 운동가들은 이 수치에 전혀 만족하지 못한다. 왜냐하면 이것으로는 도저히 2020년까지 물고기 개체수를 지속가능한 수준으로 끌어올릴 수 없기 때문이다. 학자들의 권고를 바탕으로 하여 이런 수치가 결정되었다고는 하지만, 그 권고 자체가 이미 자연보호의 관점이 아닌 어업분야의 이해관계에 무게를 두고 있다. 그런데 안타깝게도 이런 권고안마저 툭하면 EU 어업부 장관에 의해 무시되어 버리기 일쑤다. 그 결과 예나 다름없이 지금도 여전히 물고기 남획이 통상적으로 이루어지고 있다.

특히 문제가 되는 어획 방법들이 몇 가지 있다. 물고기를 잡을 때는 물고기 종류와 그들이 즐겨 머무는 장소가 어딘지에 따라 다양한 그물이 동원된다. 예컨대 청어, 대구, 가자미를 잡을 때는 높이 최대 15미터, 길이 15킬로미터의 자망gill net이 사용된다. 이것은 주로 연안 어업에 사용되는 그물이다. 그 외에 원양에 설치되는 그물도 있고, 바닥에 설치되는 그물도 있다. 어부들은 그물을 설치하는 장소와 그물코의 간격을 이용하여 특정한 종과 특정한 크기의 물고기를 조준하여 포획 한다. 일단 그물 안으로 헤엄쳐 들어온 물고기는 머리가 걸려 바깥으로 빠져나가지 못한다. 그리고 빠져나가려고 애를 쓰면 쓸수록 그물 속으로 점점 더 깊이 얽혀 들어간다. 사실 자망은 큰 논란거리가 되고 있다. 왜냐하면 목표로 삼은 물고기 외에도 부수적으로 잡히는 다른 동물들이 너무 많기 때문이다. 동해에 설치된 자망만 하더라도 연간 약 9만 마리의 바닷새와 최대 150마리의 알락돌고래porpoise가 걸려들어 비참한 죽음을 맞이한다.

청어, 고등어, 정어리처럼 떼를 지어 다니는 물고기를 잡기 위해서는 원양 예인망pelagic trawlnet이 동원된다. 깔때기 모양의 이 그물은 부력을 유지시켜주는 물체와 무거운 추의 도움을 받아 개방된 상태로 유지된다. 입을 벌린 자루를 연상시키는 원양 예인망의 개방 부위 면적은 최대 2만3000제곱미터에 이른다. 점보제트기 12대가 너끈히 들어가고도 남을 크기다. 예인망 어선은 기술적으로도 최고의 장비를 갖추고 있다. 그것은 수중음파탐지기로 목표로 삼은 물고기 떼의 위치를 파악하여 잡아들인다. 이때 한 대 혹은 여러 대의 예인망 어선이 동시에 거대한 그물을 잡아당긴다. 이렇게 하면 물고기들이 그물 끝부분에 있는 주머니 속으로 모이게 된다. 그런데 그 과정에서 다양한 지역에 서식하는 엄청난 양의 해양생물들이 부수적으로 그물에 걸려 들어간다. 돌고래, 상어, 고래, 바다거북 같은 동물들이 거듭하여 이런 예인망에 걸려 고통스럽게 죽어간다. 원양 예인망과 더불어 저인망bottom trawl은 원양어업에 사용되는 가장 중요한 그물 가운데 하나다. 저인망은 해저 혹은 해저 인근에서 넙치, 대구, 민대구, 새우 같은 어류를 포획하는 데 투입할 용도로 구상되었다. 해저에서 저인망을 끌어당기면 그물이 지나간 자리가 황폐화된다. 왜냐하면 그물이 지나가면서 심해 산호 및 냉수 산호cold water coral 같은 고착생물들과 해저에서 살아가는 유기체들을 파괴하기 때문이다.

빔 트롤beam trawl을 이용한 고기잡이 역시 해저를 훼손한다. 자루 모양으로 생긴 이 저인망은 무거운 금속 막대에 매달려 해저를 훑으면서 이리저리 끌려 다니는데, 그것이 지나간 자리는 그야말로 쟁기질을 해 놓은 것 같다. 그 과정에서 해저에 서식하는 물고기와 새우가 은신처에서 쫓겨나 그물 속으로 내몰린다. 이런 방식의 고기잡이는 원래 잡으려고 했던 물고기 외에 해저에서 살아가는 다른 생물들까지도 무차별적으로 잡아들여 죽음에 이르게 한다. 독일 그린피스에 따르면, 예컨대 독일 북해에서 서대 1킬로그램을 잡으면 딸려오는 부수적인 물고기들이 최대 6킬로그램이나 된다고 한다. 심지어 세계자연기금World Wide Fund for Nature, WWF은 여기서 한 걸음 더 나아가 가자미나 서대 1킬로그램을 잡을 때 15킬로그램의 부산물이 딸려온다고 추정한다.

선망 혹은 건착망purse seine을 사용하면 조금 더 선별적으로 고기잡이를 할 수 있다. 선망을 사용할 때는 먼저 물고기 떼 주변으로 그물을 원형으로 펼친 다음 끌어당기면서 조인다. 원양어업에 사용되는 선망은 전체 길이가 최대 2킬로미터이고, 최대 수심 200미터까지 가 닿을 수 있다. 선망을 이용하여 잡은 청어, 고등어, 정어리, 참치(가다랑어) 같은 물고기들은 흡인 펌프를 통해 선상으로 운반한다. 이런 어획 방식을 사용할 때 어부들은 흔히 집어장치fish collector라는 것을 이용한다. 집어장치란 마치 피난처를 제공해주는 것처럼 물고기들을 속여 물에 떠있는 플랫폼 주변으로 모여들게 하는 장치다. 물고기들이 플랫폼으로 몰려들면 어부들이 피난처를 찾는 물고기 주변에 그물을 던진 다음 끌어당기면서 조인다. 1950년대 말부터 1990년대 초까지 최대 700만 마리의 돌고래가 선망을 이용한 참치 잡이 과정에서 부수 어획물로 전락하여 죽임을 당했다. 태평양 동부의 열대 지역에는 특히 황다랑어*Thunnus albacares*가 긴부리돌고래 무리 및 알락돌고래pantropical spotted dolphin 무리와 군집을 이루어 살고 있다. 돌고래 무리 아래쪽에 다랑어가 헤엄치고 있을 가능성이 크다는 것을 알고 있었던 어부들은 열망의 대상인 다랑어를 잡기 위해서 해양 포유류인 돌고래 무리 주변으로 그물을 쳤다.

미국 지구섬협회Earth Island Institute, EII에 따르면 이 시기 동안 '인류 역사상 최대 규모의 포유류 대량학살'이 일어났다고 한다. 비록 그 이후로 어획 방법이 개선되어 '돌고래 친화적'으로 변하기는 했지만, 그럼에도 불구하고 지금도 여전히 상어, 돌고래, 바다거북 같은 동물들이 그 그물에 걸려들어 죽음을 맞이하고 있다.

다랑어를 포기하고 싶지 않으면서도 다른 한편으로는 어획 방법의 지속가능성을 중요하게 생각하는 사람이라면, 예컨대 몰디브에서 그런 것처럼 낚싯대로 물고기를 잡는 방법에 주목해야 할 것이다. 여기 독일 슈퍼마켓에서도 낚시로 잡은 다랑어(멸종 위기종으로 분류되지 않은 종)를 구입할 수 있다. 이 방법을 사용할 때는 어부가 배 선미에 서서 긴 낚싯대로 미끼를 문 다랑어를 물 밖으로 끌어당긴다. 이때 잡힌 물고기의 크기가 너무 작으면 다시 물속으로 던져 넣는다. 이렇게 하면 개체수를 유지하면서 지속적으로 물고기를 잡을 수 있다. 반면 안타까운 일이지만, 'dolphin safe' 혹은 '돌고래 친화적' 같은 인증 마크만으로는 부수어획을 막지도 못할뿐더러 개별 어종의 개체수 관리를 보장해주지도 못한다.

연승어업longline fishing 역시 지속가능하지 못하기는 매한가지다. 최대 130킬로미터 길이의 모릿줄main line에 2만 개가 넘는 낚싯바늘과 미끼가 장착된 짧은 가짓줄branch line이 고정되어 있다. 어종을 따로 선별하지 않고 무차별적으로 잡아들이는 이런 어획 방법은 특히 상어, 만새기Mahi-mahi, 다랑어, 대구, 황새치를 비롯한 다른 값비싼 식용 생선을 잡는 데 사용되는 것으로 알려져 있다. 해저와 해수면 사이에 긴 줄을 수평으로 쭉 펼쳐 놓고 부력을 유지시켜주는 물체와 추를 이용하여 줄 위치를 고정한다. 연승어업에는 두 가지 종류가 있다. 수심 500미터에서 2500미터의 해저에 줄을 설치하는 방법과 해수면에 가까운 지점에 줄을 설치하는 방법이 있다. 두 경우 모두 바닷새와 바다거북, 상어, 가오리 등에 대한 부수어획 비율이 매우 높다. 세계자연기금이 밝힌 바에 따르면, 현 시점을 기준으로 어획활동 중에 발생하는 부수어획이 전 세계적으로 약 3850만 톤에 이른다고 한다. 이것은 전 세계 어획량의 40퍼센트에 해당하는 규모다. 이렇게 잡힌 동물들은 이미 죽어버렸거나 반쯤 죽은 상태로 마치 쓰레기처럼 바다에 다시 내던져진다.

해양 양식업의 개선

이런 상황에서 바다 생선을 포기하고 싶지 않다면 도대체 어떻게 해야 할까? 물고기 양식이 해답인 것일까? 급속도로 늘어나는 생선 소비량을 자연적인 어획 활동만으로 감당하기에 역부족인 상황이 되어버린 지 이미 오래다. 유엔식량농업기구FAO에 따르면, 어획활동과 양식을 모두 합한 전 세계 생선 생산량이 2016년 1억7100만 톤에서 2030년에는 2억100만 톤으로 증가할 것이라고 한다. 생선과 생선제품에 대한 이처럼 어마어마한 식욕을 잠재우기 위해서 현재 수산물과 담수 및 해수 생선에 대한 전체 수요의 50퍼센트를 양식으로 충당하고 있다. 하지만 물고기 양식은 물고기 남획 사태를 멈추기는커녕 오히려 더 촉진할 뿐이다. 왜냐하면 다랑어와 연어를 비롯한 인기 있는 식용 생선들이 흔히 육식이고, 따라서 콩 가루와 가공된 도축장 폐기물 혹은 잡은 물고기를 그들에게 사료로 주어야 하기 때문이다. 고등어와 다른 작은 물고기들을 잡아 어유魚油를 추출한 다음 가루로 만들거나 작은 알갱이로 압착하여 양식 물고기들의 사료로 사용한다. 양식 연어 1킬로그램당 약 4킬로그램의 물고기 사료가 필요하다. 그것도 매일 같이 말이다! 다랑어 사육에는 이것보다 다섯 배나 많은 사료가 필요하다. 다랑어 1킬로그램 당 약 20킬로그램의 야생 물고기를 사료로 먹여야 하는 것이다. 흔히 양식 물고기 사료의 많은 부분을 차지하는 콩 역시 문제의 소지가 다분한 것으로 드러났다. 원산지에 따라서 콩을 경작하기 위해 열대우림을 없애야만 하는 경우가 있다. 식물단종재배를 위해서 동물들의 고유한 생활권이 사라져버리는 것이다.

이뿐만 아니라 운송 과정에서도 문제가 발생한다. 화물칸에 한데 뒤섞여 있는 어유, 콩, 물고기 가루가 산소와 결합하면 화재가 발생하기 때문에, 폭발과 사료 변질을 방지하기 위해 산화방지제가 투입된다. 그린피스가 사료 가루를 대상으로 실시한 무작위 검사에 따르면, 검사대상 샘플 54개 가운데 38개에서 살충제 에톡시퀸ethoxyquin이 검출되었다고 한다. 이 샘플들은 일반 양식장에서 주로 사용하는 생선 사료 제품들이었다. 에톡시퀸은 암을 유발하고 유전자를 손상시킨다는 의혹을 받고 있는 물질이다. 이런 이유로 환경단체들은 생선을 꼭 먹어야 한다면 지속가능한 방법으로 자연에서 잡은 물고기나 친환경 양식장에서 기른 물고기를 구입할 것을 권고한다.

전통적인 양식은 또 다른 문제점들을 안고 있다. 왜냐하면 생태친화적이지 않기 때문이다. 대규모 사육이 이루어지는 양식장에서는 물고기들이 어마어마한 스트레스에 노출되어 있고, 이로 인해 각종 질병에 한층 더 취약하다. 때문에 사람들은 항생제와 다른 약품들을 사료에 섞어 물고기들에게 먹인다. 이 약품들은 물고기 배설물 및 음식물 찌꺼기와 함께 뻥 뚫린 그물망을 통과하여 하천과 바다로 흘러 들어간다. 항생제가 함유된 음식물 찌꺼기는 시간이 흐르면서 해저 침전물 속에 축적된다. 물고기 사료의 65퍼센트 이상이 섭취되지 않은 채 그대로 바닥으로 가라앉는다. 이것은 해저에서 살아가는 생물들에게만 유해한 것이 아니라 우리 인간들에게도 해를 끼친다.

2017년 중국에서 실시한 한 연구는 미생물에 항생제 내성이 생기도록 하는 세균 저항성 유전자가 사료 찌꺼기에 함유되어 있다는 사실을 증명하였다. 다양한 항생물질에 내성을 가진 병원균들이 바다에 확산되어 있다가 그곳을 기점으로 먹이사슬 속으로 파고들어올 수 있다는 점에서 이 새로운 소식은 아주 나쁜 소식이라고 할 수 있다. 다롄 기술대학 징 완Jing Wan 교수 연구팀이 상업적으로 판매되는 어분 제품 다섯 가지를 검사한 결과 1300종이 넘는 다양한 항생제-저항성 유전자를 발견했다. 학자들은 다양한 항생물질에 내성을 가진 병원균들이 계속 확산하는 것을 막기 위해서는 향후 동물 사료에 대한 항생제 잔류 검사와 항생제 저항성 유전자 검사가 반드시 이루어져야 할 것이라고 말한다. 그 밖에도 자연에 흩어져 있는 어분 찌꺼기를 제거하기 위해서는 반드시 적절한 사료 전략이나 효율적인 미생물 매개체가 개발되어야 할 것이다.

또 다른 문제는 기생충 감염 문제인데, 특히 노르웨이 양식장들이 이 문제와 사투를 벌이고 있다. 왜냐하면 독일인들이 가장 사랑하는 식용 생선인 연어에 기생충이 서식하기 때문이다. 연어 기생충인 연어장님물이*Lepeophtheirus salmonis*는 크기가 불과 몇 밀리미터밖에 되지 않는 기생성 요각류의 한 종류로, 주로 물고기 머리 부위에 달라붙어 점점 더 살 깊숙한 곳을 파먹는다. 연어 기생충은 피부 점액과 연어 혈액을 먹고 산다. 기생충의 공격을 받은 연어는 점차 약해져 질병에 점점 더 취약해진다. 양식 연어는 어망 속에 촘촘히 갇힌 채로 사육되기 때문에, 연어 기생충이 폭발적으로 퍼져나갈 수 있다. 유치원에서 머릿니가 확산하는 것과 비슷한 현상이다.

기생충 문제를 해결하기 위해서 일부 양식업자들은 물고기에 살충제를 뿌리기도 하고, 또 다른 양식업자들은 연어 기생충을 생물학적으로 퇴치할 수 있기를 고대하면서 청소부물고기를 어망 속에 집어넣기도 한다. 또는 두 가지 방법을 혼합하여 사용하는 사람들도 있다. 살충제는 해류를 통해 사방으로 분산되어 심각한 환경 문제를 불러일으키는 한편 노르웨이 피오르드에서 발생한 갑각류 떼죽음 사태에도 책임이 있다는 의혹을 받고 있다. 하지만 명백한 증거는 아직까지 발견되지 않았다. 양식 물고기의 기생충 감염률이 높으면 물고기들을 살 처분할 수밖에 없다. 그 밖에도 기생충 유생들은 해류를 통해 사방으로 분산된다. 때문에 연어 기생충이 어망 외부로 벗어나 야생 연어와 다른 물고기들을 감염시키기도 한다. 하지만 어망 외부의 물고기들은 청소부물고기와 화학 약품의 도움을 받을 수가 없다. 노르웨이 해산물 협회에 따르면 2016년 한 해 동안에만 5300만 마리의 물고기가 기생충으로 인해 죽음을 맞이했다고 한다.

해양 생활권 파괴는 해산물 양식이 안고 있는 또 다른 문제다. 베트남을 비롯한 몇몇 아시아 국가와 중앙아메리카 국가에서는 새우 양식을 위해 맹그로브숲이 통째로 벌목되어 사라지고 있다. 그러나 맹그로브숲은 생태계에서 매우 중요한 역할을 담당한다. 그것은 해일로부터 해안을 보호해줄 뿐만 아니라 훗날 산호초 같은 해안 생태계에 정착하게 될 다수의 생물들을 키워내는 요람 구실을 한다. 따라서 맹그로브숲은 열대우림, 산호초와 더불어 지구에서 가장 생산적인 생태계 중 하나로 꼽힌다. 맹그로브숲이 사라지면 다른 수많은 생물 종도 함께 해안 근처 생태계에서 사라져버린다. 이런 현상은 무엇보다도 연안어업에 영향을 미친다. 맹그로브숲이 대규모로 벌목되어 사라져버린 곳에서는 연안어업 어획량도 급격하게 감소한다. 예를 들어 2018년 베트남 과학자 투이 당 쯔엉[Thuy Dang Truong] 박사와 루엇 으후 도[Luat Huu Do] 박사는 베트남에서 지난 수십 년 동안 맹그로브숲 밀도가 크게 감소했다는 사실을 발견했다.

1995년부터 베트남 남부 지방에서는 맹그로브숲의 일부분을 각 가정에 경작과 벌목 용도로 양도하였는데, 그들은 규정이 허락하는 범위 내에서 할당받은 숲의 20~40퍼센트를 예컨대 새우 양식 등에 사용할 수 있다. 대부분의 가정은 새우-맹그로브 혼합 양식 체제를 발전시켜 새우양식장과 맹그로브숲을 번갈아가며 활용한다. 하지만 농부들이 허가받은 것보다 더 넓은 면적을 새우양식에 사용하는 사례가 늘어나면서 많은 맹그로브숲이 과도한 벌목에 몸살을 앓고 있다. 뿐만 아니라 살충제와 항생제 사용으로 인해 몇 년만 지나도 새우양식장이 심하게 오염되어 맹그로브숲의 재조림이 거의 불가능한 지경이 되어버린다. 지난 50년 동안 전 세계 맹그로브숲의 35~50퍼센트가 파괴돼 사라졌다. 그 과정에서 새우양식장이 결정적인 역할을 수행했다. 맹그로브숲 같은 독특한 생태계가 사라지면서 거기에 서식하는 생물종들이 함께 사라져버린 것만으로도 이미 너무나도 우려스러운 일이다. 하지만 맹그로브숲 소실과 더불어 효율적인 탄소저장고가 사라져버렸다는 것 또한 매우 걱정스러운 일이 아닐 수 없다. 식물이 대기에서 흡수한 이산화탄소는 광합성 작용을 통해 바이오매스[biomass]로 변환된다. 이런 식으로 보통 1헥타르 당 159톤의 순수 이산화탄소가 저장된다. 하지만 대부분의 탄소는 맹그로브숲의 검은 진흙 속에 저장되어 있다. 맹그로브숲 1헥타르 당 평균 800톤의 탄소가 저장되어 있기 때문이다! 전 세계적으로 모두 40억 톤에서 200억 톤의 이산화탄소가 맹그로브숲에 저장되어 있다. 따라서 맹그로브숲은 기후변화를 막아주는 중요한 조력자인 셈이다. 맹그로브숲이 파괴되어버리면 그 속에 저장되어 있던 이산화탄소가 다시 대기 중으로 흘러들어간다. 값싼 새우를 향한 식탐에 감사를!

해산물 산업에 조성된 덤핑가격은 환경에만 해를 끼치는 것이 아니라 궁극적으로는 우리 소비자들에게도 악영향을 미친다. 하지만 부유한 서구국가에서 살아가는 우리들조차도 이런 사실을 전혀 알아차리지 못한다. 왜냐하면 냉동고에서 꺼낸 연어 조각이나 스시 레스토랑 접시 위에 근사하게 차려진 새우 니기리에는 맹그로브숲의 파괴를 경고하고, 물고기들의 고통에 대해 이야기하고, 고기잡이배에서 횡행하는 노예 같은 삶을 알려주는 라벨이 붙어 있지 않기 때문이다. 그럼에도 불구하고 생선과 해산물 수요를 충족하기 위해서는 반드시 다른 해법들이 마련되어야 한다.

바다의 미래, 우리의 미래

청색 기적의 안녕이 우리 손에 달려 있다. 한편으로 우리는 다양한 영역에서 개인적인 소비 결정을 통해서 바다의 건강에 기여할 수 있다. 그리고 다른 한편으로는 바다에 대한 보다 집중적인 연구와 더불어 바다를 보호하기 위한 선도적이고 정치적인 규범과 법규가 필요하다.

물론 아주 드문 일이기는 하지만 나 역시도 생선과 해산물을 먹는다. 그리고 그럴 때면 곧잘 포장지에 붙어 있는 라벨이 과연 그것이 약속하고 있는 내용을 충실히 지키고 있을까라는 의문을 품게 된다. 2018년 방송사 ARD의 탐사보도를 통해 MSC^Marine Stewardship Council^(해양관리협회) 인증이 격렬한 비판에 직면하게 된 이후로 냉장 상품 진열대에서 물건을 고르기가 한층 더 힘들어졌다. 독일에서 판매되는 전체 생선제품 가운데 50퍼센트가 넘는 제품에 찍혀 있는 파란색 로고는 전통적으로 해당 생선이 지속 가능한 방법으로 잡은 자연산 생선임을 증명해준다.

MSC 인증을 받으려면 다음과 같은 세 가지 기준을 충족해야 한다. 물고기 개체수를 고려하여 남획을 해서는 안 되고, 지속가능 경영 체계가 존재해야 하며, 해양생태계를 손상해서는 안 된다. 이대로만 된다면야 전혀 문제될 것이 없다. 하지만 학술적인 연구들은 다른 말을 하고 있다. 저인망을 이용한 어획활동으로 해저를 황무지로 뒤바꾸어놓는 그런 수산 기업들도 공공연하게 MSC 인증을 받고 있다. 왜냐하면 MSC가 저인망 어업을 승인하고 있기 때문이다. 멕시코에 있는 참치 잡이 기업도 그 인증을 획득했다. 그런데 참치 잡이 과정에서는 돌고래가 참치 잡이용 선망에 부산물로 걸려들어 죽음을 맞이하는 일이 다반사로 일어난다. 그러나 MSC는 그렇게 죽어가는 돌고래 숫자가 연간 500마리를 넘지 않는다고 말한다. 하지만 ARD 탐사 결과는 실제 수치가 몇 배나 더 많을 수 있다는 사실을 시사한다. 이에 학자들과 환경보호 운동가들은 기준을 철저하게 개선하고 인증 과정을 더 투명하게 할 것을 요구하고 있다.

그린피스는 수산물을 구입할 때 각종 인증에만 의존할 것이 아니라, 어획방법과 어획지역도 함께 들여다 볼 것을 권고한다. 경험상 이렇게 하려면 매우 복잡한 절차를 거쳐야 할 수도 있기 때문에 지금은 스마트폰 앱으로 설치할 수 있는 안내서가 개발되었다. 예컨대 그린피스가 만든 '피시 가이드fish guide'는 어획방법과 어획지역 및 지속성을 기반으로 하여 구매 추천 여부를 제공한다. 이런 유용한 인증이 있다고 하더라도, 책임의 큰 부분은 여전히 소비자들에게 있다. 하지만 모든 소비자들이 다양한 종류의 인증을 꼼꼼히 따져볼 능력과 의향, 그리고 시간이 있는 것은 아니다. 이런 이유로 2018년 함부르크 소비자 센터는 통일된 기준을 갖춘 국가공인 지속성인증제도가 매우 중요하다고 하면서 이런 제도가 벌써 오래전에 도입되어야 했다고 주장했다.

그 어떤 위험도 감수하고 싶지 않은 사람들은 생선 섭취를 완전히 중단하거나 생태친화적인 양식장에서 기른 제품들만 구입한다. '네이처랜드Naturland' 인증은 동물 사육이 종의 특징에 따라 적절하게 이루어지는지, 하천과 주변 생태계에 대한 보호가 이루어지는지, 화학약품과 유전자 조작기술이 사용되지 않는지, 생태학적인 기준을 충족하는 사료가 사용되는지, 그리고 직원들에게 높은 수준의 기본 권리가 제공되는지의 여부에 주목한다.

양식을 하지 않고서는 물고기 수요를 감당할 방법이 없다. 그러므로 생태친화적인 물고기 양식을 이용하면 물고기 수요도 충족시킬 수 있고 바다에 사는 물고기 개체수도 보호할 수 있다. 따라서 이 분야와 관련하여 우리에게는 보다 더 혁신적인 접근법이 필요하다. 자르브뤼켄 기술경영 대학에 소속된 젊은 개발자 팀이 실로 지속가능한 프로젝트를 개발해내었다. 그들의 말에 따르자면, "'오션 큐브ocean cube'는 종 친화적이고 기업 친화적인 해양 어종 생산을 위한 생물공학적 복합양식시설이다. 소규모로 제작되어 현장에서 곧장 작동이 가능하도록 설계된 턴키방식의 작고 컴팩트한 최초의 양식시설인 오션 큐브는 최고의 품질을 갖춘 신선한 바다 생선을 지역별로 소비자 가까이에서 생산할 수 있도록 해준다." 비록 이 프로젝트가 아직 걸음마 단계에 있기는 하지만, 오션 큐브처럼 완결된 이동식 순환양식시설은 긴 운송 단계를 거치는 일없이 환경 친화적이고 지속가능한 방식으로 최고 품질의 바다생선을 생산해낼 잠재력을 지니고 있다.

일단 한 가지 사안을 염두에 두고 좀 더 의식적으로 소비활동에 나서기 시작하면, 곧장 다음 문제가 눈에 들어온다. 플라스틱 문제만 하더라도 많은 사람들이 보기에 처음에는 절망적으로 보일 것이다. 일개 소비자에 불과한 개개인이 일상생활 제품 내부와 그 주변에 만연한 플라스틱 홍수 사태에 맞서 과연 무엇을 할 수 있겠는가? 무엇보다도 상품을 구매할 때 올바른 결정을 내리는 것 자체가 전혀 간단한 일이 아니다. 비닐로 포장된 유기농 바나나와 플라스틱 망에 들어 있는 유기농 데메테르 레몬을 구입할 것인가 아니면 살충제를 사용해서 키운 시들시들한 과일을 구매할 것인가? 설령 깨알만 하게 인쇄된 글씨를 해독하는 데 성공한다고 하더라도, 내가 사용하는 샤워 젤과 샴푸 혹은 면도 크림에 미세플라스틱이 숨겨져 있는지 어떻게 알 수 있겠는가? 다행히 이 부분과 관련해서는 그 사이에 인터넷에서 도움을 얻을 수 있게 되었다. 예를 들어 '코드체크CodeCheck' 같은 스마트폰 앱의 경우, 제품 바코드를 스캔하면 해당 미용제품에 미세플라스틱 같은 유해한 성분이 함유되어 있는지의 여부를 말해준다. 그 밖에도 인터넷에서 우리는 유해성분이 함유된 제품 리스트를 다수 찾아볼 수 있다. 또 시력이 좋은 사람이나 주머니에 확대경을 넣고 다니는 사람이라면 혼자서도 구성성분을 끝까지 읽어 내려갈 수 있다.

작은 팁을 주자면 'Poly', 'Nylon', 'Acrylate(s)'로 시작되는 성분명 배후에는 흔히 미세플라스틱이 숨겨져 있다. 그 사이에 샤워젤, 샴푸, 치약 같은 제품들은 플라스틱 포장과 미세플라스틱이 사용되지 않은 다양한 제품들로 대체할 수 있게 되었고, 선택의 폭도 매우 넓어졌다. 이런 제품을 구입하면 이중으로 플라스틱을 사용하지 않을 수 있다. 또 이렇게 하면 암 고래와 굴, 산호, 바다거북,

바다 새, 동물성 플랑크톤 등이 우리에게 고마움을 표할 것이다. 그리고 궁극적으로는 우리 스스로도 그렇게 행동하는 우리에게 고마움을 표하게 될 것이다.

하지만 무엇보다도 정치인들이 나서서 산업계가 책임을 지도록 만들어야 할 것이다. 그리고 이때에는 대화와 자발적인 동의에 의존하는 대신 구속력 있는 규정들을 관철시켜 플라스틱 홍수에 대응하고 환경을 보호해야 할 것이다. 2018년 12월 19일 바람직한 방향을 향한 첫 걸음이 내디뎌졌다. 이날 유럽의회 중재자들과 EU-국가들이 다양한 일회용 플라스틱 품목들을 금지하는 데 합의했다. 이것은 매우 중요한 한 걸음이다. 다만 이 금지 조치가 2021년부터야 비로소 완전히 발효되는 이유가 궁금할 따름이다. 지금도 이미 일회용 식기, 플라스틱 빨대, 일회용 컵을 대체할 플라스틱 프리 제품들이 나와 있는 데도 말이다. 기억을 다시 떠올려보도록 하자. 연간 최대 1270만 톤의 플라스틱이 바다로 흘러들어간다. 2030년까지 그 양이 두 배로 늘어나고, 심지어 2050년이 되면 자그마치 네 배로 늘어난다고 가정해보라! 이 금지 조치가 지닌 긍정적인 측면은 마침내 정치적인 영역에서 무언가가 행해졌다는 것과 변화가 일상생활에서도 가시화되고 있다는 점이다.

나는 약 5년 전에 내가 했던 강연들을 아직도 또렷이 기억한다. 당시에는 청중들 대부분이 '미세플라스틱'이라는 말을 단 한 번도 들어본 적이 없는 상태였다. 지금은 적어도 청중의 절반 정도가 미세플라스틱이 어디에, 또 어떤 물건 속에 들어 있는지 알고 있다. 현재 포장재를 사용하지 않는 '제로웨이스트숍zero waste shop'들이 우후죽순으로 생겨나고 있고, 어디에서나 재생 가능한 원료로 제작된 재활용 컵을 발견할 수 있다. 또한 그 사이에 많은 슈퍼마켓 계산대에서 비닐 봉투가 사라졌다.

변화가 일어나고 있다. 그야말로 멋진 일이 아닐 수 없다. 그리고 그것은 내게 큰 용기를 준다! 나는 건강한 바다를 위해 그처럼 지칠 줄 모르고 싸우는 동기를 도대체 어디에서 얻느냐는 질문을 자주 받는다. 나쁜 소식이 좋은 소식을 압도하는 날이면 나도 내 자신에게 그런 질문을 던지곤 한다. 해변을 산책하면서 쓰레기를 모을 때, 물속에서 산호초에 걸려 있는 낡은 낚싯줄을 잘라낼 때, 혹은 죽어가는 해양 동물들을 그물에서 꺼낼 때도 마찬가지다. 이럴 때면 인간들의 멍청함과 무지함에 분노가 치밀어 올라 모든 것을 내팽개쳐버리고 싶다. 하지만 그런 순간마다 나는 발전된 모습들을 눈앞에 떠올린다. 교사들을 대상으로 세미나를 하고, 다양한 사람들을 교육시켜 그들이 아이들과 청소년들에게 자신들의 지식을 다시금 전달해주는 그 날을 떠올리는 것이다. 그런 행사들을 마친 후에 내가 받는 피드백들은 많은 사람들이 무언가를 바꾸고 싶어 하고, 또 그렇게 할 수 있다는 확신을 심어준다.

나도 플라스틱 없이 살기는 어렵다. 그리고 솔직하게 말하자면, 지금까지는 플라스틱 없는 삶이 너무나도 힘겹게 느껴진다. 그래서 플라스틱 없는 삶을 살아가고 있는 소수의 사람들을 보면 너무나도 존경스럽다. 하지만 자신이 구입한 일회용품이 어떻게 처리되고, 그것이 어디에 가 닿을 수 있는지, 그리고 인간과 동물들에게 어떤 영향을 미치는지 제대로 알게 된다면 아마도 많은 사람들이 다음번에 물건을 구입할 때는 일회용품을 단념하게 될 것이다. 불필요한 포장을 생략한 지역식료품부터 미세플라스틱이 함유되지 않은 화장품과 지속가능한 방법으로 잡은 자연산 물고기, 자원을 절약하는 중고의류, 인터넷에서 판매하는 '산호를 구하는reef-save' 자외선 차단크림에 이르기까지 이미 충분한 대안이 존재하기 때문이다. 특히 산호초를 손상시키지 않는 자외선 차단 제품이 있다는 사실 자체가 우리의 해양보호 의식이 성장하고 있음을 분명하게 보여주고 있다.

물론 이것만으로 바다를 구할 수 있는 것은 아니다. 바다를 구하기 위해서는 더욱 규모가 크고 광범위한 조치들이 필요하다. 특히 전 세계에서 초국가적으로 이루어지는 정치적인 조치들이 필요하다. 예컨대 전 세계의 모든 하천, 특히 앞서서 언급한 상위 10곳에 해당하는 하천들을 경유하여 바다로 흘러들어가는 플라스틱 쓰레기양을 획기적으로 줄이는 일은 설령 가장 시급하고 중요한 일은 아니라고 하더라도 매우 중요한 일임에는 틀림없다. 바다로 흘러들어가는 쓰레기양을 줄이는 방법은 오직 하나, 플라스틱 제품을 덜 만들어내는 것뿐이다. 이렇게 하면 결과적으로 쓰레기 발생량도 줄어든다. 바로 이 부분에서 정치가 개입해야 한다. 2021년부터 (이때부터야 비로소) 독일에서 발효될 예정인 일회용 플라스틱 사용금지제도는 플라스틱 쓰레기를 줄이는 길로 나아가는 첫걸음이다. 하지만 이것만으로는 아직 너무나 부족하다. 영국과 미국 같은 나라에서는 미용제품에 대한 미세플라스틱 사용금지 규정이, 적어도 겉으로 보기에는, 그리 어렵지 않게 관철되었다. 그러나 독일에서는 여전히 제조업체의 선의에만 호소하고 있는 실정이다. 2015년 토마스 마니Thomas Mani 연구팀이 밝혀낸 것처럼, 매일 최소 1억 9200만 개의 미세플라스틱이 라인강을 거쳐 북해로 흘러들어가고 있다. '자발적인 동의'는 산업계에 무릎을 꿇은 것이나 다름없는 일이다. 이런 조치로는 미세플라스틱으로 인한 환경오염 문제를 결코 해결하지 못한다. 미세플라스틱과 재활용이 불가능한 플라스틱 사용에 관한 엄격한 법률과 보다 효율적인 폐수 처리방안을 도입할 때에야 비로소 상황이 개선될 수 있을 것이다.

플라스틱이 일단 바다로 흘러들어가고 나면, 그것을 다시 제거하는 것은 거의 불가능한 일이다. 거대한 바다 소용돌이, 즉 '빅 파이브Big Five'에 쌓여 있는 플라스틱 쓰레기를 모조리 제거할 수만 있다면, 그것은 분명 큰 진전을 의미하는 일일 것이다. 하지만 안타깝게도 아직까지는 불가능한 일이다. 그런데 바로 이 일을 시도하고 있는 프로젝트가 있다. '해양 정화Ocean Cleanup' 프로젝트가 그것이다. 이 프로젝트는 일종의 떠다니는 빗을 이용해 플라스틱 조각들을 잡아 가둘 계획이지만, 기술이 아직 완성 단계에 접어들지 않았다. 이 프로젝트가 실제로 성공할 것인지에 대해서는 논란이 분분하다. 무엇보다도 부수어획의 위험성과 수면에서 떠다니는 부유생물 같은 해양 동물들의 생활권을 파괴할 수 있다는 이유에서이다. 그럼에도 최근 들어 각종 매체가 플라스틱 문제에 관심을 보이기 시작한 것은 전적으로 '해양 정화' 같은 프로젝트들 덕분이다. 사실 미세플라스틱으로 인한 해양오염 문제는 1970년대 초부터 이미 학술지에 상세하게 기술되어왔다. 그러나 대부분의 플라스틱이 수면에서 떠다니는 것이 아니라, 깊은 바닷속으로 사라져버린다. 그리고 현재의 기술로는 바다에서 플라스틱 쓰레기를 제거할 방법이 없다. 그런 만큼 플라스틱 쓰레기를 줄이고 그것이 바다로 흘러들어가지 않도록 더욱더 힘을 기울여야 할 것이다.

이제 우리 함께 시작하자. 왜냐하면 우리 모두가 좀 더 의식적으로 소비를 하고 정계와 산업계에 압력을 행사한다면 다음 세대들에게 건강하고 생명으로 넘쳐나는 바다를 남겨줄 수 있을 것이기 때문이다. 실비아 얼Sylvia Earle의 말을 빌려 표현하자면, "우리는 우리의 삶이 바다에 달려 있다는 마음으로 바다를 존중하고 성심성의껏 보살펴야 한다. 왜냐하면 실제로 바다가 그렇게 하고 있기 때문이다."*

* "We need to respect the oceans and take care of them as if our lives depended on it. Because they do."

감사의 글

어느 날 한 통의 이메일이 내게 날아들지 않았더라면, 아마도 이 책은 탄생하지 못했을 것이다. 메일에는 혹시 바다에 관한 책을 써볼 의향이 없느냐는 내용이 담겨 있었다. 그 메일은 나의 위대한 에이전트 알피오 푸르나리Alfio Furnari에게서 온 것이었다. 내가 이 모험을 시작할 수 있도록 격려하고 용기를 준 그에게 특별한 감사를 표한다. "존경하는 푸르나리 씨, 청색을 겨냥한 당신의 화살이 과녁에 명중했습니다!"

내 책이 원하는 출판사에서 출판될 수 있도록 도운 사람, 바로 놀라운 능력의 소유자인 제시카 하인Jessica Hein이다. 루트비히Ludwig

출판사에서 일하는 그녀는 나의 편집장이다. "경애하는 하인 씨, 내 책을 믿고 많은 독자들 앞에서 나와 우리 모두의 삶을 특징짓고 있는 생활공간에 대해 더 많은 것을 이야기할 수 있도록 허락해준 것에 대해 깊은 감사를 표합니다. 당신의 그 모든 노고와 지칠 줄 모르고 나를 지원해준 그 열정에 감사드립니다."

또한 믿을 수 없을 정도로 따뜻하게 나를 맞아준 뮌헨의 루트비히 출판사 전체 팀원들에게도 큰 감사를 전하고 싶다. 나와 내 책에 대한 그들의 무한한 신뢰가 내게 얼마나 큰 자긍심을 심어주었는지 모른다.

글쓰기가 언제나 술술 풀려나갔던 것만은 아니다. 때때로 문장이 꽉 막혀버릴 때도 있었고, 모든 열정이 나를 떠나버린 것처럼 집필이 힘들 때도 있었다. 이럴 때마다 환상적인 나의 편집인 앙겔리카 빈넨Angelika Winnen 박사는 내가 책을 쓸 수 있도록 시동을 걸어주는 강력한 엔진이자, 나 스스로 마음속에서 글쓰기의 기쁨을 끌어낼 수 있도록 자극해주었다.

아이디어와 영감은 그냥 지나다니는 땅 위에 깔려 있는 것이 아니다. 때때로 그것은 부활절 달걀보다 찾기가 더 어렵다. 최고의 달걀 찾기 전문가로서 내게 많은 질문과 조언을 아끼지 않았던 친구들과 동료들에게 감사를 전한다. 온갖 기괴한 학문적인 질문들을 머릿속에 품은 채 대답을 찾아낼 때까지 결코 포기하는 법이 없었던 한나 슈스터Hanna Schuster 박사와 산호에 대한 뛰어난 지식으로 거듭하여 내게 깊은 인상을 심어주었던 라우라 리아비츠Laura Riavitz는 큰 힘이 되어주었다. 베트남에서 프로젝트를 진행할 때 나와 함께 했던 라우라는 더 뛰어나고, 더 능력 있는 동료를 상상조차 할 수 없을 정도로 나를 매료시켰다. 또한 자닌 피셔Jeannine Fischer가 없었더라면 그토록 기발하고, 재미있고, 기이하기 짝이 없는 동물들의 성행위를 다룬 장은 결코 탄생하지 못했을 것이다. 그리고 때마다 화상전화를 통해 내 마음을 다스려주고, 원고에 관한 중요한 조언을 제시해준 로런 홀Lauren Hall 박사에게도 감사의 인사를 전한다.

아울러 다음 분들에게도 진심 어린 감사의 마음을 전한다. 바르바라 마타이스Barbara Matheis와 함께라면 나는 늘 마음껏 웃을 수 있었다. 앙겔라 옌센Angela Jensen과 닐스 옌센Nils Jensen은 꼼꼼한 서류 작업 끝에 우리의 '푸른마음협회The Blue Mind'를 마침내 공식적인 단체로 만들어주었다. 크리술라 구빌리Chrysoula Gubili 박사와 소크라티스 루카이데스Sokratis Loukaides 박사는 내 능력으로는 접근이 불가능했던 간행물들을 내게 제공해주었다. 알렉산드라 크리스티안Alexandra Christian 덕분에 나는 머리를 식히고 집필 과정에서 느끼는 긴장을 풀 수 있었다. 사라 벨스Sarah Bels는 바르셀로나에서 영감을 찾아 헤매던 나에게 머물 곳을 제공해주었고, 그 덕분에 나는 목표하던 바를 이룰 수 있었다. 야니나 다고스티노Janina D'Agostino, 크리스티나 로젠탈Christina Rosenthal, 니콜라 쉔바흐Nicola Schönenbach, 율리아 랑Julia Lang, 나디네 얀센Nadine Jansen, 하이케 클레스Heike Klees, 데인자 만수르Danja Mansour, 우베 발러Uwe Waller 교수님, 카트리네 멘츠Catherine Mentz, 카트린 엑카르트Katrin Eckart, 자라 베스트팔Sarah Westphal, 그리고 나의 대모님 앙겔리카 프리쉬Angelika Frisch는 나의 집필 프로젝트에 무한한 믿음을 보내주었다. 깊이 감사드린다. 그리고 너무나도 멋진 사진을 제공해준 앙겔라 옌센Angela Jensen, 탐 소어스Tam Sawers, 데이비드 몰리나 페러David Molina Ferrer와 피에르 부라스Pierre Bouras에게도 감사의 마음을 전한다.

나의 부모님과 형제들 또한 무한한 신뢰를 보내주었다. 거의 매일 전화를 걸어주었던 남동생 파비안Fabian에게 큰 감사의 마음을 전한다. 파비안과 통화하면서 나는 머리를 식히고 스트레스를 털어낼 수 있었다. 언제나 귀를 활짝 열고 나를 믿어준 어머니와 플라스틱이라는 주제에 대해서 값진 정보들을 전해준 아버지께도 깊은 감사를 전한다. 직업생활의 대부분을 플라스틱과 관련된 일을 하셨던 아버지는 플라스틱 문제에 관한 나의 모든 의문점에 대해 깊은 대화를 나눠주셨다. 남동생 토비아스Tobias와 그의 여자 친구 베레나Verena에게도 감사의 말을 전하고 싶다.

상투적인 말 몇 마디를 덧붙이자면, 커피와 적포도주 그리고 초콜릿에도 감사의 인사를 전하고 싶다. 이것들이 없었더라면 집필 과정에서 필연적으로 찾아오는 막막한 정체기를 나는 결코 견딜 수 없었을 것이다.

참고문헌

제1장

Albert, D. J. (2011): What's on the mind of a jellyfish? A review of behavioural observations on Aurelia sp. jellyfish. *Neuroscience and Biobehavioral Reviews* 35 (3): 474-482.

Boyce, D. G. *et al.* (2010): Global Phytoplankton decline over the past Century. *Nature* 466: 591-596.

Haeckel, E. H. (2016): *Kunstformen der Natur*. Wiesbaden: marixverlag.

Houghton, I. A. *et al.* (2018): Vertically migrating swimmers generate aggregation-scale eddies in a stratified column. *Nature* 556: 497-500.

http://edition.cnn.com/2014/08/28/world/asia/can-immortal-jellyfish-unlock-everlasting-life/index.html?hpt=hp_c4. Zuletzt abgerufen am 04.01.2019.

http://www.spiegel.de/wissenschaft/natur/klimaphaenomene-wiealgen-wetter-machen-a-756865.html. Zuletzt abgerufen am 04.01.2019.

Lana A. *et al.* (2011): An updated climatology of surface dimethlysulfide concentrations and emission fluxes in the global ocean. *Global Biogeochemical Cycles* 25 (1).

Last, K. S. *et al.* (2016): Moonlight Drives Ocean-Scale Mass Vertical Migration of Zooplankton during the Arctic Winter. *Current Biology* 26: 244-251.

Piraino, S. *et al.* (1996): Reversing the Life Cycle: Medusae Transforming into Polyps and Cell Transdifferentiation in *Turritopsis nutricula* (Cnidaria, Hydrozoa). *The Biological Bulletin* 190 (3): 302-312.

Sardet, C. (2016): *Plankton: Der erstaunliche Mikrokosmos der Ozeane.* Stuttgart Eugen Ulmer KG.

Savoca M. S. *et al.* (2016): Marine plastic debris emits a keystone infochemical for olfactory foraging seabirds. *Science Advances* 2 (11), e1600395.

Sacova, M. S. & Nevitt, G.A. (2014). Evidence that dimethyl sulfide facilitates a tritrophic mutualism between marine primary producers and top predators. *PNAS* 111 (11): 4157-4161.

Sekerci, Y. & Petrovskii, S. (2018): Global Warming Can Lead to Depletion of Oxygen by Disrupting Phytoplankton Photosynthesis: A Mathematical Modelling Approach. *Geosciences* 8 (6): 201.

Uye, S. (2008): Blooms of the giant jellyfish *Nemopilema nomurai*: a threat to the fisheries sustainability of the East Asian Marginal Seas. *Plankton and Benthos Research* 3 (Suppl.): 125-131.

제2장

Balcombe, J. (2018): *Was Fische wissen: Wie sie lieben, spielen, planen: unsere Verwandten unter Wasser.* Hamburg: mare.

Beattie, M. *et al.* (2017): The roar of the lionfishes *Pterois volitans* and *Pterois miles*. *Journal of Fish Biology* 90 (6): 2488-2495.

Becker, J. H. A. *et al.* (2005): Cleaner Shrimp Use a Rocking Dance to Advertise Cleaning Service to Clients. *Current Biology* 15 (8): 760-764.

Bshary, R. *et al.* (2006): Interspecific communicative and coordinated hunting between groupers and giant moray eels in the Red Sea. *PLoS Biology* 4 (12): e431.

Erisman, B. E., & Rowell, T.J. (2017): A sound worth saving: acoustic characteristics of a massive fish spawning aggregation. *Biology Letters* 13 (12): 20170656.

Eyal, G. *et al.* (2015). Spectral Diversity and Regulation of Coral Fluorescence in a Mesophotic Reef Habitat in the Red Sea. *PLoS ONE* 10 (6): e0128697.

Fine, M., & Parmentier, E. (2015): Mechanisms of Fish Sound Production. In: Ladich F. (Hrsg.): *Sound Communication in Fishes. Animal Signals and Communication*, Vol 4. Wien u.a.: Springer-Verlag, 77-126.

Raihani, N. J. *et al.* (2011): Male cleaner wrasses adjust punishment of female partners according to the stakes. *Proceedings of the Royal Society B: Biological Sciences* 279 (1727): 365-370.

Patek, S. N. *et al.* (2004): Deadly strike mechanism of a mantis shrimp. Nature 428: 819-820.

Perdicaris, S. *et al.* (2013): Bioactive Natural Substances from Marine Sponges: New Developments and Prospects for Future Pharmaceuticals. Natural Products Chemistry & Research 1:115.

Pinto, A. *et al.* (2011): Cleaner wrasses (Labroides dimidiatus) are more cooperative in the presence of an audience. Current Biology, 21 (13): 1140-1144.

Smith, E. G. *et al.* (2017): Acclimatization of symbiotic corals to mesophotic light environments through wavelength transformation by fluorescent protein pigments. Proceedings of the Royal Society B, Biological Science 284 (1858) rspb 2017.0320.

Thoen, H. H. *et al.* (2014): A different color vision in mantis shrimp. Science 343 (6169): 411-413.

Vail, A. L. *et al.* (2013): Referential gestures in fish collaborative hunting.

Nature Communications 4: 1765.

제3장

Caesar, L. *et al*. (2018): Observed fingerprint of a weakening Atlantic Ocean overturning circulation. *Nature* 556: 191-196.

Chapman, D. D., *et al*. (2007): Virgin birth in a hammerhead shark. *Biology Letters* 3 (84): 425-427.

Domenici, P. *et al*. (2014): How sailfish use their bills to capture schooling prey. *Proceedings of the Royal Society B: Biological Sciences* 281 (1784).

https://www.mpimet.mpg.de/kommunikation/fragen-zu-klima-faq/Zuletzt abgerufen am 16.03.2019

Leigh, S. C. *et al*. (2018): Seagrass digestion by a notorious 〉carnivores〈 *Proceedings of the Royal Society B: Biological Sciences* 285 (1886).

Mansfield, K. L. *et al*. (2014): First satellite tracks of neonate sea turtles redefine 〉the lost years〈 oceanic niche. *Proceedings of the Royal Society B: Biological Sciences* 281 (1781).

Myers, R. A. *et al*. (2007): Cascading Effects of the Loss of Apex Predatory Sharks from a Coastal Ocean. *Science* 315 (5820): 1846-1850.

Neukamm, M. (Hrsg.) (2014): *Darwin Heute. Evolution als Leitbild in den modernen Wissenschaften*. Darmstadt: WBG.

Thornalley, D. *et al*. (2018): Anomalously weak Labrador Sea convection and Atlantic overturning during the past 150 years. *Nature* 556: 227-230.

Worm, B. *et al*. (2013): Global catches, exploitation rates, and rebuilding options for sharks. *Marine Policy* 40: 194-204

제4장

Hartwell, A. M. *et al*. (2018): Clusters of deep-sea egg-brooding octopods associated with warm fluid discharge: An ill-fated fragment of a larger, discrete population? *Deep Sea Research Part I: Oceano-Graphic Research Papers*, 135: 1-8.

https://www.iucn.org/news/secretariat/201807/draft-mining- regulations-insufficient-protect-deep-sea-%E2%80%93-iucn-report. Zuletzt abgerufen am 31.01.19.

https://www.whoi.edu/feature/history-hydrothermal-vents/discovery/1977.html. Zuletzt abgerufen am 04.01.2019.

Lee, W. L. *et al.* (2012): An extraordinary new carnivorous sponge, *Chondrocladia lyra*, in the new subgenus Symmetrocladia (Demospongiae, Cladorhizidae), from off of northern California, USA. *Invertebrate Biology* 131 (4): 259-284.

Partridge, J. C. (2012): Sensory Ecology: Giant Eyes for Giant Predators? *Current Biology* 22 (8): R268-R270.

Purser, A. *et al.* (2016): Association of deep-sea incirrate octopods with manganese crusts and nodule fields in the Pacific Ocean. *Current Biology* 26 (24): R1268-R1269.

Robinson, B. H. & Reisenbichler, K. R. (2008): *Macropinna microstoma* and the Paradox of Its Tubular Eyes. *Copeia* 4: 780-784.

Robinson, B. H. *et al.* (2014): Deep-Sea Octopus (Graneledone boreopacifica) Conducts the Longest-Known Egg-Brooding Period of Any Animal. *PLoS One* 9 (7): e103437.

제5장

Aarestrup, K. *et al.* (2009): Oceanic Spawning Migration of the European Eel (*Anguilla anguilla*). *Science*, 325 (5948): 1660.

Harris H. S. *et al.* (2010): Lesions and Behavior Associated with Forced Copulation of Juvenile Pacific Harbor Seals (*Phoca vitulina richardsi*) by Southern Sea Otters (*Enhydra lutris nereis*). *Aquatic Mammals* 36 (4): 331-341.

Kawase, H. *et al.* (2013): Role of Huge Geometric Circular Structures in the Reproduction of a Marine Pufferfish. *Nature Scientific Reports 3: 2106*

Ramm, S. A. *et al.* (2015): Hypodermic self-insemination as a reproductive assurance strategy. *Proceedings of the Royal Society B: Biological Sciences* 282 (1811).

Russel, D. G. *et al.* (2012): Dr. George Murray Levick (1876-1956): Unpublished notes on the sexual habits of the Adélie penguin. *Polar Record* 48 (4): 387-393

Video der Paarung des Tiefsee-Anglerfischs *Caulophryne jordani*: https://www.youtube.com/watch?v=anDI1MVgNwk. Zuletzt abgerufen am 06.02.2019.

제6장

Abts, G. (2016): *Kunststoff-Wissen für Einsteiger*. München: Carl Hanser Verlag.

Allen, A. S. *et al.* (2017): Chemoreception drives plastic consumption in a hard coral. *Marine Pollution Bulletin* 124 (1): 198-205.

Chiba, S. *et al.* (2018): Human footprint in the abyss: 30 year records of deep-sea plastic debris. *Marine Policy* 96: 204-212.

Germanov, E. S. *et al.* (2018): Microplastics: No Small Problem for Filter-Feeding Megafauna. *Trends in Ecology & Evolution* 33(4): 227-232.

Han, Y. *et al.* (2017): Fishmeal Application Induces Antibiotic Resistance Gene Propagation in Mariculture Sediment. *Environmental Science & Technology* 51 (18): 10850-10860.

https://www.greenpeace.de/themen/meere/app-fuer-nachhaltigen-fisch. Zuletzt abgerufen am 16.03.2019.

https://ec.europa.eu/fisheries/sites/fisheries/files/2017-03-30-declaration-malta.pdf. Zuletzt abgerufen am 21.02.2019

https://plasticseurope.org/de. Zuletzt abgerufen am 16.03.2019

klimaschutzbericht: https://www.bmu.de/publikation/
klimaschutzbericht-2017. Zuletzt abgerufen am 16.03.2019
fileadmin/Daten_BMU/Pools/Broschueren/
klimaschutzbericht_2017_aktionsprogramm.pdf. Zuletzt abgerufen am 22.02.2019
https://www.iea.org. Zuletzt abgerufen am 16.03.2019
https://www1.wdr.de/mediathek/video/sendungen/die-story/video-das-geschaeft-mit-dem-fischsiegel-die-dunkle-seite-des-msc-100.html. Zuletzt abgerufen am 22.02.2019
Hughes, T. P. *et al.* (2018). Spatial and temporal patterns of mass bleaching of corals in the Anthropocene. *Science* 359: 80-83.
Jambeck, J. R. *et al* (2015): Plastic waste inputs from land into the ocean. *Science* 347 (6223): 768-771.
Kaza, S. *et al.* (2018): *What A Waste 2.0: A Global Snapshot on Solid Waste Management to 2050*. Urban Development Series. Washington: World Bank Group.
Klimaschutzbericht 2018 der Bundesregierung: https://www.bmu.de/fileadmin/Daten_BMU/Download_PDF/Klimaschutz/klimaschutzbericht_2018_bf.pdf. Zuletzt abgerufen am 22.02.2019
Lamb, J. B. *et al.* (2018). Plastic waste associated with disease on coral reefs. *Science* 359: 460-462.
Mani, T. *et al.* (2015). Microplastics profile along the Rhine River. *Scientific Reports* 5: 17988.
Rochman, C. M. *et al.* (2015). Anthropogenic debris in seafood: Plastic debris and fibres from textiles in fish and bivalve sold for human consumption. *Scientific Reports* 5: 14340.
Schmidt, C. *et al.* (2017): Export of Plastic Debris by Rivers into the Sea. *Environmental Science & Technology* 51 (21): 12246-12253.
Truong, T. D. & Do, L. H. (2018): Mangrove forest and aquaculture in the

Mekong river delta. *Land Use Policy* 73: 20-28.

Wilcox, C. *et al*. (2017). A quantitative analysis linking sea turtle mortality and plastic debris ingestion. *Scientific Reports* 8: 12536.

모든 장에 적용되는 포괄 참고문헌과 추가 정보

Hempel, G., Bischof, K., Hagen W. (Hrsg.) (2017): *Faszination Meeresforschung*. Berlin: Springer-Verlag

Maribus gGmbH (Hrsg): *World Ocean Review*, Hamburg: mareverlag.

http://aquapower-expedition.com

http://www.fao.org

https://worldoceanreview.com

https://www.bfr.bund.de

https://www.de-ipcc.de

https://www.greenpeace.de

https://www.nabu.de

https://www.nasa.gov

https://www.oceanquest.global

https://www.scinexx.de

https://www.umweltbundesamt.de

https://www.unenvironment.org

※ 모든 웹 주소에 대한 '마지막 검색 일자zuletzt gerufen am'는 2019년 3월 16일이다.

바다 생물 콘서트

초판 1쇄 발행 2021년 7월 15일
초판 3쇄 발행 2024년 9월 4일

지은이 프라우케 바구쉐
펴낸이 유정연

이사 김귀분
기획편집 신성식 조현주 유리슬아 서옥수 황서연 정유진 **디자인** 안수진 기경란
마케팅 반지영 박중혁 하유정 **제작** 임정호 **경영지원** 박소영

펴낸곳 흐름출판(주) **출판등록** 제313-2003-199호(2003년 5월 28일)
주소 서울시 마포구 월드컵북로5길 48-9(서교동)
전화 (02)325-4944 **팩스** (02)325-4945 **이메일** book@hbooks.co.kr
홈페이지 http://www.hbooks.co.kr **블로그** blog.naver.com/nextwave7
출력·인쇄·제본 (주)상지사 **용지** 월드페이퍼(주) **후가공** (주)이지앤비(특허 제10-1081185호)

ISBN 978-89-6596-453-7 03490